内容简介

本教材凸显产教融合、学用一致的现代教学特色，以职业能力培养为核心，以项目为导向，以典型工作任务为驱动，将内容设计为食品与食品保藏、食品低温保藏技术、食品气调保藏技术、食品生物保藏技术、食品热杀菌罐藏技术、食品干燥保藏技术、食品腌渍与烟熏保藏技术以及食品化学保藏技术 8 个学习项目。

本教材图文并茂、简明易懂，既可供高职高专食品类、农产品加工类相关专业师生作为教材之用，也可作为食品生产及流通行业从事食品生产、品控、管理及流通等岗位相关人员的工作参考书。

高等职业教育农业农村部“十三五”规划教材

食品保藏技术

SHIPIN BAOCANG JISHU

李海林 主编

中国农业出版社
北 京

图书在版编目（CIP）数据

食品保藏技术 / 李海林主编 . —北京：中国农业出版社，2019. 9
高等职业教育农业农村部“十三五”规划教材
ISBN 978-7-109-25606-4

Ⅰ. ①食…　Ⅱ. ①李…　Ⅲ. ①食品保鲜—高等职业教育—教材②食品贮藏—高等职业教育—教材　Ⅳ. ①TS205

中国版本图书馆 CIP 数据核字（2019）第 126118 号

中国农业出版社出版
地址：北京市朝阳区麦子店街 18 号楼
邮编：100125
责任编辑：彭振雪　　文字编辑：徐志平
版式设计：杨　婧　　责任校对：刘丽香
印刷：北京万友印刷有限公司
版次：2019 年 9 月第 1 版
印次：2019 年 9 月北京第 1 次印刷
发行：新华书店北京发行所
开本：787mm×1092mm　1/16
印张：14. 75
字数：350 千字
定价：40. 00 元

编审人员名单

主　编　李海林
副主编　刘振平　许建生　许俊齐
编　者（按姓氏笔画排序）
　　　　马其清　刘振平　许建生　许俊齐
　　　　李　霞　李海林　吴亚东　苗运健
审　稿　蔡　健

前言

对于当今大多数忙碌的家庭来说，一次性购买很多食物，然后把食物放在冰箱里慢慢食用已经成为人们的生活规律。同时，如何更长久地保持食物的品质也备受人们关注。食品问题一直受到大家关注，食品的保藏问题更是人们关注的重中之重。俗语说："民以食为天"。任何食品离不开保藏，没有食品保藏就没有食品的流通，就没有市场。食品保藏是维护食品品质、减少损失、实现市场周年均衡供应的重要措施，具有重要的经济效益和社会效益。

本教材为高等职业教育农业农村部"十三五"规划教材，在编写过程中遵循"以职业能力培养为核心，以项目为导向，以典型工作任务为驱动"的原则，凸显产教融合、学用一致，充分体现"教、学、做"一体化的现代职业教学特色。本教材重新优化了课程内容体系，采取工学结合项目化教材编写体例，将全教材设计为食品与食品保藏、食品低温保藏技术、食品气调保藏技术、食品生物保藏技术、食品热杀菌罐藏技术、食品干燥保藏技术、食品腌渍与烟熏保藏技术和食品化学保藏技术共8个学习项目，并通过设置项目目标、知识平台、典型工作任务、知识拓展、项目小结、思考与讨论以及综合训练等栏目，既方便教学实施，又便于学生把握学习目标，熟悉和掌握课程的知识要点和能力。教材紧密结合食品产业链中各主要环节的工作实际，既有食品保藏基本原理的知识性陈述，又有典型工作任务的应用性操作，同时将职业素养和专业技能的培养充分渗透到教材之中，旨在实现课程教学与生产实际融通，与岗位职业能力融通。

本教材由国内多所示范性高职院校一线专任教师与知名食品企业技术专家共同编写完成。具体分工为：项目一由苏州农业职业技术学院李海林编写；项目二由上海获实食品有限公司苗运健编写；项目三由苏州亚和保鲜科技有限公司吴亚东编写，项目四由重庆安全技术职业学院刘振平编写；项目五由南京极燕食品有限公司马其清编写，项目六由江苏农林职业技术学院许俊齐编写，项目七由甘肃畜牧工程职业技术学院李霞编写，项目八由苏州农业职业技术学院许建生编写。本教材由李海林教授统稿、补充与完善，由苏州农业职业技术学院蔡健教授审稿。本教材既可供高职高专食品相关专业师生作为教材之用，也可作为从事食品生产、流通的实际工作者的参考用书。

本教材在编写过程中，参考了许多同行专家的相关资料和文献，包括一定的网上资料，同时得到了中国农业出版社和相关兄弟院校的大力支持，在此一并表示诚挚的感谢。由于编者水平有限，书中难免有不妥之处，敬请同行专家和广大读者批评指正。

编　者
2018年12月

目 录

项目一

1

食品与食品保藏

项目目标

【学习目标】

了解现代食品的要求、功能；熟悉食品货架期、保质期和保存期的概念；掌握食品保质期的确定方法；理解引起食品腐败变质的主要因素；熟练掌握食品保藏的基本途径与方法；熟悉食品栅栏技术的原理与应用。

【核心知识】

食品品质、食品保质期、腐败变质、食品保藏、栅栏技术。

【职业能力】

1. 会分析引起食品腐败变质的因素。
2. 能对某一食品设计栅栏保藏技术方案。

知识平台

知识一　认识食物与食品

一、食物与食品

1. 食物　可供人类食用或具有可食性的物质统称为食物。食物是人类赖以生存的物质基础，是人体生长发育、更新细胞、修补组织、调节机能必不可少的营养物质，也是产生热量、保持体温、进行体力活动的能量来源。

除少数物质如盐类外，几乎全部食物都来自动植物和微生物。

2. 食品　早期人类饮食的主要方式是生食，在人类长期的进化中，他们学会了对一些粮食、肉类等食物进行烧、烤、煮等处理后再食用。到了现代，人类更加懂得并有目的地对食物进行相应的处理，如进行加热、脱水、调味、配制等处理，经过这些处理就得到相应的产品（或称为成品），这种产品既可以满足消费者的饮食需求，又可以使食物便于贮藏而不易腐败变质。食物经过不同的配制和各种加工处理，从而形成了形态、风味、营养价值及花式品种各异的加工产品，这些经过加工制作的食物统称为食品。

二、食品的分类

对食品进行科学合理的分类，有利于食品的生产、管理和监督，但由于不同的人群对食品关注点不同，不同地区的居民有不同的喜好情况，因而食品名称多种多样。目前，对食品尚无统一、规范的分类方法，通常按常规或习惯有以下几种分类方法。

（1）按保藏方法分。如低温保藏食品、罐藏食品、干藏食品、腌渍食品、烟熏食品和辐照食品等，这种分类方法反映了食品加工保藏的原理，一般在食品科研或教学中采用。

（2）按原料种类分。如果蔬制品、粮油制品、肉禽制品、乳制品和水产制品等，这种分类方法反映了食品原料的来源，一般在农产品加工或流通中采用。

（3）按加工工艺分。如焙烤食品、糖果、饮料、调味品、罐头食品等，这种分类方法反映了食品的加工方法和工艺，一般在食品工业中采用。

（4）按产品特点分。如方便食品、休闲食品、婴儿食品、功能食品（保健食品）、营养食品、宇航食品等，这种分类方法反映、迎合了消费者的购买需求，一般在商业或超市中采用。

（5）按食用对象分。如老年食品、儿童食品、婴儿食品、妇女食品、运动员食品、航空食品、军用食品等，这种分类方法反映了食品的消费对象和人群，一般在食品营销中采用。

此外，随着社会经济和科学技术的发展，又出现了一些新的食品名称，如绿色食品、无公害食品、有机食品、海洋食品等。

三、现代食品的要求

1. 卫生和安全　卫生和安全是食品最重要的属性，也是生产与消费中最受人们关注的问题。食品在受到细菌、有害金属和生物毒素等的污染，或含有残留农药及禁用或用量超标的添加剂时，会给消费者的健康带来严重的危害，甚至危及消费者的生命安全。

2. 营养　营养是人们对食品的最基本要求。人们通过加工去除或消除自然食物中的有害物质，保证食品的营养功能；通过改变食品中营养素的含量，提高食品的营养价值。现在消费者越来越注重食品的营养性能，选购食品时，往往会根据其各项营养指标是否符合自身的需求决定是否购买。

3. 外观　外观即指食品的色泽和形态等。食品不仅应当保持应有的色泽和形态，且还应具有整齐、美观的特点。食品的外观在很大程度上影响消费者的选购。在食品生产过程中必须保持或改善食品原有色泽，并赋予其完整的形态。

4. 风味　风味即指食品的香气、滋味和口感。生产中应最大限度地保持食品的香气，防止异味的产生。调味是食品生产者改善食品风味的基本方法。口感是体现产品风味特性的重要因素，主要用于评价产品的组织状态，即产品的硬度、弹性和咀嚼性等。

5. 方便性　随着人类生活方式的演变和生活节奏的加快，人们对食品的方便性的追求也越来越高，如方便面、方便米饭、速冻主食、调理食品等。今后方便食品仍然具有广阔的市场发展前景。

6. 耐贮性　食品容易腐败变质，故必须注意食品耐贮性，否则就难以保证食品的供应。

总之，食物在加工时，不仅要保证食品的卫生与安全，而且应最大限度地保持其营养价值和感官品质，同时还要考虑其食用的方便性和耐贮性。

四、食品的功能

食品对人类所发挥的作用可称为食品的功能，从概念上看任何一种食品都可归纳为具有某一功能的食品。食品与功能之间的关系见图1-1。

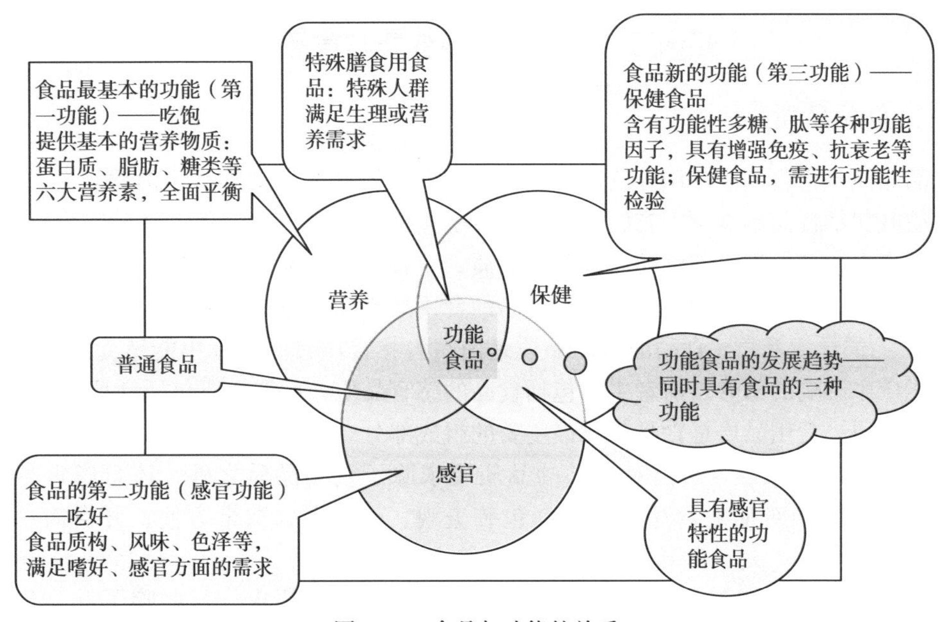

图1-1　食品与功能的关系

1. 营养功能（第一功能）　食品是人类满足人体营养需求的最重要的营养源，提供了人体活动所需的化学能和生长所需的营养成分。保持人类的生存，也是食品最基本的功能。

食品中的营养成分主要有蛋白质、糖类、脂肪、维生素、矿物质、膳食纤维。此外，水和空气也是人体新陈代谢过程中必不可少的物质。一般水在营养学中也被列为营养素，但食品保藏加工中不将其视为营养素。

食品的营养价值通常是指食品中的营养素种类及其质和量的关系。一种食品的最终营养价值不仅取决于营养素是否全面和均衡，而且还体现在食品原料的获得、加工、贮藏和生产全过程中的稳定性和保持率方面，以及营养成分的生物利用率方面。

2. 感官功能（第二功能）　消费者对食品的需求不仅仅满足于吃饱，还要求在饮食的过程中同时满足视觉、触觉、味觉、听觉的需要，使其吃好。

（1）外观。通常，食品的外观包括大小、形状、色泽、光泽等。一般要求食品应大小适中、造型美观、便于携带、色泽悦目等。

（2）质构。质构是指食品的内部组织结构，包括硬度、黏性、韧性、弹性、酥脆性、稠度等。食品质构的好坏直接影响消费者的食用感受，进而影响消费者的接受程度。

（3）风味。风味包括气味和口味。气味有香味、臭味、腥味等，口味有酸、甜、苦、辣、咸、鲜、麻以及各种复合味道等。消费者对食品风味的需求存在很强的地域性，同时不同的食品又具有不同的特定风味。

3. 保健功能（第三功能）　食品的保健功能是多方面的，如调节人体生理功能，起到增进健康、提高免疫力、延缓衰老、美容等作用。含有功能因子和具有调节机体功能作用的食品被称为功能性食品，又称为保健食品。保健食品是食品功能的新领域。随着生活水平的提高和医学及营养知识的推广普及，人们对健康问题越来越关注和重视，食品的保健功能将会得到越来越大的发展。

知识二　食品的腐败变质与食品保藏

一、食品品质

食品品质是指食品的食用性能及特征符合其有关标准的规定和满足消费者要求的程度。食品品质既包括食品本身所固有的食用品质，也包括不同消费者对食品的不同要求，其中最重要的因素有食品的卫生安全品质、营养品质、感官品质、流通品质、耐贮性、方便性、经济性等。这些不同的品质因素可归纳为食品的食用品质和附加品质两大方面。

1. 食品的食用品质　食品的食用品质是消费者在食用食品过程中能感受到的或对消费者健康能产生影响的部分。前者主要包括食品的感官品质，后者主要包括食品的卫生安全品质和营养品质。食用品质是食品品质最主要的组成部分。

2. 食品的附加品质　人们对食品的品质要求除了食用品质之外，还希望食品具有更多的其他功能。如对加工食品，要求其包装美观、耐贮藏、携带方便、开启简单、食用便利、价格便宜等；对某些特殊食品（如保健食品、快餐食品、旅游食品等），还会分别对其保健功能、快捷程度、包装设计、文化品位等有更高要求。这些除了食品食用品质之外的其他要求就构成了各类食品的附加品质。食品附加品质也是满足消费者要求的重要组成部分。

二、食品货架期

食品货架期是指食品在完成生产、加工或包装后，在特定的贮藏条件下保持其安全性和可接受质量的时间长短。

1. 食品货架期的标注

（1）食品保质期（最佳食用期）。根据《中华人民共和国食品安全法》的定义，食品保质期是指食品在标明的贮存条件下保持品质的期限。《食品安全国家标准　预包装食品标签通则》（GB 7718—2011）中对保质期的定义：预包装食品在标签指明的贮存条件下，保持品质的期限。在此期限内，产品完全适于销售，并保持标签中不必说明或已经说明的特有品质。

保质期为食品最佳食用期，由生产者提供，标注在限时使用的产品上。在保质期内，食品生产企业对该食品质量符合有关标准或明示担保的质量条件负责，食品完全适于销售，并符合标签上或产品标准中规定的质量（品质）；超过此期限，在一定时间内食品仍然是可以食用的。

（2）食品保存期（推荐的最终食用期）。食品保存期是指在标签上规定的条件下，食品可以食用的最终日期，即食品的最终食用期。超过此期限，产品质量（品质）可能发生变化，因此食品不再适于销售。

某一食品超过了保质期，但其不一定就超过了保存期。换句话说，保质期保证的是在标注时间内产品的质量是最佳的，超过保质期的食品，如果色、香、味没有改变，仍然可以食用。但超过了保存期的食品，质量会发生变化，因此不能再食用，更不能用以销售。

通常食品货架期指的就是食品保质期而不是保存期。“最好在……之前食用（饮用）”或者“……之前食用（饮用）最佳”均用于表示食品保质期；“……之前食用（饮用）”用于表示食品保存期。

根据《食品安全国家标准 预包装食品标签通则》（GB 7718—2011）规定：预包装食品统一标注食品生产日期和保质期，取消标注食品保存期。

2. 影响食品货架期的因素 食品的货架期主要取决于产品自身特性、包装形式与材料以及产品流通过程的环境条件等，其影响因素众多，形成机理与相互关系也较为复杂。

（1）产品自身特性。产品的自身特性包括 pH、水分活度（A_W）、酶、微生物和反应物的浓度等，这些内在因素可以通过原料成分和加工工艺参数的选择而受到控制。

（2）包装形式与材料。软性包装较脆弱，其包装材料、包装容器结构、包装方式对商品货架寿命的影响较大。刚性包装一般对食品货架寿命的影响较小，但也有导致食品变质的特殊情况，如玻璃容器可透光，光照会加速产品的氧化；又如金属罐质量有问题时，产品可能与内涂层材料，甚至与金属本体材料发生反应。

（3）产品流通过程的环境条件。产品流通过程中的环境条件包括温度、湿度、通风、光照等外在因素。

3. 食品货架期的确定方法 不同食品，保质期长短不同；即使是同一类产品，保质期也相差很大。

食品货架期通常是通过食品保存试验或食品加速试验确定。

（1）食品保存试验。食品保存试验适合预测保质期短的产品，如面包、蛋糕、牛乳等。一般要选取几组样品，放置在不同温度下，比如一组放在冷藏温度下，一组放在常温下，一组放在异常温度下。

冷藏的样品，变质速度最慢，可作为参照组。

常温下的样品，放置一定天数后，拿出来，先看外观，再品尝，然后测量理化指标，比较微生物含量等。如果都没问题，继续实验。直到与冷藏的样品产生较大的差异，这时的保存天数一般就作为产品的实际保存期。但某一食品实际保存期并不是在标签上所看到的保质期。通常在标签上看到的保质期一般是在异常温度下得出来的，即将样品保存在异常环境下，比如高温下，此时，样品变质速度会更快，当该样品与冷藏条件下的样品产生巨大差异时，它的保存天数就可以作为标签上的保质期。所以在标签上看到的保质期，其实比食品实际保存期要短得多，当然食品也安全得多。

（2）食品加速试验。食品加速试验也被称为食品破坏性试验，在保质期测试中也较为常用，主要适用于保存时间比较长的食品。如腌渍食品和罐头食品等，保质期往往超过 1 年，这种情况用保存试验，所花的实验时间就太长了，企业会等不及，所以要采用加速试验，即将食品放置在恶劣环境下，因为实验破坏了正常的温度、气压、光照等条件，所以食品会快速腐败变质，这样短时间内就能得出这些产品的实际保存期。

由于这些变量是可以量化的，比如 30℃是 15℃的两倍，40℃是 20℃的两倍，做上几组实验就能发现产品加速变质的规律，然后计算出正常环境下产品的保质期。

三、引起食品腐败变质的主要因素

食品的腐败变质是指食品受到各种内外因素的影响，造成其原有的化学性质或物理性质发生变化，降低或失去其营养价值和商品价值的过程，如果蔬腐烂、油脂酸败、肉类腐败和粮食霉变等。食品腐败变质不仅降低了食品的营养价值和卫生质量，而且还可能危害人体健康。

引起食品腐败变质的主要因素包括微生物因素，啮齿动物及昆虫、寄生虫侵染，物理因素，化学因素，其他因素等（图 1-2）。

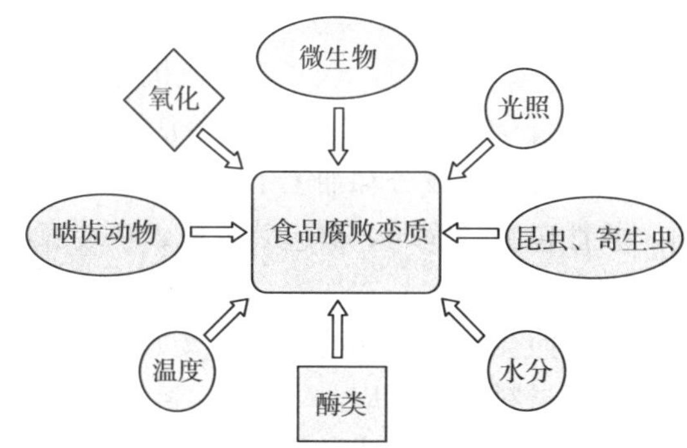

图 1-2　引起食品腐败变质的主要因素

1. 微生物因素　食品中的水分和营养物质是微生物生长繁殖的良好基质。食品如果保藏不当，易被微生物污染，导致食品腐败变质。通常将引起食品腐败变质的微生物称为腐败微生物，其主要有细菌、酵母菌和霉菌 3 类。

（1）微生物引起食品腐败变质的特点。

①细菌。在绝大多数场合，细菌（图 1-3）是引起食品变质的主要原因。细菌引起的变质一般表现为食品的腐败。细菌会分解食品中的蛋白质和氨基酸，产生臭味或异味，甚至伴随有毒物质的产生。细菌的芽孢耐热性强，在土壤和空气中分布广泛。

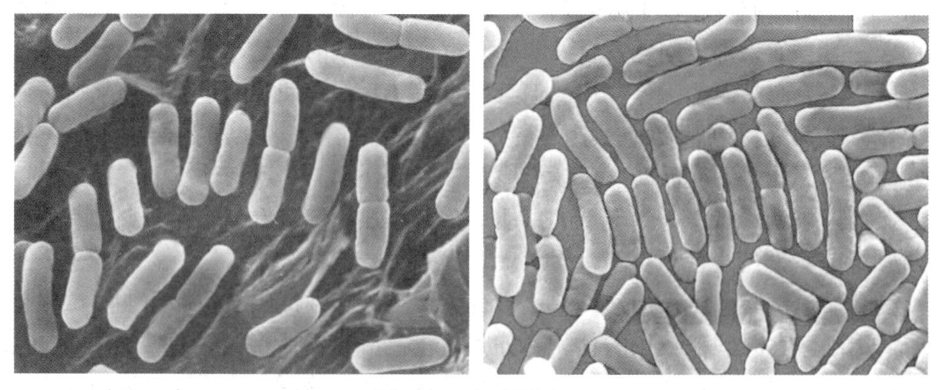

图 1-3　细菌形态

②酵母菌。酵母菌（图 1-4）在含糖类较多的食品中容易生长发育，在含蛋白质丰富的食品中一般不生长，在 pH 5.0 左右的微酸性环境生长发育良好。酵母耐热性不强，在 60～65℃可将其杀灭。

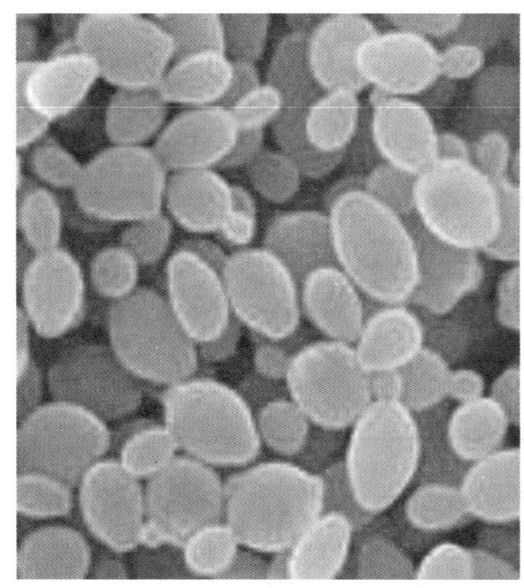
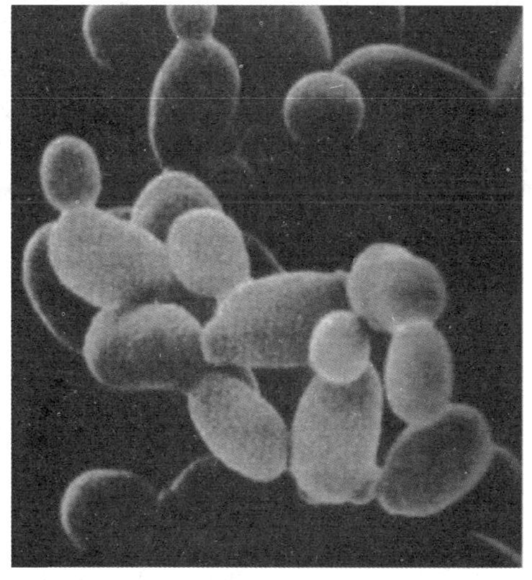

图 1-4　酵母菌形态

③霉菌。霉菌（图 1-5）在有氧、水分少的干燥环境能够生长发育；无氧的环境可抑制其活动；水分含量低于 15%时，其生长发育被抑制。富含淀粉和糖的食品容易滋生霉菌，出现长霉现象。

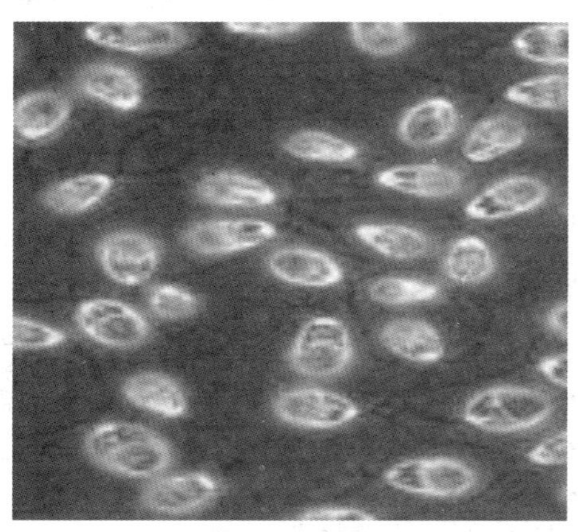

图 1-5　霉菌形态

食品的安全和质量依赖于微生物的初始数量、加工过程的除菌和防止微生物生长的环境控制。食品由糖类、蛋白质等多种成分组成，所以食品的腐败变质并非一种原因所致，大多数是由细菌、酵母菌或霉菌同时污染、作用的结果。

（2）影响微生物生长发育的主要因素。

①pH。大多数细菌，尤其是致病菌易在中性至微碱性环境中生长繁殖，在 pH 4.0 以下的酸性环境下，其生长就受到抑制（图 1-6）。

②氧气。

A. 好氧菌（如产膜酵母菌、霉菌、部分细菌），在有氧的情况下才能生长；氧气浓度降低，其生长繁殖速度下降。

B. 兼性厌氧菌（如葡萄球菌、大多数酵母菌），在有氧或无氧的情况下均能生长。

C. 厌氧菌（如肉毒梭状芽孢杆菌），在无氧的情况下能生长并产生毒素。

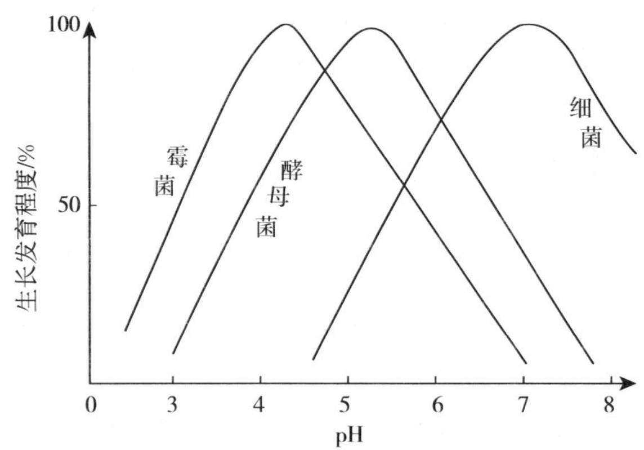

图 1-6　微生物生长发育程度与 pH 的关系

③营养成分。由于各种食品的营养成分不同，而不同的微生物分解利用各种营养的能力也不同，因此，不同食品的腐败变质可能由不同的微生物引起。

④水分。食品中的水分含量不同决定了生长的微生物种类也不同。而微生物在食品中的生长繁殖取决于水分活度（A_W）。大多数细菌在 $A_W>0.90$，酵母菌在 $A_W>0.88$ 时，霉菌在 $A_W>0.73$ 时适宜生长。当食品 $A_W<0.60$ 时，微生物就不能生长（表 1-1）。

表 1-1　食品中主要微生物类群生长与水分活度的关系

微生物类群	最低 A_W 范围	微生物类群	最低 A_W 范围
大多数细菌	0.90～0.99	嗜盐性细菌	0.75
大多数酵母菌	0.88～0.94	耐高渗透压酵母菌	0.65
大多数霉菌	0.73～0.94	干性霉菌	0.60

⑤温度。适宜的温度可以促进微生物的生长发育，不适宜的温度会减弱其生命活动甚至引起生理机能异常或促使其死亡。

一般嗜冷菌生长的适宜温度为 10～20℃，嗜温菌为 25～40℃，嗜热菌为 50～55℃。一般微生物的热致死条件与生长温度见表 1-2。

表 1-2　一般微生物的热致死条件与生长温度

种类		热致死条件		生长温度/℃	
		温度/℃	时间/min	最适	界限
细菌	营养细胞	63	30	35～40	5～45
	孢子	>100			
酵母菌	营养细胞	55～65	2～3	27～28	10～35
	孢子	60	10～15		
霉菌	菌丝	60	5～10	25～30	15～37
	孢子	65～70	5～10		

控制微生物生长发育的方法主要有加热（杀灭微生物、巴氏杀菌、灭菌）、冷冻保藏（抑制微生物）、干藏（抑制微生物）、高渗透、烟熏、气调、化学保藏、辐射等方法。

2. 啮齿动物及昆虫、寄生虫侵染 啮齿动物及昆虫、寄生虫侵染对食品保藏有很大的危害性。由于啮齿动物和昆虫的繁殖迁移以及它们排泄的粪便、分泌物，遗弃的皮壳和尸体等污染食品，甚至传染疾病，使食品卫生质量受到影响。对食品危害性大的昆虫主要有甲虫类、蛾类、蟑螂类、螨类（图1-7），而对食品危害最大的啮齿动物是鼠类。鼠类不仅能传播多种疾病，其排泄的粪便、咬食的食品残渣也能污染食品和贮藏环境，使之产生异味，影响食品卫生安全，危害人体健康。

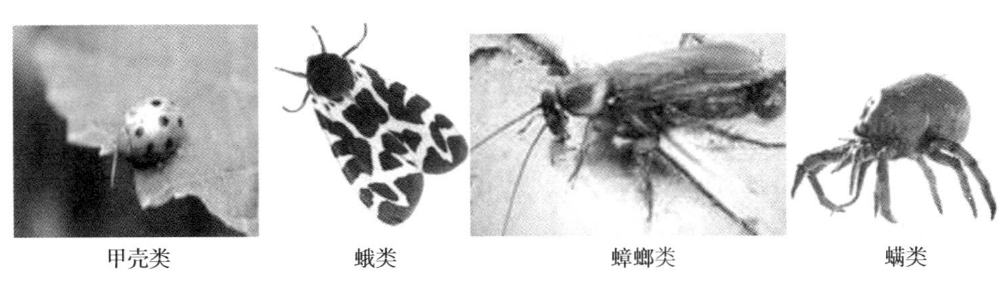

图1-7 食品生产过程中常见的害虫

3. 物理因素 物理因素（包括温度、水分、光照等）主要是通过诱发和促进生物学因素和化学因素引起食品发生变质的。

温度是影响食品品质变化最重要的环境因素，食品中的化学变化、酶促反应、鲜活食品的生理作用、生鲜食品的僵直和软化、微生物的生长繁殖、食品的 A_W 等均受到温度的制约。温度升高引起食品的腐败变质，主要表现在影响食品的化学变化和酶催化的生物化学反应速率以及微生物的生长发育程度等。水分不仅影响食品营养成分、风味物质和外观形态的变化，而且影响微生物生长发育和各种化学反应，与食品质量的关系十分密切。降低食品的 A_W，可以抑制微生物的生长繁殖，减少酶促反应、非酶反应、氧化反应等引起的劣变，稳定食品品质。光线照射也会促进化学反应，如脂肪氧化、色素褪色、蛋白质凝固等。紫外线能杀灭微生物，但同样也会引起食品中维生素D的变化，因此，食品一般要求避光贮藏或用不透光材料包装。

4. 化学因素

(1) 酶的作用。绝大多数食品来源于生物界，尤其是新鲜食品，内部存在着具有催化活性的多种酶类。酶作用是引起食品品质下降的一个重要因素。不同的食品所含酶的种类不同，所引起食品品质变化的类型和程度不同，但主要体现在食品感官和营养品质的降低。如鱼类死后会快速腐败，而畜禽肉类有一个从僵硬到成熟的过程，则腐败慢一些。由于果蔬采收后仍是活的有机体，继续进行着各种复杂的生命活动，其中最重要的就是呼吸作用，而且果蔬中氧化酶的存在，常诱发果蔬发生酶促褐变，从而直接影响果蔬及其制品的色泽，尤其影响水果、食用菌等。

与食品腐败变质有关的生物酶类主要为氧化酶类（多酚氧化酶、过氧化物酶）、水解酶类（果胶酶、淀粉酶）等（表1-3）。

表 1-3　引起食品品质变化的主要酶类及其影响

类型	酶的种类	引起的品质变化
改变食品风味	脂肪氧化酶	脂肪氧化，导致臭味和异味产生
	蛋白酶	蛋白质水解，导致组织产生肽而呈苦味
	抗坏血酸氧化酶	抗坏血酸氧化，导致营养物质损失
改变食品色泽	多酚氧化酶	酚类物质氧化，褐色聚合物的形成，导致褐变
	叶绿素酶	叶绿醇从叶绿素中移去，导致绿色的丧失
改变食品质地	果胶酶	果胶的水解，导致组织软化
	淀粉酶	淀粉水解，导致组织软化，黏稠度降低
	多聚半乳糖醛酸酶	果胶中多聚半乳糖醛酸残基之间的糖苷键水解，导致组织软化

酶的活性受温度、pH、A_W、氧气等因素的影响。如果条件控制得当，酶的作用通常就不会导致食品的腐败变质。采用加热杀菌处理，使食品中酶的活性被钝化，那么就可以不考虑由酶作用引起的变质。但是如果条件控制不当，酶促反应过度进行，就会引起食品的变质甚至腐败。果蔬的后熟作用和肉类的成熟作用就是如此。通常控制微生物的方法很多也能控制酶反应及生化反应，但不一定能完全覆盖。例如冷藏可以抑制微生物但不能抑制酶。

（2）非酶作用。非酶作用主要是指美拉德反应、焦糖化反应、抗坏血酸氧化、食品成分与包装容器的反应引起的褐变等。通常含还原糖或碳基化合物的蛋白质食品，在加工或长期保藏过程中，会产生色泽加深现象，这种变化就是由美拉德反应导致的。美拉德反应在酸性介质和碱性介质中都能进行，但在碱性介质中更容易发生，一般随介质的 pH 升高反应加快。

（3）氧化作用。当食品中含有较多的不饱和脂肪酸、维生素等不饱和化合物，而在加工、贮藏及流通等过程中又经常与空气接触时，氧化作用将成为食品变质的重要因素。氧化作用通常引起富含脂肪的食品酸败，同时伴随有刺激性或酸败臭味产生，导致食品不能食用。

脂肪的氧化受温度、光照、金属离子、氧气、水分等因素的影响，故食品在贮藏过程中应采取低温、避光、隔绝氧气、降低水分等措施，减少食品在贮藏过程中与金属离子的接触。也可通过添加抗氧化剂等方法，来防止或减轻脂肪氧化酸败对食品产生的不良影响。

5. 其他因素　除了上述因素外，还有许多因素能引起食品变质，包括机械损伤、乙烯、外源污染物（如环境污染、农药残留、滥用添加剂、包装材料）等。这些因素引起的食品变质现象不仅普遍存在，而且十分严重，必须高度重视。

总之，引起食品败坏变质的原因是多方面的，常常是多种因素综合作用的结果。

四、食品保藏

食品保藏是为了防止食物腐败变质，延长其食用期限而采取的技术手段，是食品能长期保存所采取的加工处理措施，因而其与食品加工是相对应存在的，且二者是互相包容的。常用的食品保藏方法有低温处理、高温处理、脱水、提高食品的渗透压、提高食品的氢离子浓度、辐照、隔绝空气、添加防腐剂和抗氧化剂等。

1. 食品保藏的目的

（1）满足消费者要求。

（2）延长食品的保存期。

（3）增加多样性。

（4）增加食品的安全性。

（5）提高附加值。

食品加工过程或多或少都含有以上这些目的，但要加工特定产品，其目的性可能各不相同。

2. 食品保藏的途径与方法

（1）维持食物最低生命活动的保藏。维持食品最低生命活动的保藏方法的实质就是采取措施使水果、蔬菜的新陈代谢活动维持在最低的水平上，这样能在较长时间内保持它们的天然免疫性，抵御微生物的入侵，延缓腐败变质，从而延长它们的货架期。

这类保藏方法主要包括冷藏、气调保藏等。

（2）抑制食物生命活动的食品保藏。食品中的微生物和酶等主要变质因素在某些物理和化学因素（如低温、高渗透压、防腐剂等）的作用下会受到不同程度的抑制，从而使食品的品质在一段时间内得以保持。但是，这些因素的作用一旦消失，微生物和酶的活动迅速恢复，食品仍会迅速腐败变质。

属于这类保藏方法的有冷冻保藏、干燥保藏、腌渍与烟熏保藏、化学保藏和采用改性气体包装保藏等。

（3）应用发酵原理的食品保藏。应用发酵原理的食品保藏，是指通过培养有益微生物进行发酵活动，建立起能抑制腐败菌生长活动的新条件，以延缓食品腐败变质的保藏措施。其原理就是利用乳酸发酵、醋酸发酵和酒精发酵的主要产物有机酸（有时还包括细菌素）和乙醇等来抑制腐败微生物的生长繁殖，从而保持食品的品质。此方法主要为发酵保藏。

（4）利用无菌原理的食品保藏。利用无菌原理的食品保藏是指将食品中的腐败微生物数量减少到无害的程度或全部杀灭，并长期维持这种状况，从而长期保藏食品的方法。此方法主要有热杀菌罐藏、辐照保藏和无菌包装技术等。

知识三　食品栅栏技术

食品栅栏技术是 1976 年由德国肉类研究中心的莱斯特纳（Leistner）和罗布莱（Roble）在长期研究的基础上率先提出的。Leistner 等把高温处理、低温冷藏或冻结、降低水分活性、酸化、高压处理、采用辐照、控制氧化还原电势、添加防腐剂等保藏技术方法归纳为栅栏因子，并提出食品保藏就是调控栅栏因子，以打破微生物的内平衡，从而限制微生物的活性与食品氧化，这些因子相互作用形成了特殊的防止食品腐败变质的栅栏，对食品的防腐起保持联合作用，即栅栏效应，将其命名为栅栏技术，也称联合保存技术、联合技术或屏障技术。

一、栅栏技术基本原理

食品保藏就是把微生物放到一个不利的环境中，抑制它们的生长繁殖，降低其成活率或促使它们死亡。而微生物对于不利的环境，可能出现的反应是死亡或停止生长。目前，几乎所有食品的保藏都是基于若干种保藏方法结合的，这些方法正是所谓的栅栏因子。而在食品保藏中的一个重要现象是微生物的内平衡，而内平衡是微生物维持一个稳定平衡内部环境的固有趋势。具有防腐保藏功能的各栅栏因子，通过相互的协同作用，扰乱一个或更多个内平衡机制，抑制微生物的生长繁殖，甚至导致其失去活性而死亡。

栅栏技术是多种安全控制技术协同作用形成的一种食品保藏新理论，有利于保持食品的安全、稳定、营养和风味。

二、栅栏因子

栅栏因子也就是食品保藏方法或防腐因子。目前栅栏技术中最重要和最常用因子有温度（热杀菌或低温保藏）、pH（高酸度或低酸度）、A_W（高水分活度或低水分活度）、E_h（高氧化还原值或低氧化还原值）、气调（O_2、N_2、CO_2 等）、包装材料及包装方式（真空包装、气调包装、活性包装和涂膜包装等）、压力（高压或低压）、辐照（紫外线、微波、放射性辐照等）、物理法（高电场脉冲、射频能量、振荡磁场、荧光灭活和超声处理等）、微结构（乳化法、固态发酵法）、竞争性菌群（乳酸菌、双歧杆菌等有益菌）、防腐剂（包括天然防腐剂和化学合成防腐剂）。此外，还有具有潜在应用价值的新栅栏因子，如超高压，调节包装气体、细菌数和可食性外壳等。

栅栏因子控制微生物稳定性所发挥的栅栏效应，不仅与栅栏因子的种类、强度有关，而且受因子作用次序的影响，两个或两个以上因子的作用强于单独因子作用的累加。同时某个栅栏因子的组合应用还能降低另一个栅栏因子的使用强度，甚至不采用另一种栅栏因子而达到同样的保藏效果。

栅栏效应能使各因子强度下降，对食品质量影响小；不同的栅栏因子，在保持食品稳定性方面可互相促进。一些栅栏因子在抑制微生物的同时，能够改善食品风味。同一栅栏因子对食品有消极影响和积极影响，主要取决于强度；如果作用强度小，就要加强，如果到了损害食品质量的程度，就要减弱；对于每一种质量稳定的食品，都有一套固有的栅栏因子，食品不同，栅栏因子的强度和性质也不同，但在任何情况下，栅栏因子都必须使食品微生物数量控制在正常状态下；在食品保藏过程中，食品中初菌数不能越过最初的栅栏因子，否则食品就会被败坏，甚至引发食品中毒。

三、栅栏效应

食品保藏中各栅栏因子之间的协同作用以及与食品中微生物的相互作用的结果，不仅仅是这些因子单独效应的简单累加，而是相乘的作用，这种效应称为栅栏效应。

当食品中有两个或两个以上的栅栏因子共同作用时，其作用效果强于这些因子单独作用的叠加（图 1－8）。这主要是因为不同栅栏因子进攻微生物细胞的不同部位，如细胞壁、DNA、酶系统等，改变细胞内的 pH、A_W、氧化还原电位，从而使微生物体内的动平衡被破坏，即产生“多靶保藏”效应。

四、栅栏技术在食品保藏中的应用及发展趋势

栅栏技术在食品行业得到广泛应用，通过这种技术加工和贮存的食品也称为栅栏技术食

品（HTF）。在拉丁美洲，HTF在食品市场中占有很重要的位置。栅栏技术在美国、印度，以及欧洲一些国家已经有较大发展。比如在肉制品方面对发酵香肠的研究最为引人注目。研究表明，保证发酵香肠优质耐贮的栅栏因子包括pH（发酵酸化）、A_W（降低水分活度）、c. f.（发酵竞争性菌群）、*Eh*（降低氧化还原电势）和P_{res}（防腐剂、烟熏）。利用各栅栏因子的交互抑菌作用，在发酵香肠不同的加工阶段，使用不同效应的栅栏因子，从而保证香肠的品质稳定和安全。德国肉类研究中心对筛选出的75种食品应用栅栏技术的每一类型产品都提出标准化、优质化加工建议，根据危害分析与关键控制点（HACCP）管理体系基本原理制定每一个产品的加工关键控制点，再投入标准化大规模生产，提高产品品质、安全性和贮藏性。随着对栅栏技术的深入研究，它必将为未来食品保藏提供可靠的理论依据及更多的关键参数。

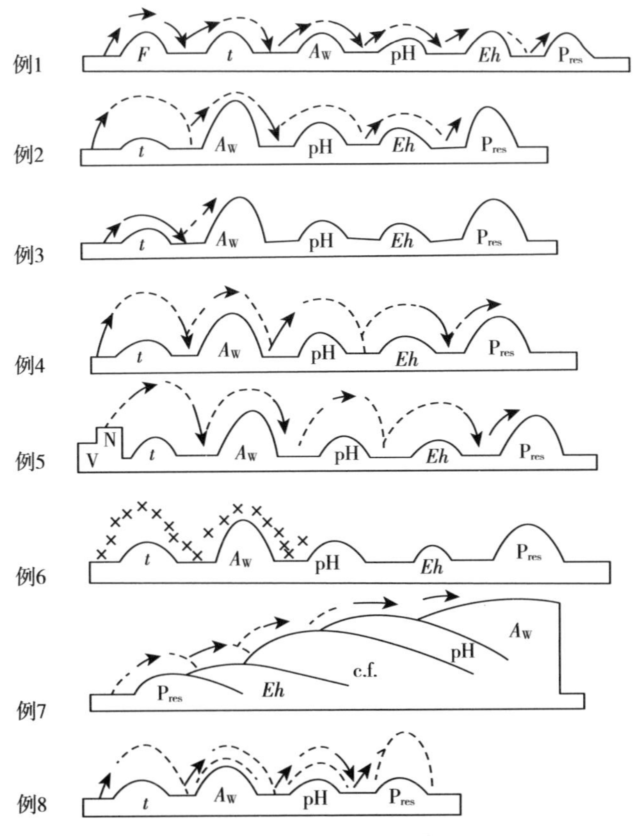

图1-8　食品保藏中的栅栏效应模式

（图中：*F*：高温处理；pH：酸化；A_W：降低水分活度；*t*：低温处理；P_{res}：防腐剂；*Eh*：降低氧化还原电势；c. f.：竞争性菌群；N：营养物；V：维生素）

随着食品工业的发展，栅栏技术在食品保藏中的应用受到越来越多的关注。目前，在食品加工和保藏过程中，不同栅栏因子的联合已经成为控制微生物引起的食品不稳定，获得安全食品的主要方法。近几年，人们开始重视食品保藏方法对食品微生物生理活动的影响（如微生物的动态平衡、代谢活动的耗竭、压力反应等），并且出现了多靶向食品保藏的新概念。随着人们对栅栏技术认识的不断深入，未来这一新型保藏技术必定会更科学、更有效地应用于食品中。

思考与讨论

1. 食物与食品的不同之处是什么?

2. 试述引起食品腐败变质的主要因素有哪些。

3. 食品保藏的基本原理是什么?

4. 食品保质期的确定方法有哪些?如何确定?

5. 食品保藏的途径与方法有哪些?香蕉片、乳粉、罐头、冷鲜肉的保藏分别属于哪种途径?

6. 什么是栅栏技术?以火腿肠为例,试分析导致火腿肠变质的因素有哪些。如何应用栅栏技术加以控制?

项目二 2

食品低温保藏技术

项目目标

【学习目标】

熟悉低温对微生物、酶活性、非酶反应速率及呼吸作用的影响；理解食品冷藏与冻藏、食品冷链、冷害及最大冰晶生成带的基本概念；掌握低温保藏的基本原理；熟练掌握冷却与冷藏方法及其质量控制；熟练掌握食品冻结与冻藏方法及其质量控制；能设计食品生产、流通和销售过程中的低温保藏技术方案。

【核心知识】

冷藏与冻藏，速冻与缓冻，最大冰晶生成带，食品冷链。

【职业能力】

1. 会设计某一特定食品的冷藏或冻藏的技术方案。
2. 能对低温保藏食品进行质量评价，并提出控制措施。

在食品工业中，从食品原料、成品、运输到消费，几乎所有的食品都会有相关环节需要冷藏或者冷冻这样的低温保藏步骤。比如罐头食品原料中的肉类和水产品几乎都是冷冻或冷藏原料，水果和蔬菜从采收到加工之间也需要冷却或冷藏来保证质量，乳品原料更是要全程冷链贮藏。低温保藏食品与利用其他保藏方法如干燥保藏、罐藏及腌渍保藏等保藏的食品相比，食品的风味、组织结构、营养价值等方面与新鲜食品更为接近，食品的稳定性更好。因此，食品低温保藏在食品工业中的地位将越来越重要。

知识平台

知识一　食品低温保藏原理

一、低温对微生物的影响

1. 低温与微生物的关系　低温可起到抑制微生物生长和促使部分微生物死亡的作用。但在低温条件下，微生物的死亡速度比在高温下要缓慢得多。一般认为，低温只是阻止微生物繁殖，不能彻底杀死微生物，一旦温度升高，微生物的繁殖也逐渐恢复。

(1) 任何微生物都有一定的正常生长和繁殖的温度范围。温度越低，它们的活动能力也越弱，故降温就能减缓微生物生长和繁殖的速度。温度降到最低生长点时，它们就停止生长并出现死亡。

根据微生物适宜生长的温度范围可将微生物分为三大类：嗜温菌、嗜冷菌和嗜热菌。在低温保藏的实际应用中最主要的是嗜温菌和嗜冷菌（表 2－1）。

表 2－1　微生物按生长温度分类

微生物类型	温度/℃		
	最低	最适	最高
嗜冷菌	－7～5	15～20	25～30
嗜温菌	10～15	30～40	40～50
嗜热菌	30～45	50～60	75～80

大多数食物的致毒性微生物和粪便污染性菌都属于嗜温菌类。粪便污染菌类可用作微生物（卫生检验）指示剂，当它们的含量超出一定范围时即可表示食物受致毒菌污染。通常食物致毒性菌在温度低于 5℃的环境中即不易生长，也不产生毒素；但是毒素一旦产生，就不能用降低温度的方法使之失去活性。部分微生物生长和产生毒素的最低温度如表 2－2 所示。

表 2－2　部分微生物生长和产生毒素的最低温度

微生物		最低生长温度/℃	产毒素最低温度/℃
食物中毒性微生物	肉毒杆菌 A	10.0	
	肉毒杆菌 B		10.0
	肉毒杆菌 C	—	
	肉毒杆菌 D	3.0	3.0
	梭状荚膜产气杆菌	15～20	—
	金黄色葡萄球菌	6.7	6.7
	沙门氏杆菌	6.7	
粪便指示剂微生物	埃希氏大肠杆菌	3～5	不产生外毒素
	产气杆菌	0	
	大肠杆菌类	3～5	
	肠球菌	0	

在冷藏期间能繁殖的微生物菌落大多数属于嗜冷菌类，它们在 0℃以下环境中的活动有蛋白水解酶、脂解酶和醇类发酵酶等的催化反应。由于大多数动物性食品（肉、禽、鱼）的嗜冷菌主要是好氧性的，如果加以包装或在厌氧条件下冷藏可显著地延长它们贮藏期。大多数蔬菜中的嗜冷菌为细菌和霉菌，而水果中主要是霉菌和酵母。常见食品中微生物生长的最低温度如表 2－3 所示。

表 2－3　常见食品中微生物生长的最低温度

食品	微生物	最低温度/℃
猪肉	细菌	－4

（续）

食品	微生物	最低温度/℃
牛肉	霉菌、酵母菌、细菌	−1
羊肉	霉菌、酵母菌、细菌	−5
火腿	细菌	1
腊肠	细菌	5
熏肋肉	细菌	−10
鱼贝类	细菌	−7
草莓	霉菌、酵母菌、细菌	−6.5
乳	细菌	−1
冰激凌	细菌	−10
大豆	霉菌	−6.7
豌豆	霉菌、酵母菌	−4
苹果	霉菌	0
葡萄汁	酵母菌	0
浓橘汁	酵母菌	−10

（2）长期处于低温中的微生物能产生新的适应性。这种微生物对低温的适应性可以从微生物生长时出现的滞后期缩短的情况加以判断。

2. 低温导致微生物活力减弱和死亡的原因　当温度降低到微生物最低生长温度后，再进一步降温就会导致微生物死亡。但是在低温下，微生物的死亡速率比在高温下缓慢得多，例如不同温度和保存期的冻鱼中细菌残留率见表 2－4。

微生物的生长繁殖是酶活动下物质代谢的结果。因此，温度下降，酶活性随之下降，物质代谢减缓，微生物的生长繁殖就随之减慢。

表 2－4　不同温度和保存期的冻鱼中细菌残留率

保存期/d	不同温度下冻鱼中细菌残留率/%		
	−18℃	−15℃	−10℃
115	50.7	16.8	6.1
178	60.1	10.4	3.6
192	57.4	3.9	2.1
200	55.0	10.0	2.1
220	53.2	8.2	2.5

在正常情况下，微生物细胞内总生化变化是相互协调一致的。但降温时，由于各种生化反应的温度系数不同，破坏了各种反应原来的协调一致性，影响了微生物的生活机能。

温度下降时，微生物细胞内原生质黏度增加，胶体吸水性下降，蛋白质分散度改变，最后还可能导致不可逆性蛋白质变性，从而破坏正常代谢。

冷冻时，介质中冰晶体的形成会促使细胞内原生质或胶体脱水，使溶质浓度增加，促使蛋白质变性。同时，冰晶体的形成还会使细胞遭受机械性破坏。

3. 微生物低温致死的因素 影响微生物在食品中生长的主要条件有液态水分、pH、营养物、温度、降温速度。微生物低温致死的因素包括以下几方面。

（1）温度的高低。冰点以上，微生物仍然具有一定的生长繁殖能力，虽然只有部分能适应低温的微生物和嗜冷菌逐渐增长，但最终也会导致食品腐败变质。

稍低于微生物的最低生长温度对微生物的威胁最大，一般是－12～－8℃，此时微生物的活动会受到抑制或几乎全部死亡。温度冷却到－25～－20℃，微生物细胞内的所有酶反应几乎全部停止，延缓了细胞内胶质体的变性，因而此时微生物的死亡比－12～－8℃时缓慢；当温度降到－30～－20℃时，微生物细胞内所有的生化反应和胶体变性几乎全部处于停止状态，以至于微生物细胞能在较长时间内保持其生命力。

（2）降温速度。食品在冻结前，降温速度越快，微生物死亡率越大。这是因为在迅速降温过程中，原来的微生物细胞新陈代谢的协调性遭到破坏所致。

食品冻结后，缓冻可导致微生物大量死亡，而速冻则相反。其原因是一般缓冻时会使食品温度长时间处于最大冰晶生成区（－1～5℃），并形成量少粒大的冰晶体，不但对微生物细胞产生机械破坏作用，还促进了蛋白质的变性，使微生物死亡率增加。

而速冻时食品通过最大冰晶生成区的时间短，冰晶体量多而小，对微生物细胞的机械破坏作用小，同时温度迅速降低到－18℃以下，能延缓胶质体的变性，所以微生物的死亡率降低。一般情况下，食品速冻过程中微生物的死亡率仅为原始菌数的50%。

（3）结合状态和过冷状态。急剧冷却时，如果水分能迅速转化成过冷状态，避免结晶形成固态玻璃体，就有可能避免因介质内水分结冰所遭受的破坏作用。

微生物细胞内原生质含有大量结合水分时，介质极易进入过冷状态，不再形成冰晶体，有利于保持细胞内胶体稳定性。比如细菌的芽孢，低温时其稳定性比生长细胞时的高，就是因为芽孢本身水分含量比较低，并且主要为结合水分，冻结时易进入过冷状态，不再形成冰晶体，有利于保持芽孢细胞内胶体的稳定性。

（4）介质。高水分和低pH的介质会加速微生物的死亡，而糖、盐、蛋白质、胶体、脂肪对微生物有保护作用。

（5）贮期。低温保藏时，微生物的数量一般会随保藏期的增加而减少。但保藏温度越低，减少量越少，有时甚至没有减少。同时，在贮藏初期微生物减少量最大，其后死亡率下降。

（6）交替冻结和解冻。交替冻结和解冻会加速微生物的死亡，但实际效果并不显著。

值得注意的是冻藏食品并非无菌，仍有可能含病原菌，如肉毒杆菌、金黄色葡萄球菌、肠球菌、溶血性链球菌、沙门氏菌等。比如肉毒杆菌对低温有很强的抵抗力，还有葡萄球菌也常会在冷冻蔬菜中出现，但若将解冻温度降低至4.4～10℃，则无毒素出现，因此病原菌的控制是一个重要问题。

二、低温对酶活性的影响

1. 酶活性随温度的下降而降低 温度对酶的活性有很大影响，大多数酶的适应活动温度为30～40℃。高温可使酶蛋白变性、酶钝化，但低温可以抑制酶活性，而不使其钝化。

大多数酶活性化学反应的温度系数 Q_{10} 值为 2～3。虽然有些酶类，如脱氢酶，在冻结中受到强烈抑制，但大量的酶类即使在冻结的基质中仍然继续活动，如转化酶、脂酶、脂肪氧化酶，有的甚至在极低温状态下还能保持轻微活性，只不过催化速度比较慢。例如某些脂酶甚至在－29℃时还能起催化作用，产生游离脂肪酸。

温度越低贮藏期越长的规律并不是对所有原料都适用，有些原料会产生生理性伤害，如马铃薯、香蕉、黄瓜等。

2. 冷藏和冻藏不能完全抑制酶的活性　由于冷冻或冷藏不能破坏酶的活性，冷冻食品解冻后酶将重新活跃，使食品变质。有些速冻食品为了将冷冻、冻藏和解冻过程中食品内不良变化降低到最低限度，会先预煮，破坏酶活性，然后再冻制。

三、低温对非酶反应速率的影响

各种非酶反应的速率，都会因温度下降而降低。

温度是物质分子或原子运动能量的度量，物质中热量被去除后，物质的动能便减少，其组成物质的分子运动变缓。由于物质反应的速率主要取决于反应物质分子的碰撞速度，因此，反应速率取决于温度。

许多非酶反应中，根据范托夫定律（Van't Hoff's law），Q_{10} 值为 2～3。假设 Q_{10} 值为 2.5，当温度从 30℃降到 10℃时，食品中的非酶反应速率减缓 40%，即允许保藏期约延长 6 倍。一些常见生化反应的 Q_{10} 值见表 2－5。

表 2－5　一些常见非酶反应的 Q_{10} 值

反应			Q_{10}	温度范围/℃
无生物参与反应	麦芽淀粉酶对淀粉的降解		2.2	10～20
	胰蛋白酶对蛋白质的降解		2.2	20～30
	蛋白质凝固	鸡蛋白	625	69～76
		血清蛋白	14	60～70
生物反应	细菌繁殖		2.3	20～30
	甜橙呼吸		2.3	10～20
	青豆呼吸		2.3	10～20
	细胞中物质选择性透过		2.4～4.5	10～25

应当注意，在广泛的温度范围内，Q_{10} 值是有变化的，最常见的是当冷却或冻结食品的温度接近冻结点时，Q_{10} 值大大增加，所以对冷却和冻结食品，应考虑其 Q_{10} 值有更大的幅度，即 2～16，甚至更大些，这取决于产品的性质、温度范围和质量变化的类型。

在同一种食品中，经常不止有一种反应过程，还会伴随着或相继地发生几种反应过程。有些反应过程可能起相反作用，因此，食品的稳定性并不随温度的降低而增加，比如面包，在 8℃以上时，随温度的下降，其品质迅速下降，这主要是淀粉老化的结果。

四、低温对呼吸作用的影响

呼吸作用是果蔬采收之后具有生命活动的重要标志，是果蔬组织中复杂的有机物质在酶的作用下缓慢地分解为简单有机物，同时释放能量的过程。这种能量一部分用来维持果蔬正常的生理活动，一部分以热量形式散发出来。呼吸作用还可防止果蔬组织中有害中间产物的积累，将其氧化或水解为最终产物。此外，呼吸作用在分解有机物过程中产生许多中间产物，它们是进一步合成植物体内新的有机物的物质基础。因此，呼吸作用可使各个反应环节及能量转移之间协调平衡，维持果蔬其他生命活动有序进行，保持耐藏性和抗病性。但是，呼吸作用过强，会使贮藏的有机物过多地被消耗，含量迅速减少，果蔬品质下降；同时，过强的呼吸作用，也会加速果蔬的衰老，缩短贮藏寿命；呼吸作用使营养消耗，导致果蔬品质下降，组织老化，重量减轻，失水，衰老。因此，通过控制和利用呼吸作用来延长果蔬贮藏期是至关重要的。

在一定温度范围内，呼吸作用随温度的升高而增强，如图 2－1 所示。一般在 0℃左右时，酶的活性极低，呼吸作用很弱，跃变型果实的呼吸高峰得以推迟，甚至不出现呼吸高峰。为了抑制产品采后的呼吸作用，常需要采取低温，但也并非贮藏温度越低越好。应根据产品对低温的忍耐性，在不破坏正常生命活动的条件下，尽可能维持较低的贮藏温度，使呼吸降到最低的限度。另外，贮藏期温度的波动会刺激产品体内水解酶活性，加速呼吸。

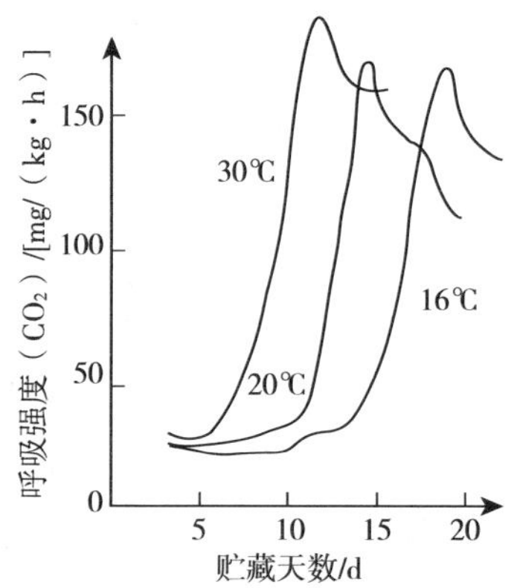

图 2－1　香蕉果实后熟过程中呼吸作用与温度的关系

知识二　食品冷却与冷藏

食品冷却的本质是一种热交换过程，即将食品本身的热量传递给温度低于食品的周围介质，并在尽可能短的时间内使食品温度降低到食品冷藏的预定温度，能及时地抑制食品内的生物化学变化和微生物的生长繁殖。冷却是食品冷藏和冻藏前必经的阶段，其处理状况对食品品质及其耐藏性有显著影响，预冷时的冷却速度及其最终冷却温度是抑制食品本身生化变化和微生物繁殖活动的决定性因素。

食品冷藏是将食品的温度降低至接近冰点而不冻结的一种食品保藏方法。冷藏温度一般为－2～15℃，而 4～8℃为常用的冷藏温度。冷藏通过降低生化反应速率和微生物导致的变化速率，可以延长生鲜食品和加工食品的货架寿命。过去冷藏曾作为果蔬、肉制品短期贮藏的一种方法，在商业上也只是在适当延长易腐食品及其原料的供应时间及缓和季节性产品的加工高峰时起一定作用。近年来，随着其他保藏技术的发展，比如气调保藏、发酵、化学保藏及包装等技术的推广，冷藏技术与这些单元操作相结合，使很多产品如冷却肉、清洁菜、冷藏的四季鲜果、鲜牛乳等的货架寿命显著提高。同时，很多加工食品，如酸乳、纯果汁、火腿、蛋糕及调理食品（包括菜肴、汉堡）等，由于冷藏技术的应用和冷链的完善，使其能够规模化生产并销售。冷藏食品正以其新鲜、健康和方便的形象，逐渐在食品消费中占一席之地。

若冷藏适当，在一定的贮藏期内，冷藏对食品的风味、质地、营养价值等方面的不良影响很小，比其他保藏加工手段（如热杀菌、干燥等）带来的不良影响要小。

然而，对大多数食品来说，冷藏实际上是一种效果比较弱的保藏技术。易腐食品（如成熟番茄）的贮藏期为 7～10d。

有些热带、亚热带水果及部分蔬菜，如果在它们的冰点以上（3～10℃）贮藏，会发生冷害。

冷藏食品是否能成功地推向消费者，除了本身质量以外，最重要的是冷链是否完善。冷链涉及冷冻设备、冷库、冷冻运输及冷柜零售。特别是一些低酸性食品，如新鲜或低温预煮的肉制品（如西式火腿）、比萨饼、未包装的面团等，它们极易被致病菌污染，因此必须在严格控制的条件下制造、贮藏、运输和销售。

一、食品的冷却

1. 冷却的目的　食品冷却又称食品预冷，是将食品物料的温度降低到冷藏温度的过程。其目的就是快速排出食品内部的热量，使食品温度在尽可能短的时间内降低到冰点以上，从而能及时地抑制食品中微生物的生长繁殖和生化反应速度，保持食品的良好品质及新鲜度，延长食品的贮藏期。

应在植物性食物采收后、动物性食物屠宰或捕获后尽快冷却，冷却的速度也应尽可能快。

2. 冷却的方法　常用的食品冷却方法有空气冷却、冷水冷却、碎冰冷却、真空冷却等，人们根据食品的种类及冷却要求的不同，选择适用的冷却方法。几种食品冷却方法优缺点的比较见表 2－6，冷却方法及其适用性见表 2－7。

表 2－6　几种食品冷却方法优缺点的比较

冷却方法	冷却方式	优缺点
冷风冷却	自然对流冷却	操作简单易行，成本低廉，适用于大多数食品冷却，但冷却速度较慢，效果较差
	强制通风冷却	冷却速度稍快，但需要增加机械设备，果蔬产品水分蒸发量较大
冷水冷却	喷淋或浸泡	操作简单，成本较低，适用于表面积小的产品，但病菌容易通过水进行传播
碎冰冷却	碎冰直接与产品接触	冷却速度较快，但需冷库采冰或制冰机制冰，碎冰易使产品表面产生伤害，耐水性差的产品不宜使用
真空冷却	降温、减压、最低气压可达 613.28Pa	冷却速度快，效率高，不受包装限制，但需要设备，成本高，局限于适用的品种，一般以经济价值较高的产品为宜

表 2-7 冷却方法及其适用性

冷却方法	肉	禽	蛋	鱼	水果	蔬菜	烹调食品
冷风冷却	○	○	○		○	○	○
冷水冷却		○		○	○	○	
碎冰冷却		○		○	○	○	
真空冷却						○	

注：○表示适用。

（1）冷风冷却。降温后的冷空气作为冷却介质流经食品时吸取其热量，促使其降温的方法称为冷风冷却。

冷风冷却的主要工艺参数是温度、速度和相对湿度，部分食品空气冷却工艺参数见表2-8。一般温度视食品的具体要求而定，相对湿度因种类、是否有包装而异。在食品无包装的情况下，因为存在干耗问题，空气的相对湿度应当尽可能高。

冷风冷却中的热交换速率是随着风速的提高而增加的，但动力消耗也与风速成正比，所以高风速所需要的动力明显增加。虽然产品表面传热系数只与风速成正比，但厚的产品因为有较高的占控制地位的内部热阻，所以冷却时单纯强调提高风速不见得能有效，故一般风速为2～3m/s。

表 2-8 部分食品冷风冷却工艺参数

食品名称	冷却温度/℃		相对湿度/%	最高风速/（m/s）		食品温度/℃		冷却时间/h
	初温	终温		初期	末期	初温	终温	
菠萝	7.2	3.3	85	1.25	0.75	29.4	4.4	3
桃	4.4	0	85	1.30	0.75	29.4	1.1	24
李子、梅子	4.4	0	80	1.25	0.45	26.7	1.1	20
杏	4.4	0	85	0.75	0.30	26.7	0.67	20
苹果	4.4	−1.1	85	0.75	0.30	26.7	0	24
柠檬	15.6	12.8	85	1.25	0.45	23.9	13.9	20
葡萄柚	4.4	0	85	1.25	0.45	23.9	1.1	22
橙子	4.4	0	85	1.25	0.45	23.9	0	22
梨	4.4	0	85	0.75	0.30	21.1	1.1	24
葡萄	4.4	0	85	1.25	0.75	21.1	1.1	20
香蕉	21.1	13.3	95～90	0.75	0.45	15.6	13.3	12
番茄	13	10.0	85	0.75	0.45	26.7	11.0	34
青刀豆	4.4	0.56	85	0.75	0.30	26.7	1.7	20
瓜类	4.4	0	85	1.25	0.75	26.7	1.1	24
甘蓝、花椰菜	4.4	0	90	0.75	0.30	21.1	1.1	24

（续）

食品名称	冷却温度/℃		相对湿度/%	最高风速/（m/s）		食品温度/℃		冷却时间/h
	初温	终温		初期	末期	初温	终温	
洋葱	4.4	0	75	1.25	0.75	21.1	1.1	24
猪肉	3.3	−1.67	90	1.25	0.75	40.6	1.7	14
羊肉	7.22	−1.1	90	1.25	0.45	37.8	4.4	5
牛肉	7.22	−1.1	87	1.25	0.75	37.8	6.7	18
家禽肉	7.22	0	85	0.75	0.45	29.4	4.4	5
内脏（肝、心）	4.4	0	85	0.75	0.45	32.2	1.7	18

冷风冷却一般适合于冷却果蔬、肉及其制品、蛋品、脂肪、乳制品、冷饮制品及糖果等。

（2）冷水冷却。冷水冷却是用0～3℃的低温水作为冷媒，将需要冷却的食品冷却到指定温度的方法。与空气冷却相比，冷水冷却有一些重要的优点，如避免干耗，冷却速度快，需要的空间少，对于某些产品，成品质量更好。但是大多数产品不允许用冷水冷却，这是因为产品的外观会受到损害，同时冷却以后难以贮藏。

冷水冷却方式有浸入式、喷雾式和淋水式三种。

冷水冷却通常用于禽类、鱼类、某些水果和蔬菜。这种方法冷却速度快，无干耗。但若冷却用水被污染，则微生物等就会通过冷水传染给其他被冷却的食品，影响冷却食品的质量。通常冷却水中的微生物可以通过加杀菌剂的方法进行控制。

（3）碎冰冷却。碎冰冷却是靠冰块融化时吸收热量（约334.7MJ/kg）而使食品冷却降温，且融冰和食品接触时冷却效果最好。

用冰直接接触，从产品中取走热量，除了有高冷却速度外，融冰可一直使产品表面保持湿润。这种方法经常用于冷却鱼、叶类蔬菜和一些水果，也用于一些食品如午餐肉的加工。

食品冷却的速度取决于食品的种类和大小、冷却前食品的原始温度、冰块与食品的比例以及冰块的大小。以鱼类为例，多脂鱼类或大型鱼类的冷却速度比低脂鱼类或小型鱼类缓慢。若鱼体厚度增加，冷却需要的时间也随之增加，鱼体冷却所需时间和冰量的关系见表2－9。

食品冷却时的用冰量可以根据食品放热量进行推算。食品的原始温度、气候状况、运输距离、冷却方法，以及对食品质量的要求等在确定用冰量时都是必须考虑的因素。

表2－9　鱼体冷却所需时间和用冰量的关系

鱼体冷却程度		不同用冰量（为鱼重百分数）需要的冷却时间/min			
原始温度/℃	最终温度/℃	100%	75%	50%	25%
20	0	134	139	310	—
20	5	63	68	110	236

注：每尾鱼平均1.25kg，厚5.5cm，冰块大小为4cm×4cm×4cm，空气温度10℃。

（4）真空冷却。真空冷却的依据是水在低压下蒸发时要吸取汽化潜热（约 2 520kJ/kg），并以水蒸气状态，按质量传递方式转移此热量。所蒸发的水可以是食品本身的水分，或者是事先加进去的。

汽化要求使水沸腾。在常压下水的沸点是 100℃，低的沸腾温度只有用抽真空的办法才能取得。

真空冷却主要用于叶类蔬菜和蘑菇，消毒牛乳和烹调后的马铃薯丁的瞬间冷却也要靠真空冷却。这种方法是目前所有冷却方法中速度最快的。

（5）其他冷却方法。其他冷却方法包括液体食品冷却、接触冷却、辐射冷却、低温接触冷却。

二、食品冷藏

在冷藏过程中影响冷藏食品品质的主要因素有冷藏温度、空气相对湿度、空气流速和食品原料的种类等。

1. 影响食品冷藏效果的因素

（1）冷藏温度。食品冷藏温度不仅是指冷库内的空气温度，更重要的是食品的温度。在保证食品不冻结的前提下，冷藏温度越接近冻结温度，其保存期就越长。但是不同食品的适宜温度不同，各种食品的冷藏温度必须按各自情况而定，特别是有些易发生冷害的水果和蔬菜，如香蕉、番茄和马铃薯等。冷藏温度是食品冷藏工艺中最重要的因素。

（2）空气相对湿度。冷库中空气相对湿度的高低对食品的耐贮性有直接的影响。低温保藏的食品表面如与高湿空气相遇，冷凝水分在其表面过多，不仅造成食品发霉，而且当温度变化时还会使食品容易变质腐败。冷藏时大多数食品均有各自适宜的相对湿度条件，一般含水食品宜在较高的空气相对湿度下保存，而干态食品则要求空气相对湿度很小，比如大多数水果要求的空气相对湿度为 85%～90%，叶类蔬菜为 90%～95%，坚果则在 70%。

（3）空气流速。冷库中的空气流速也同样重要，并以鼓风为好。空气流速越大，食品水分蒸发率也越高。但如果空气流速过大，也会造成干耗。因此，只要空气流速刚好能把食品产生的热量带走，并保证库内温度均匀分布即可。

（4）食品原料的种类。适宜的冷藏条件应根据所保藏的食品种类和具体要求确定。食品的种类不同，对其保藏的工艺要求也不同。一般新鲜果蔬采用冷藏保鲜主要是降低其呼吸作用，减缓酶的活性，以便能在最长时间内保持其生命力，保持果蔬的新鲜度。无生命力的加工食品容易受到微生物的侵染而导致其腐败变质，为此采用低温冷藏技术来阻止微生物和生物酶的活动，对其冷藏要求更为严格。

2. 食品在冷藏过程中的质量变化 食品在冷却冷藏时，由于动植物性食物及加工制品的性质不同，组成成分不同，发生的变化也不一样。其变化程度与冷却方法、冷却温度、食品的种类、成分等都有关。除了肉类在冷却贮藏过程中的成熟作用外，其他变化均会使食品的品质下降，当然采取一定的措施可以减缓其变化速度。

（1）水分蒸发。食品在冷却时，不仅食品的温度下降，而且食品中所含汁液的浓度增加，表面水分蒸发，出现干燥现象。不同果蔬食品水分蒸发特性见表[illegible]-10。

当食品中的水分减少后，不但造成质量损失（俗称干耗），而且使水果、蔬菜类食品失去新鲜饱满的外观。

表 2-10　不同果蔬食品水分蒸发特性

水分蒸发特性	果蔬食品的种类
A 型（蒸发量小）	苹果、柑橘、柿子、梨、西瓜、葡萄（欧洲种）、马铃薯、洋葱
B 型（蒸发量中等）	白桃、李子、无花果、番茄、甜瓜、莴苣、萝卜
C 型（蒸发量大）	樱桃、杨梅、龙须菜、葡萄（美国种）、叶类蔬菜、蘑菇

(2) 冷害。在冷却贮藏时，有些水果、蔬菜的品温虽然在冻结点以上，但当贮藏温度低于某一温度界限时，果蔬的正常生理机能受到阻碍，这种现象称为冷害。

冷害最明显的症状是在表皮出现软化斑点和中心部变色，如鸭梨的黑心病、马铃薯的发甜现象都是冷害。一般来说，产地在热带、亚热带的水果、蔬菜容易发生冷害；有些水果、蔬菜在外观上看不出冷害的症状，但冷藏后再放至常温中，就丧失了正常促进成熟作用的能力，这也是冷害的一种。果蔬食品冷害的界限温度与症状见表 2-11。

表 2-11　果蔬食品冷害的界限温度与症状

种类	界限温度/℃	冷害症状	种类	界限温度/℃	冷害症状
香蕉	11.7～13.8	果皮变黑	马铃薯	4.4	发甜、褐变
西瓜	4.4	凹斑、风味异常	番茄（熟）	7.2～10	软化、腐烂
黄瓜	7.2	凹斑、水浸状斑点、腐败	番茄（生）	12.3～13.9	催熟果实颜色不好、腐烂
茄子	7.2	表皮变色、腐败			

(3) 后熟作用。后熟作用是指果实离开母体或植株后向成熟转化的过程。通常，为了延长果蔬食品的贮存期，应当控制其后熟作用。低温能有效地推迟水果、蔬菜的后熟。

(4) 移臭和串味。如果将有强烈气味的食品与其他食品放在一起冷藏，这些强烈气味就会串给其他食品。冷藏库长期使用后，会有特殊的冷藏臭味，也会转移到食品中。

(5) 脂肪的氧化。冷却贮藏过程中，食品中所含的油脂会发生水解，脂肪酸会发生氧化、聚合等复杂的变化，使食品的风味变差，味道恶化，出现变色、酸败、发黏等现象。这种变化进行得非常严重时，就被人们称为“油烧”。

(6) 淀粉老化。食品中的淀粉以 α-淀粉的形式存在，在接近 0℃的低温范围内，糊化了的 α-淀粉分子又自动排列成序，形成致密的高度晶化的不溶性淀粉分子，迅速出现了淀粉的 β 化，即淀粉的老化。淀粉老化作用最适宜的温度是 2～4℃，比如面包在冷却冷藏过程中易引起淀粉老化，味道变得不佳。

(7) 寒冷收缩。寒冷收缩是畜禽屠宰后在未出现僵直前快速冷却造成的，寒冷收缩后的肉经成熟阶段也不能充分软化，肉质变差。

三、典型生鲜食品的冷藏技术

1. 果蔬的冷却与冷藏

(1) 冷却。果蔬的冷却常采用空气冷却法（空气流速 0.5m/s）、冷水冷却法（冷水温度 0～3℃）和真空冷却法（此法多用于表面积较大的叶菜类）。

(2) 冷藏。完成冷却的果蔬可以进入冷藏库，冷藏工艺条件根据不同的果蔬种类而异。

2. 畜禽肉类的冷却和冷藏

(1) 冷却。畜禽肉类常被吊挂在空气中进行冷却，其冷却的方法有一段冷却法（冷却时间较短，冷耗小）和两段冷却法（干耗小，微生物繁殖及生化反应易于控制，冷耗小）。

(2) 冷藏。畜禽肉类冷却后应迅速进入冷藏库，冷藏的温度控制在－1～1℃，空气相对湿度为85%～90%。

3. 鱼类的冷却和冷藏　鱼类一般采用冰冷却法和水冷却法，采用层冰层鱼法。冰冷却法一般只能将鱼体温度冷却到1℃左右，冷却鱼的贮藏期一般为：淡水鱼8～10d，海水鱼10～15d；水冷却法的冷海水温度为－2～－1℃，水流速度为0.5m/s，冷海水中盐的浓度为2～3g/L，鱼与海水比例为7∶3。

4. 其他生鲜食品的冷却和冷藏　鲜乳常采用冷媒冷却法进行冷却，牧场多采用水冷却法进行冷却。现代乳品厂均采用封闭式板式冷却器进行鲜乳的冷却。

鲜蛋冷却一般采用空气冷却法，冷却间空气相对湿度为75%～85%，空气流速为0.3～0.5m/s，冷却过程在24h内完成。鲜蛋开始冷却时，空气温度与蛋体温度不要相差太大，一般低于蛋体2～3℃。

知识三　食品冷冻与冻藏

一、食品冻结点与冻结率

1. 食品冻结点　冻结点是指冰晶开始出现的温度。

食品冻结的实质是其中水分的冻结。食品中的水分并非纯水。根据拉乌尔稀溶液定律，物质的量浓度每增加1mol/kg，冻结点就会下降1.86℃。因此，食品物料要降到0℃以下才产生冰晶。温度为－60℃左右，食品内水分全部冻结。几种常见食品的冻结点见表2-12。

在－30～－18℃时，食品中绝大部分水分已冻结，能够达到冻藏的要求。低温冷库的贮藏温度一般为－25～－18℃。

表2-12　几种常见食品的冻结点

品种	冻结点/℃	含水率/%	品种	冻结点/℃	含水率/%
牛肉	－1.7～－0.6	71.6	葡萄	－2.2	81.5
猪肉	－2.8	60	苹果	－2	87.9
鱼肉	－2～－0.6	70～85	青豆	－1.1	73.4
牛乳	－0.5	88.6	橘子	－2.2	88.1
蛋清	－0.45	89	香蕉	－3.4	75.5
蛋黄	－0.65	49.5			

2. 食品冻结率　冻结率（K）是指冻结终了时食品内水分的冻结量（%）。一些食品在不同冷冻温度下的冻结率见表2-13。

$$K=(1-T_D/T_F)\times 100\%$$

式中，T_D为食品的冻结点（℃）；T_F为冷冻食品的温度（℃）。

表 2-13 一些食品在不同冷冻温度下的冻结率

食品种类	不同冷冻温度下的冻结率/%							
	−1℃	−3℃	−5℃	−8℃	−10℃	−12.5℃	−15℃	−18℃
畜禽肉类	0～25	67～73	75～80	80～85	82～87	85～89	87～90	89～91
鱼类	0～45	32～77	84	89	91	92	93	95
蛋类	60	84.5	89	92	94	94.5	95	95.5
乳	45	77	84	88.5	90.5	92	93.5	95
番茄	30	70	80	85.5	88	89	90	91
苹果、梨	0	32	53	65	70	74	78	80
大豆、萝卜	0	50	64.5	73	77	80.5	83	84
橙子、葡萄	0	20	41	58.5	69	72	75	76
葱、豌豆	10	65	75	80.5	83.5	86	87.5	89
樱桃	0	0	32	52	58	63	67	71

二、冻结过程和冻结曲线

1. 冻结条件与过程

(1) 液体过冷。当液体的温度降至冻结点时，液体并不都会结冰，液相与结晶相处于平衡状态。要使液相向结晶相转变，必须降温至稍低于冻结点，造成液体的过冷，才会结冰。

过冷现象是冰结晶的先决条件。

(2) 晶核形成。被称为“冰结晶之芽”的晶核形成是水或水溶液结冰的必要条件。当液体处于过冷状态时，由于某种刺激作用会产生结晶中心，即形成晶核，如当溶液内局部温度过低时，水溶液中的气泡、微粒及容器壁等都会受刺激而形成晶核。由于温度起伏形成的晶核称为均一晶核，除此以外形成的晶核称为非均一晶核。食品是具有复杂组成的物质，其形成的晶核属于非均一晶核。

(3) 冰结晶生长。晶核形成后，冷却的水分子向晶核移动，凝结在晶核或冰结晶的表面，造成冰结晶生长，最终形成固体冰。

食品冻结时，冰晶体的大小与晶核数直接有关。晶核数越多，生成的冰晶体就越细小。缓慢冻结时，晶核形成所放出的热量不能及时除去，过冷度小，并接近冻结点，对晶核的形成十分不利，生成的晶核数少且冰晶体大。快速冻结时，晶核形成所放出的热量及时被除去，过冷度大，晶核大量形成且冰晶生长有限，生成大量细小的冰晶体。

2. 冻结曲线 冻结曲线表示了冻结过程中温度随时间的变化，如图 2-2 所示。

冻结曲线的 3 个阶段如下。

初始阶段：从初温到冰点，这个阶段食品放出的热量是显热，此热量与全部放出的热量比较，其值较小，所以降温速度快，冻结曲线较陡。

中间阶段：食品的温度从食品的冻结点降低至其中心温度为−5℃左右，这个阶段食品中的大部分水结成冰，放出大量的潜热。食品在该阶段的降温速度慢，冻结曲线平坦。大部分食品中心温度从−1℃降至−5℃时，近 80%的水分可冻结成冰。这种大量形成冰结晶的温度范围称为最大冰晶生成带。

终了阶段：从大部分水结成冰到预设的冻结终温。

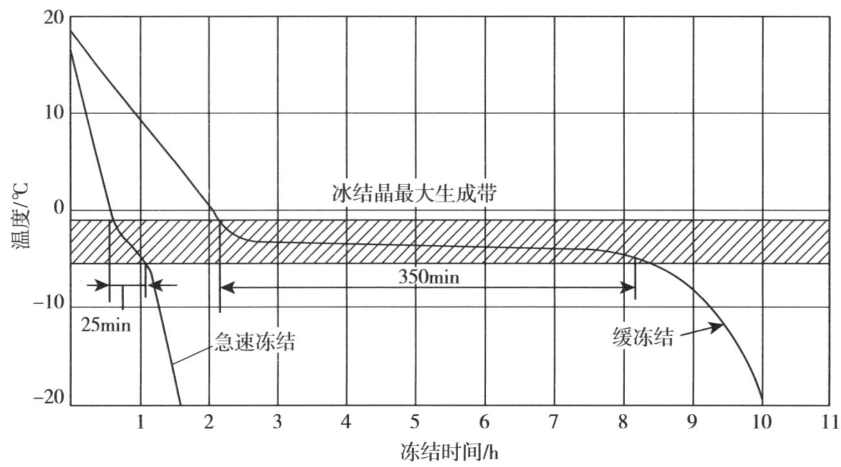

图 2-2　冻结曲线与冰结晶最大生成带

三、食品冻结速度与产品质量

1. 食品冻结速度的概念　国际制冷学会对冻结速度的定义：冻结速度是指食品表面与中心点间的最短距离与食品表面达到 0℃后至食品中心温度降到比食品冻结点低 10℃所需时间之比。

冻结速度快或慢的划分即所谓速冻或缓冻的划分，目前还未统一。通常以速冻的定量表达，即以时间划分和以推进距离划分两种方法表达。

（1）以时间划分。在 3～20min 将被冻食品中心温度从 0℃降至－5℃称为快速冻结；21～120min 的称为中速冻结；121～1 200min 的称为缓慢冻结。

（2）以推进距离划分。指单位时间内－5℃的冻结层从食品表面向内部推进的距离。若冻结速度为 v（cm/h），一般快速冻结时，v 为 5～20cm/h；中速冻结时，v 为 1～5cm/h；缓慢冻结时，v 为 0.1～1cm/h。

如表 2-14 所示，各种不同冻结装置的冻结速度为：通风冷库，0.2～0.4cm/h；平板送风冻结器，0.5～3cm/h；流态化冻结器，5.0～10.0cm/h；液氮和干冰冻结器，10.0～100cm/h。

表 2-14　不同冻结装置的冻结速度

冻结装置类型	冰晶的冻结速度/(cm/h)
通风冷库	0.2～0.4
平板送风冻结器	0.5～3.0
流态化冻结器	5.0～10.0
液氮和干冰冻结器	10.0～100

2. 冻结速度与冰晶的关系　当冻结速度快时，食品组织内冰层推进速度就大于水移动速度，冰晶的分布接近天然食品中液态水的分布情况，冰晶数量极多，呈针状结晶体。冻结速度对冰晶体大小的影响见表 2-15。

表 2-15　冻结速度对冰晶体大小的影响

冻结速度（通过 −1℃到−5℃的时间）	冰晶体				推进速度（冰层推进速度 I；水分转移速度 W）
	位置	形状	大小（直径×长度）/μm	数量	
数秒	细胞内	针状	（1～5）×（5～10）	无数	I≥W
1.5min	细胞内	杆状	（0～20）×（20～500）	多数	I>W
40min	细胞内	柱状	（50～100）×100 以上	少数	I<W
90min	细胞内	块粒状	（50～200）×200 以上	少数	I≤W

当冻结速度慢时，细胞外溶液浓度较低，冰晶首先在细胞外产生，而此时细胞内的水分仍处于液相。在蒸汽压差作用下，细胞内的水向细胞外移动，形成较大的冰晶，且分布不均匀。除蒸汽压差外，因蛋白质变性，其持水能力降低，细胞膜的透水性增强而使水分转移作用加强，从而产生更多更大的冰晶大颗粒。

快速冻结时所形成的冰结晶多且细小均匀，水分从细胞内向细胞外的转移少，不至于对细胞造成机械损伤。冷冻中未被破坏的细胞组织，在适当解冻后水分能保持在原来的位置，并发挥原有的作用，有利于保持食品原有的营养价值和品质。

缓慢冻结时所形成的较大冰结晶会刺伤细胞，破坏组织结构，解冻后汁液流失严重，影响食品的价值，甚至不能食用。例如，不同冻结速度下的鳕鱼肉中冰晶状态情况如图 2-3 所示。

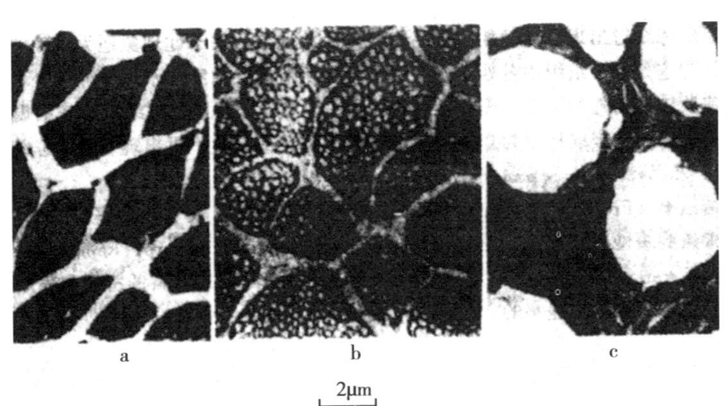

图 2-3　不同冻结速度下的鳕鱼肉中冰晶状态情况

a. 未冻结　b. 快速冻结　c. 缓慢冻结

3. 冻结速度对食品质量的影响　冻结速度对食品质量的影响主要与冰结晶有关。在缓冻条件下，冰晶首先在细胞外的间隙中产生，而此时细胞内的水分仍以液相形式存在。由于同温度下水的蒸汽压大于冰的蒸汽压，在蒸汽压差的作用下，细胞内的水分透过细胞膜向细胞外的冰结晶移动，使大部分水冻结于细胞间隙内，形成大冰晶，并且数量少，分布不均匀。食品冻结过程中因细胞汁液浓缩，引起蛋白质冻结变性，保水能力降低，使细胞膜的透水性增加。同时，水变成冰体积要增大 9%左右，大冰晶对细胞膜产生的胀力更大，使细胞破裂，组织结构受到损伤，解冻时大量汁液流出，致使食品品质明显下降。

而在速冻条件下，细胞内、外几乎同时达到形成冰晶的温度条件，组织内冰层推进的速度也大于水分移动的速度，食品中冰晶的分布接近冻前食品中液态水分布的状态，形成的冰结晶数量多，体积小，细胞内与细胞间都有冰晶形成。这样的冰结晶对细胞的机械损伤轻，解冻时汁液流失少，可以较好地保持食品的质量和营养成分，这对于植物性食品尤为重要。因为植物性食品的细胞壁比较厚，且缺乏弹性，压力的承受能力远小于动物性食品的原生质膜，后者是由肌纤维构成的。植物性食品冻结时，如果冻结的速度慢，冰晶大部分在细胞间形成，且冰晶颗粒大，容易损伤细胞膜，解冻时有大量的汁液外流。因此，果蔬食品一定要采用快速冻结，以减少食品冻结对产品质量的影响。

四、食品冻结方法

食品冻结方法按冻结速度不同，可以分为缓冻和速冻两大类。

缓冻就是食品放在绝热的低温室中（－40～－18℃，常用－29～－23℃），并在静态的空气中进行冻结的方法。而速冻是近年来食品冷冻保藏技术发展的一个总的趋势，其冻结方式主要有鼓风冻结、平板冻结或间接接触冻结、喷淋或浸渍冻结 3 类：

1. 鼓风冻结　鼓风冻结实际上就是空气冻结，它主要利用低温和空气高速流动，促使食品快速散热，以达到迅速冻结的要求。速冻设备内所用的空气温度为－46～－29℃，而强制的空气流速则为 5～15m/s，这是速冻和缓冻设备的不同之处。鼓风冻结的主要优点是用途的多面性，适用于具有不规则形状、不同大小和不易变形的食品，如各种果蔬、鱼片及甲壳类制品等。

鼓风冻结设备有多种选择，一般可分为批量式（冷库，固定的吹风隧道，带推车的吹风隧道）和连续式（直线式、螺旋式和流化床式冻结器）两类。但不论使用何种方法，速冻设备的关键是保证空气畅通，并使空气与食品所有部分都能密切接触。

（1）隧道式冻结。隧道式冻结共同的特点是冷空气在隧道中循环，食品通过隧道时被冻结。根据食品通过隧道的方式，可分为推车式冻结隧道、传送带式冻结隧道、吊篮式冻结隧道和推盘式冻结隧道等。

①推车式冻结隧道。用轨道小推车或吊挂笼传送，一般逆向送入冷风，或用各种形式的导向板造成不同风向。该设备生产效率及效果一般，连续化程度不高，如图 2－4 所示。

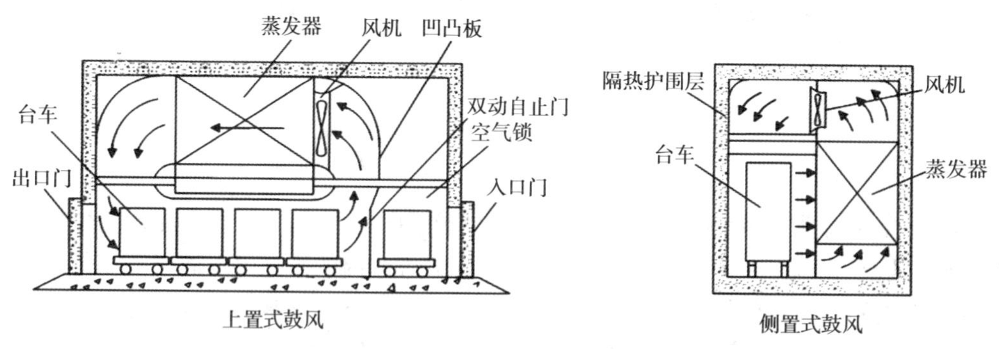

图 2－4　推车式隧道鼓风冻结装置

②传送带式冻结隧道。目前大多采用不锈钢网状输送带，原料在传送带上冻结，冷风的流向可与原料平行、垂直、顺向、逆向、侧向，冷冻板的传送带冻结装置如图 2－5 所示。传送带速度可根据冻结时间进行调节。

③吊篮式冻结隧道。吊篮式冻结隧道的特点是机械化程度高，减轻了劳动强度，提高了生产效率；冻结速度快、冻品各部位降温均匀，色泽好，质量高。其主要缺点是结构不紧凑、占地面积较大，风机耗能高，经济指标差。吊篮式连续冻结装置如图 2－6 所示。目前主要用于冻结禽肉等食品。

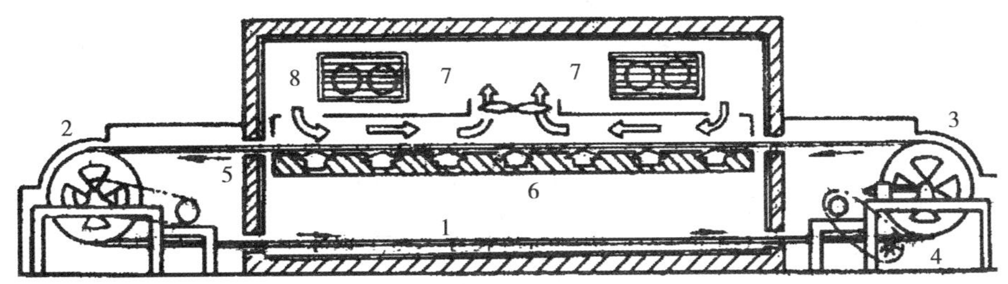

图 2－5　冷冻板的传送带冻结装置

1. 不锈钢传送带　2. 主动轮　3. 从动轮　4. 传送带清洗机　5. 调速电机　6. 冷冻板（蒸发器）　7. 冷风机　8. 隔热层

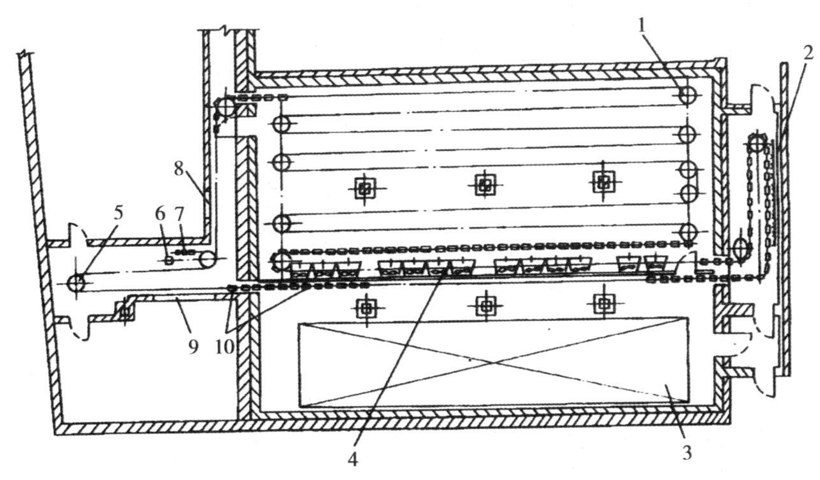

图 2－6　吊篮式连续冻结装置

1. 横向轮　2. 乙醇喷淋系统　3. 蒸发器　4. 轴流风机　5. 张紧轮　6. 驱动电机　7. 减速装置　8. 卸料口　9. 进料口　10. 链盘

④推盘式冻结隧道。该冻结隧道主要由隔热隧道室、冷风机、液压传动机构、货盘推进和提升设备构成。其特点为连续生产，冻结速度较快；构造简单、造价低；设备紧凑，隧道空间利用较充分。目前该设备主要用于冻结果蔬、虾、禽肉及小包装食品等。推盘式连续冻结隧道装置见图 2－7。

（2）螺旋带式冻结。螺旋带式冻结装置如图 2－8 所示，它的中间是一个大转筒，传送带围绕着筒形呈多层螺旋状，逐级将原料（装在托盘上）向上传送。冷风由上部吹下，由下部排出并循环，冷风与产品呈逆向对流换热。食品由下部送入，上部传出，即完成冻结。

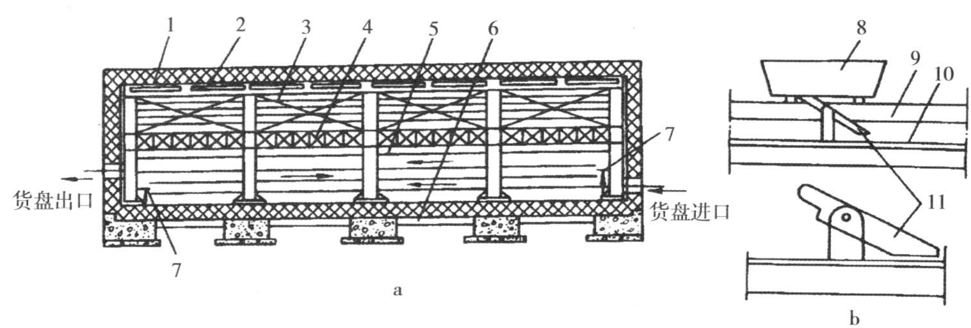

图 2－7　推盘式连续冻结隧道装置

a. 冻结隧道　b. 推盘装置

1. 绝热层　2. 冲霜淋水管　3. 翅片蒸发排管　4. 鼓风机　5. 集水箱　6. 空心板　7. 货盘提升装置　8. 货盘　9. 滑轨　10. 推动轨　11. 推头

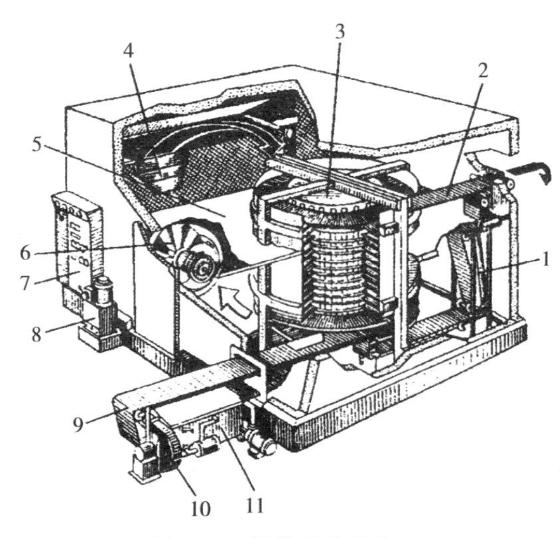

图 2－8　螺旋式冻结装置

1. 平带张紧装置　2. 出料口　3. 转筒　4. 翅片蒸发器　5. 分隔气流通道的顶板　6. 风扇　7. 控制板　8. 液压装置　9. 进料口　10. 干燥传送带的风扇　11. 传送带清洗系统

（3）悬浮式（也称流态床式）冻结。悬浮式冻结装置通常采用不锈钢网状传送带，分成预冻和急冻两段，以多台强大的风机自下而上吹出高速冷风，垂直向上的风速达到 6m/s 以上，把产品吹起，使其在网状传送带上形成悬浮状态不断跳动，产品被高速冷风所包围，进行强烈的热交换，被急速冻结。食品悬浮状态与静止状态见图 2－9。一般在 5～15min 内就能使食品中心温度冻结至－18℃以下。此法强化了食品冷却、冻结的过程，有效传热面积较正常冻结状态大 3.5～12 倍，换热强度比其他冻结装置提高了 30～40 倍，从而大大缩短了冻结时间，其生产率高、效果好、自动化程度高，已被食品行业广泛采用。

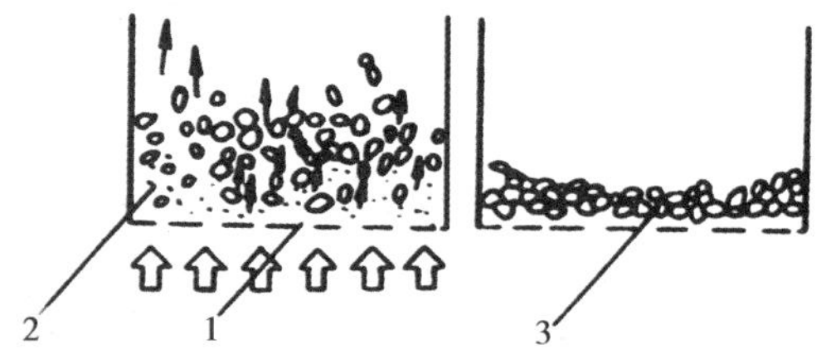

图 2－9　食品悬浮状态与静止状态

1. 冷风　2. 悬浮状态　3. 未吹冷风状态

在冻结过程中要将产品变成悬浮状态，需要很大的气流速度，因此被冻结的产品大小受到一定限制。一般颗粒状、小片状和短段状的产品较为适用。由于传送带的带动，产品向前移动，在彼此不黏结成堆的情况下完成冻结，故称为单体冻结（简称 IQF）。流态床式冻结装置如图 2－10 所示。

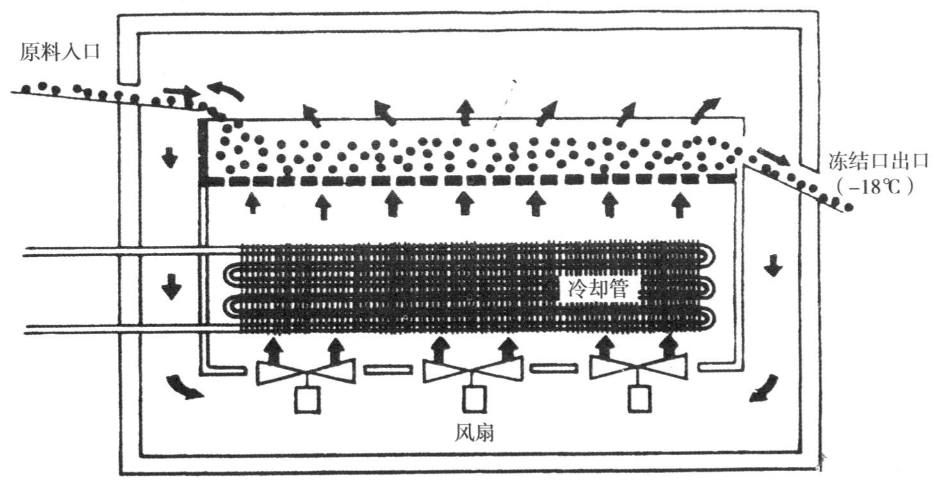

图 2－10　流态床式冻结装置

2. 平板冻结或间接接触冻结　用制冷剂或低温介质冷却的金属板和食品密切接触使食品冻结的方法称为平板冻结或间接接触冻结。平板冻结不像鼓风冻结那样通用，不适用于不规则形状的食品，而适用于未包装的食品和用塑料袋、玻璃纸或纸盒包装的食品。钢带冻结装置如图 2－11 所示。其传热效果好，不需配置风机。目前，按照结构形式平板冻结装置可分为 3 种主要类型：带式、板式和筒式。

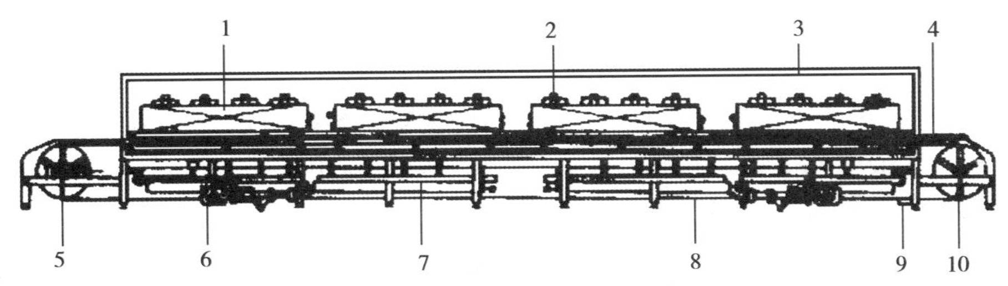

图 2－11　钢带冻结装置

1. 冷风机组　2. 风机　3. 隔热库体　4. 冷风阻隔板　5. 钢带调整器　6. 不冻液循环泵　7. 不冻液冷却器　8. 不锈钢输送带　9. 清洗装置　10. 传动马达

3. 喷淋或浸渍冻结　喷淋或浸渍冻结即为直接接触冻结，食品直接与冷冻介质接触。常用于小批量生产、新产品开发、季节性生产和临时的超负荷状况。相对较低的温度可以使产品快速冻结，对保证产品质量和降低干耗都是十分有利的，但其设备投资和运行费用较高。

（1）低温液体冻结。用高浓度低温盐水（其冰点可降至－50℃左右）浸渍原料，原料与冷媒接触，传热系数高，热交换强烈，故速冻快，但盐水很咸，只适应于水产品，不能用于果蔬制品。

（2）超低温液体冻结。采用液氮或液态二氧化碳作为制冷剂，相对较低的温度可以使产品快速冻结，对保证产品质量和降低干耗都是十分有利的，但其设备投资和运行费用较高，浪费介质。例如液氮冻结器，通常为直线型，－195℃的液氮在产品出口端直接接触产品。液氮浸渍冻结装置如图 2－12 所示。

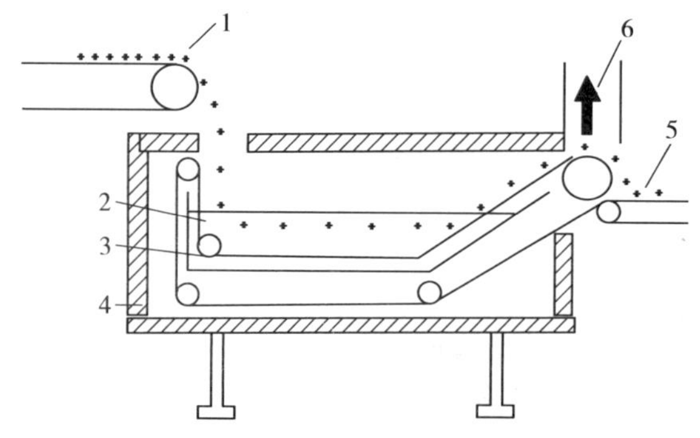

图 2－12　液氮浸渍冻结装置

1. 进料口　2. 液氮　3. 传送带　4. 隔热箱体　5. 出料口　6. 氮气出口

目前一般多采用喷淋冻结方式。这种设备结构简单，可以用不锈钢网状传送带，上装喷雾器、搅拌小风机，即能实现超快速单体冻结，其生产效率高，产品品质优良，但成本高。液氮喷雾冻结装置如图 2－13 所示。

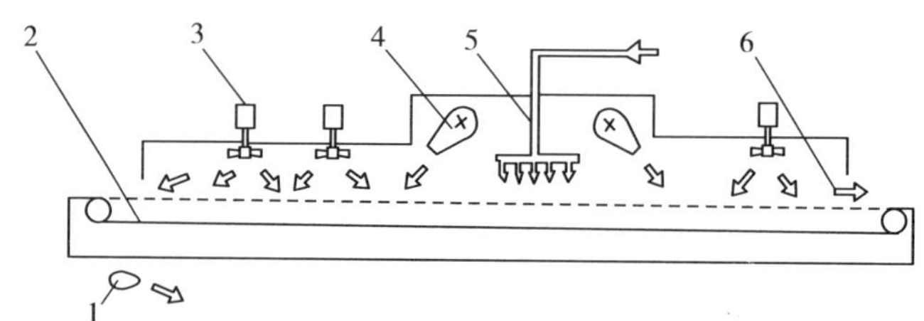

图 2－13　液氮喷雾冻结装置

1. 排散风机　2. 进料口　3. 搅拌风机　4. 风机　5. 液氮喷雾器　6. 出料口

五、食品的冻藏

1. 冷冻食品包装　由于未包装食品在冻结和冻藏过程中会严重失水，并可能造成一系列的品质变化和营养成分损失，同时未包装的食品在冻藏时也容易氧化和遭受空气中微生物的污染。因此，冷冻食品合理的包装可以有效减少冻藏过程中的脱水干燥，控制食品氧化和微生物引起的腐败变质。

目前，冷冻食品的包装可分冻前包装和冻后包装两种，而大多数生鲜速冻食品均采用先冻结后包装的方式，但有些食品为避免破碎可先包装后冻结，如单体冻结的一些食品。

冷冻食品包装的大小可依消费需求而定：半成品可用大包装，届时再行分装；家庭用及方便食品用小包装。冷冻食品的包装材料除了达到普通食品包装材料要求外，还应具有耐低温和耐高温等特性。一般用于包装冷冻食品的包装材料必须能在－50～－40℃的低温环境下保持柔软，不致发脆、破裂，如常用的有 EVA（乙烯-醋酸乙烯共聚物）薄膜和线性聚乙烯等。一些典型冷冻食品的包装形式及材料见表 2－16。对耐破损和阻气性要求较高的食品，如笋、蒜薹、蘑菇等，可采用以尼龙薄膜为主体的薄膜包装，如尼龙/聚乙烯复合膜；对于多脂鱼和红色肌肉含量高的鱼应选择不透水蒸气、不透氧的材料，如 ON/PE（定向拉伸尼龙/聚乙烯）复合薄膜等。

表 2-16　一些典型冷冻食品的包装形式及材料

<table>
<tr><th colspan="2">食品类型</th><th>包装形式</th><th>包装材料</th></tr>
<tr><td colspan="2">蔬菜</td><td>袋装，含气包装</td><td>PE，OPP/PE，PEF/PE</td></tr>
<tr><td rowspan="3">鱼类和贝类</td><td>一般鱼</td><td>交叠，含气包装</td><td>盘子：发泡 PS，HIPS
外包装：PEF/PE，OPP/PE</td></tr>
<tr><td>虾、扇贝</td><td>紧密贴合包装</td><td>盘子：EVA 涂层加发泡 PS
外包装：Surlyn/EVA</td></tr>
<tr><td>金枪鱼切片</td><td>袋装，真空包装</td><td>ON/PE，ON/Surlyn</td></tr>
<tr><td colspan="2">水产加工品</td><td>袋装，真空包装</td><td>ON/PE</td></tr>
<tr><td rowspan="4">调理食品</td><td>汉堡、饺子</td><td>交叠，含气包装</td><td>盘子：HIPS，OPS，PP
外包装：PET/PE，OPP/PE</td></tr>
<tr><td>油炸调理食品</td><td>纸盒，含气包装</td><td>盘子：铝箔容器
外包装：PE，ON/PE
外箱：纸盒</td></tr>
<tr><td>米饭</td><td>袋装，真空包装</td><td>外包装：PE，ON/PE
外箱：纸盒</td></tr>
<tr><td>比萨</td><td>纸盒，收缩包装</td><td>外包装：PET/PE，ON/PE
外箱：纸盒</td></tr>
<tr><td colspan="2">水果</td><td>袋装，含气包装</td><td>PE，OPP/PE，ON/PE</td></tr>
<tr><td colspan="2">冷冻蛋糕</td><td>纸盒，含气包装</td><td>盘子：铝箔容器
外包装：PE
外箱：纸盒</td></tr>
<tr><td colspan="2">汤</td><td>纸盒，脱气包装</td><td>吸管：PE，PVDC
盘子：PP/PE
外包装：PET/PE
外箱：纸盒</td></tr>
<tr><td colspan="2">微波冷冻菜</td><td>交叠，脱气包装</td><td>内包装：带蒸汽出口的 ONY/PE
外包装：PET/PE，OPP/PE</td></tr>
<tr><td colspan="2">正餐食品</td><td>纸盒，含气包装</td><td>盘子：C-PET，循环利用的盘子
外包装：PET/PE，OPP/PE
外箱：纸盒</td></tr>
</table>

注：PE——聚乙烯；OPP——定向拉伸聚丙烯；PET——聚对苯二甲酸乙二醇酯；C-PET——结晶型 PET；PEF——高压聚乙烯；PS——聚苯乙烯；HIPS——耐冲击性聚苯乙烯；EVA——乙烯-醋酸乙烯共聚物；Surlyn——乙烯-甲基丙烯酸聚合物；ON——定向拉伸尼龙；PP——聚丙烯；PVDC——聚偏二氯乙烯；ONY——聚酰胺。

速冻果蔬的包装应注意产品的特殊性，即冻结后果蔬产品的体积增加。如加糖草莓，加

30%和 50%浓度的糖浆时体积分别增加 8.2%和 5.2%，整个或切碎的草莓体积分别增加 3%和 8%，冻结以后包装的产品散装体积质量比事先包装的显然要低，其包装材料应能抵御弱酸并不漏液体；对于易褐变和失去香味的水果，特别需要选用能隔绝氧气及其他气体的包装材料；所有果蔬产品都需要用不透水蒸气的材料包装。

为了抗干燥，冷冻鱼通常采用包冰衣处理。在－18℃的低温下，包冰衣可使鱼的保存期延长约 4 个月。

2. 冷冻食品的冻藏及技术管理　食品冻藏的关键主要是根据食品的种类、贮藏期的长短等正确选择合理的冻藏温度。

通常食品冻藏的温度范围为－30～－12℃。对冷冻食品来说，冻藏温度越低，食品的稳定性越好，贮藏期也越长。但是考虑到围护结构、制冷设备的投资费用以及电耗等日常运作费用，就存在一个经济成本的问题，即冷冻食品冻至什么终温最经济，冷冻食品在什么温度下贮藏最经济。根据对“三 T”研究的成果，考虑到冷冻食品的温度、品质保持和贮藏时间 3 个因素的相互关系，认为－18℃对于大多数冷冻食品来讲是最经济的冻藏温度。因为食品在此温度下可贮藏一年而不失去商品价值，且所花费的经济成本也比较低。

食品冻藏一般是将食品尽可能快速冻结，使其中心温度达到－18℃后，贮藏在－23～－18℃的冷藏库中。对一些多脂鱼和易变色的鱼类宜放在－25℃或更低温度的冷藏库中贮藏。现在，日本和欧美等发达国家和地区为了提高冷冻食品的质量，多趋向于采用－30～－25℃的冻藏温度。美国学者认为冷冻水产品的冻藏温度应在－29℃以下。

目前，我国冷库的冻藏温度为－22～－18℃，库内相对湿度保持在 90%～95%。但这个温度对虾类、鲤鱼、金枪鱼等含脂肪较多和商品价值较高的水产品显然是不适宜的。因此，根据不同食品品种和国际市场客户的要求，国内水产品冷库的冻藏温度正在逐步降低，已有部分冷库的温度达到－25℃或－28℃，最低甚至达到－30℃。

冷冻食品的冻藏温度趋向于低温化，其主要原因是为了保持冷冻食品的良好品质。尤其是多脂肪鱼类等水产品含有大量高度不饱和脂肪酸，在冻藏过程中容易氧化、油烧，表面呈黄褐色，造成贮藏期缩短。另外，冻藏温度的波动也会给冷冻食品品质带来很大影响。因此，冷冻食品在冻藏中的技术管理，不仅要注意贮藏期（贮藏时间越长，食品品质降低积累就越多），同时更应注意食品冻藏温度及其波动对食品品质的影响。

六、食品在冻结及冻藏过程中的变化

食品冻结时，因为冰晶体的形成，其物理性质发生了变化，进而影响到食品的其他性质。因为冻藏的时间长，其间发生的一系列变化也会显著影响到食品的品质。

1. 体积膨胀与内压增加　食品冻结时表面水分首先成冰，然后冰层逐渐向内部延伸。当内部水分因冻结而膨胀时受到外部冻结层的阻碍，就产生内压，此内压又称为冻结膨胀压。

冰的温度每下降 1℃，其体积收缩 0.005%～0.01%。膨胀比收缩大得多，故水分含量越多，食品冻结时体积膨胀越明显。根据理论计算，冻结膨胀压可达到 8.5MPa。

食品外层承受不了冻结膨胀压时，便通过破裂的方式来释放，造成食品出现龟裂现象。一般认为食品厚度大、含水率高和表面温度下降极快时易产生龟裂。食品中水分结晶后体积的膨胀使液相中溶解的气体从液体中分离出来，加剧了体积膨胀，也加大了食品内部压力。

2. 比热容下降与导热系数增大　食品的比热容随含水量而异，含水量多的食品比热容大，而含脂量多的食品比热容小。常见食品的比热容变化见表2－17。

表2－17　常见食品的比热容变化

食品种类	含水率/%	比热容/［kJ/（kg·℃）］	
		冷却状态	冻结状态
肉（多脂）	50	2.51	1.46
肉（少脂）	70～76	3.18	1.71
鱼（多脂）	60	2.84	1.59
鱼（少脂）	75～80	3.34	1.80
鸡（多脂）	60	2.84	1.59
鸡（少脂）	70	3.18	1.71
鸡蛋	70	3.18	1.71
牛乳	87～88	3.93	2.51
稀奶油	75	3.55	2.09
黄油	10～16	2.68	1.25
水果、蔬菜	75～90	3.34～3.76	1.67～2.09

通常液态水在0℃时的导热系数约为0.55W/(m·℃)，而水凝结成冰后的导热系数高达2.2W/(m·℃)，即冰的导热系数近似为同温度下水的导热系数的4倍。在食品冷冻时冰层向内部逐渐推进，使导热系数提高，从而加快了冷冻过程。导热系数还受到其他成分，尤其是脂肪的影响，因为脂肪是热的不良导体，含脂量大的食品的导热系数就小。

3. 溶质重新分布　食品冻结时，理论上只是纯溶剂冻结成冰晶体，冻结层附近溶质的浓度相应提高，从而在尚未冻结的溶液内产生了浓度差和渗透压差，并使溶质向溶液中部位移。

冻结界面位移速度越快，溶质分布越均匀，然而在冻结推动扩散的情况下，即使冻结层分界面高速位移，也难以促使冻结溶液内溶质达到完全均匀分布的状态。

4. 液体浓缩　液体浓缩是指溶质结晶析出，例如冰激凌中乳糖因浓度增加而结晶，产品具有沙砾感；蛋白质在高浓度的溶液中因盐析而变性。酸性溶液的pH因浓缩而下降到蛋白质的等电点以下，导致蛋白质凝固，改变胶体悬浮液中阴、阳离子的平衡，从而破坏胶体体系。气体因浓缩而过饱和，并从溶液中逸出，引起组织脱水，解冻后水分难以全部恢复，组织也难以恢复原有的饱满度。

5. 冰晶体成长和重结晶　食品经冻结后，内部的冰晶体大小并不均匀一致。在冻藏过程中，细微的冰晶体逐渐减小、消失，而大冰晶体逐渐长得更大，食品中冰晶体的数目也大为减少，这一现象称为冰晶体成长。而重结晶是指在冻藏过程中，由于冻藏温度波动，导致在温度升高阶段，部分冰晶融化，然后在降温阶段这部分水重新再冻结的现象。重结晶会促进食品中冰结晶的大小、形状、位置等发生变化，即冰晶体的数量减少，体积增大。

冰晶体成长和重结晶现象都给食品品质带来很大的影响。例如果蔬组织细胞受到机械损伤，肉类的蛋白质变性，解冻后汁液流失增加，造成食品风味和营养价值的下降；冰激凌、冷冻面团等制品的品质、结构严重劣化。

6. 冻干耗　冻干耗又称为冻干害、冻烧。食品在冷却、冻结及冻藏过程中因温差引起食品表面的水分蒸发而产生重量损失。由于食品表面脱水（升华）形成多孔干化层，其表面的水分可下降到10%～15%，甚至更低，使食品出现表面氧化、变色、变味等品质明显降低的现象。

7. 脂类的氧化和降解　冻藏过程中，食品中含较多不饱和脂肪酸的脂肪会发生自动氧化反应，导致食品出现哈喇味。一般水产类最不稳定，禽类次之，畜类最稳定。

脂类氧化变质的最初表现是产生不正常的气味，表面出现黄色斑点，但随着氧化的继续，脂肪整体发黄，发出强烈的酸味，并可能产生有毒物质（丙二醛）。脂类的氧化受少量的铜、铁的催化。冻结前加热、均质及添加抗氧化剂对脂类氧化均有抑制作用，因此，在一些冷冻食品中加入适量的抗氧化剂能延长其保藏期。

8. 其他变化　冻藏过程中食品还会发生其他变化，如pH、色泽、风味和营养成分的变化等。pH变化主要是由于液体浓缩导致的。虽然食品中的化学机理各不相同，但低温是影响冻藏食品色泽变化的关键因素，冻藏温度越低，化学反应速度越慢，食品变色就越不容易，因此，国际上冻藏食品的冻藏温度正趋向于低温化。如品温在－60℃时，红色肉的变色几乎完全停止。

七、典型生鲜食品的冻藏技术

1. 果蔬冻藏工艺及控制　果蔬要求在适合食用的成熟度采收，采用的速冻工艺及温度视果蔬种类而定；不同果蔬对低温冻结的承受力有较大的差别，冻藏过程的温度越低，对果蔬品质的保持效果越好。速冻果蔬不能与其他有异味的食品混藏，最好采用专库冻藏。速冻果蔬的冻藏期一般可达10～12个月，如冻藏条件好甚至可达2年。不同冻藏温度下果蔬食品的保藏期见表2-18。

表2-18　不同冻藏温度下果蔬食品保藏期

速冻果蔬种类	保藏期/月			速冻果蔬种类	保藏期/月		
	－18℃	－25℃	－30℃		－18℃	－25℃	－30℃
加糖的桃、杏、樱桃	12	>18	>24	花椰菜	15	24	>24
不加糖的草莓	12	>18	>24	甘蓝	15	24	>24
加糖的草莓	18	>24	>24	甜玉米（棒）	12	18	>24
柑橘	24	>24	>24	豌豆	18	>24	>24
豆角	18	>24	>24	菠菜	18	>24	>24
胡萝卜	18	>24	>24				

2. 畜禽肉类冻藏工艺及控制　畜肉采用空气冻结法经一次冻结工艺或两次冻结工艺完成；畜肉冻藏温度为－20～－18℃，相对湿度为95%～100%，空气流速为0.2～0.3m/s。

典型畜肉的冻藏货架期见表2-19。

禽肉采用冷空气或液体冻结法；禽肉冻藏温度为-20～-18℃，相对湿度为95%～100%，空气流速为0.2～0.3m/s。通常无包装的禽体多采用空气冻结，冻结后在禽体上包冰衣或用包装材料包装；有包装的禽体可用冷空气冻结，也可用液体喷淋或浸渍冻结。

表2-19　典型畜肉的冻藏货架期

畜肉种类	冻藏货架期/月					
	-12℃	-15℃	-18℃	-23℃	-25℃	-30℃
肉胴体	5～8	6～9	12		18	24
羊胴体	3～6		9	6～10	12	24
猪胴体	2		4～6	8～12	12	15

3. 鱼类冻藏工艺及控制　鱼类的冻结可采用空气冻结法、金属平板冻结法或低温液体冻结法完成，与空气冻结法相比，金属平板冻结法的干耗和能耗均比较小，低温液体冻结法可用低温盐水或液体制冷剂进行，一般用于海鱼的冻结，其干耗液较小。

鱼的冻藏期与鱼的脂肪含量有很大关系，少脂鱼比多脂鱼贮期长。多脂鱼-18℃仅能保藏2～3个月，一般在-29℃以下贮藏；少脂鱼在-18℃可能保藏4个月，一般在-23～-18℃贮藏；部分肌肉红色的冻藏温度低于-30℃。

4. 调理食品冻藏工艺及控制　冷冻调理食品是冷冻食品的主要大类，主要包括点心类、分割肉和熟肉制品类等。

冷冻点心通常有速冻水饺、春卷、包子、粽子、汤圆、八宝饭、烧卖、馄饨及窝窝头等。这类产品所含成分复杂，淀粉含量较高，在冻藏过程中易出现淀粉老化和蛋白质变性现象，解冻后容易出现萎缩开裂、表面发干、粗糙、失重等现象。带馅的速冻食品如水饺、春卷等表皮易出现长短不一的裂纹或者表皮脱落等现象。在实际生产中，速冻点心类产品应及时包装、冻藏，在冻藏过程中尽可能使其处于-18℃以下的恒定温度，避免温湿度的波动。

小包装分割肉经过修整、冷却、预冷、包装、速冻，使肉温低于-15℃，最后送入冷库，库温-23～-18℃，相对湿度95%～98%，空气自然循环。速冻肉皮制品等在-18℃时可贮藏6个月以上，制品的口感和风味基本保持不变，具有良好的弹性和鲜嫩度。

冷冻熟肉制品在调理加工过程中，由于加热作用，产品中心温度达到75℃以上，使绝大部分蛋白质变性，并进一步分解，产生氨基酸、氨和胺等。在冻藏过程中脂肪也容易氧化，发生水解酸败和氧化酸败，使熟肉制品出现哈喇味和褐变，如卤猪肝、鹅掌在冻藏中由于脂肪氧化出现pH升高和油脂的变质现象。因此，在冷冻肉制品的冷藏过程中尽量降低贮藏温度，严密包装，避免产品与氧气接触。

知识四　食品低温冷链技术

食品低温冷链技术是随着科学技术的进步、制冷技术的发展而建立起来的具有高科技含量的一项低温系统工程。易腐食品从产地收购或捕捞之后，再进行产品加工、贮藏、运输、分销和零售，直到消费者手中，其各个环节始终处于产品所必需的低温环境，以保证食品质量安全，减少损耗，防止污染。这种连续的低温系统被称为冷藏链，简称冷链。因此，建设冷链要求把所涉及的生产、运输、销售、经济和技术性等各种问题集中起来考虑，协调相互间的关系，以确保食品在加工、运输和销售过程中的安全。

一、冷链的特点与适用范围

由于食品冷链是以保证易腐食品品质为目的，以保持低温环境为核心要求的供应链系统，所以它比一般常温物流系统的要求更高，也更加复杂。

1. 冷链的特点

（1）食品冷链比常温物流的建设投资要大很多，它是一个庞大的系统工程。

（2）易腐食品的时效性要求冷链各环节具有更高的组织协调性，冷链运行的关键是不能出现断链。

（3）食品冷链的运行始终与能耗成本相关联，有效控制运作成本与食品冷链的发展密切相关。

2. 冷链适用范围 目前冷链所适用食品范围包括以下两方面：

（1）生鲜农产品。包括蔬菜、水果、肉、禽、蛋、水产品、花卉产品等。

（2）加工食品。包括速冻食品，禽、肉、水产等包装熟食，冰激凌和乳制品，快餐原料等。

二、食品冷链的分类

1. 按食品从加工到消费所经过的时间顺序分类 食品冷链主要包括冷冻加工、冷冻贮藏、冷藏运输、冷藏送货和冷冻销售等环节，如图 2-14 所示。

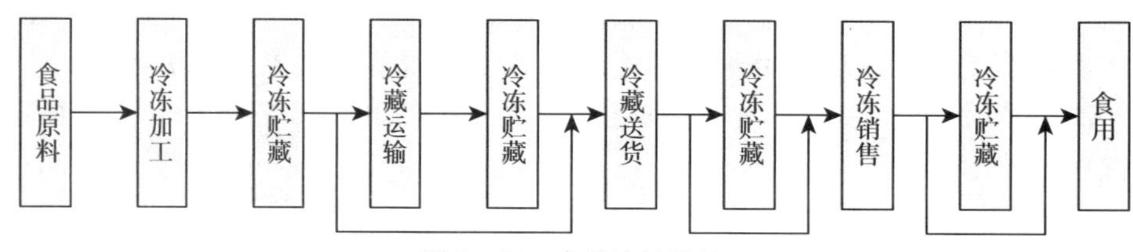

图 2-14 食品冷链结构

（1）冷冻加工。冷冻加工包括禽肉类、鱼类和蛋类的冷却与冻结，以及在低温状态下的加工作业过程，也包括果蔬的预冷，各种速冻食品和乳制品的低温加工等。在这个环节上主要涉及的冷链装备有冷却、冻结装置和速冻装置。

（2）冷冻贮藏。冷冻贮藏包括食品的冷却贮藏和冻结贮藏，以及水果、蔬菜等食品的气调贮藏，冷冻贮藏保证食品在贮存和加工过程中的低温保鲜环境。在此环节主要涉及各类冷藏库、加工间、冷藏柜、冻结柜及家用冰箱等。

（3）冷藏运输与冷藏送货。冷藏运输与冷藏送货包括食品的中途、长途运输及短途配送等物流环节的低温状态。它主要涉及铁路冷藏车、冷藏汽车、冷藏船、冷藏集装箱等低温运输工具。在冷藏运输过程中，温度波动是引起食品品质下降的主要原因之一，所以运输工具应具有良好性能，在保持规定低温的同时，更要保持稳定的温度。

（4）冷冻销售。冷冻销售包括各种冷链食品进入批发零售环节的冷冻贮藏和销售，由生产厂家、批发商和零售商共同完成。随着大中城市各类连锁超市的快速发展，各种连锁超市正在成为冷链食品的主要销售渠道，在这些零售终端中，大量使用了冷藏/冷冻陈列柜和冷藏库，冷冻销售逐渐成为完整的食品冷链中不可或缺的重要环节。

2. 按冷链中各环节的装置分类　通常冷链各环节的装置可分为固定装置和流动装置两类。

（1）固定装置。包括冷藏库、冷藏柜、家用冰箱、超市冷藏陈列柜等。

（2）流动装置。包括铁路冷藏车、冷藏汽车、船和冷藏集装箱等。

三、实现食品冷链的条件

1. “三 P”条件　即食品原料的品质（produce）、处理工艺（processing）、货物包装（package）。要求原料的品质好，处理工艺质量高，包装符合货物的特性。这是食品在进入冷链时的“早期质量”。

2. “三 C”条件　即在整个加工与流通过程中，对食品的爱护（care）、保持清洁卫生（clean）的条件，以及低温（cool）的环境。这是保证食品“流通质量”的基本要求。

3. “三 T”条件　即著名的“TTT”［时间（time）、温度（temperature）、耐藏性（tolerance）］理论。该理论表明对每一种冻结食品而言，在一定的温度条件下，食品所发生的质量下降与所经历的时间存在着确定的关系，大多数冷冻食品的品质稳定性是随着食品温度的降低而呈指数关系增大。同时，冻结食品在贮运过程中，因时间和温度的经历而引起的品质降低是累积的，并且是不可逆的，但与所经历的顺序无关。

4. “三 Q”条件　即冷链中设备的数量（quantity）协调，设备的质量（quality）标准的一致以及快速的（quick）作业组织。冷链中设备数量（能力）和质量标准的协调能够保证食品总是处在适宜的环境（温度、湿度、气体成分、卫生、包装）之中，并能提高各项设备的利用率。因此，“三 Q”条件对冷链各接口的管理与协调是非常重要的。

5. “三 M”条件　即保鲜工具与手段（means）、保鲜方法（methods）和管理措施（management）。在冷链中所使用的贮运工具及保鲜方法要符合食品（农产品）的特性，并能保证既经济又能取得最佳的保鲜效果。同时，要有相应的管理机构和行之有效的管理措施，以保证冷链协调、有序、高效地运转。

四、冷链主要环节、技术及设备

食品冷链主要环节、技术及设备见图 2－15。

1. 预冷　预冷是指农产品等原料在运输到市场前，在田间或产地进行冷加工处理，或入库贮藏前对产品进行快速降温的过程。预冷通常是在单独的设备内，将产品迅速降温。果蔬在采收后的呼吸作用和蒸发作用会使产品自身营养和水分不断消耗，引起萎蔫、皱缩，失去鲜艳饱满的外观，而预冷能够抑制呼吸作用和蒸发作用，因此这一环节非常重要。

2. 速冻　速冻是冷冻食品冷藏前的加工过程，也是食品冷链中的特殊环节。通常在原料预冷后快速冻结处理，以更好保持食品品质，延长食品保质期。

3. 冷藏　冷藏是食品冷链中的一个重要环节，主要涉及各类冷藏库，另外还涉及家用冰箱等。

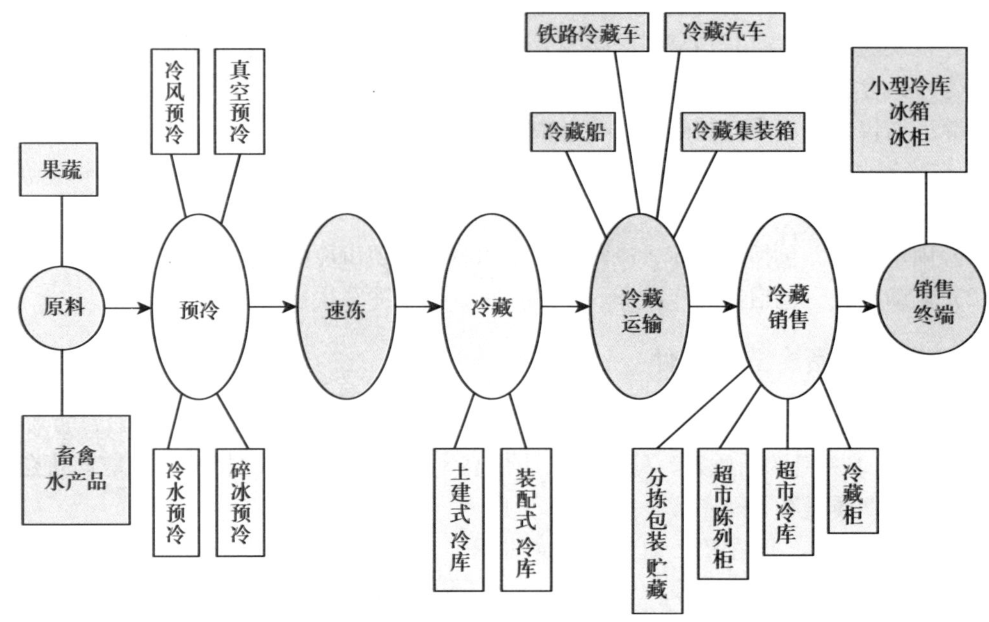

图 2-15　食品冷链主要环节、技术及设备

(1) 土建式冷藏库。按使用性质，土建式冷藏库可分为生产性冷藏库、分配性冷藏库和零售性冷藏库。生产性冷藏库的特点是冷冻加工能力大，并有一定的冷藏容量；分配性冷藏库的特点是冷冻加工能力小，但冷冻贮藏容量比较大；零售性冷藏库一般冷冻贮藏容量较小，大多采用装配式组合冷库。若按容量规模分，冷藏库一般可分大型、中型、小型。大型冷藏库的冷藏容量在 10 000t 以上；中型冷藏库的冷藏容量为 1 000～10 000t；小型冷藏库的冷藏容量在 1 000t以下。此外，冷藏库还可按冷藏设计温度分为高温、中温、低温和超低温四大类冷藏库。一般高温冷藏库的冷藏设计温度为－2～8℃；中温冷藏库的冷藏温度为－23～－10℃；低温冷藏库的冷藏温度为－30～－25℃；超低温冷藏库的冷藏温度为－80～－60℃。

(2) 装配式冷藏库。装配式冷藏库由预制的夹芯隔热板拼装而成，又称组合式冷藏库。装配式冷藏库的抗震性能好，组合灵活方便，可拆装搬迁。装配式冷藏库分为室内型和室外型两种：室内型冷藏库容量较小，一般为 2～20t；室外型冷藏库容量一般在 20t 以上。

4. 冷藏运输　冷藏运输是食品冷链中十分重要而又必不可少的一个环节，由冷藏运输设备来完成。冷藏运输设备是指本身能造成并维持一定的低温环境，用以运输冷冻食品的设施及装置。

(1) 对冷藏运输设备的要求。

①能产生并维持一定的低温环境，保持食品的温度。

②隔热性好，尽量减少外界传入的热量。

③可根据食品种类或环境变化调节温度。

④制冷装置在设备内所占的空间要尽可能小。

⑤制冷装置质量轻，安装稳定，安全可靠，不易出事故。

⑥运输成本低。

(2) 冷藏汽车。作为冷链的一个中间环节，冷藏汽车的任务是在没有铁路运输时，进行长途运输冷冻食品，同时作为分配性短途运输工具。在设计冷藏汽车时应考虑：①车厢内应保持的温度及允许的偏差；②运输过程所需要的最长时间；③历时时间最长的环境温度；④运输的食品种类及开门次数等。

冷藏汽车的制冷方式包括以下 4 种：

①机械制冷。机械制冷冷藏汽车多用于远距离运输。机械制冷冷藏汽车的蒸发器通常安装在车厢的前端，采用强制通风方式，冷风贴着车厢顶部向后流动，从两侧及车厢后部向下流动到车厢底面，沿底面间隙返回车厢前端（图 2－16）。这种通风方式使整个食品货堆都被冷空气包围着，外界传入车厢的热流直接被冷风吸收，不会影响食品的温度。

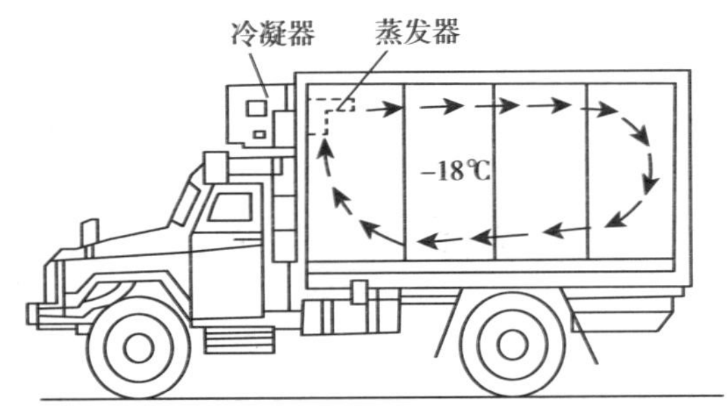

图 2－16　机械制冷冷藏汽车及其车内气流组织

在运输新鲜的果蔬类食品时，这些食品将产生大量的呼吸热，为了及时排除这些热量，在货堆内外都要留出一些间隙，以利于通风。运输冻结食品时，没有呼吸热放出，货堆内部不必留间隙，只要冷风在货堆周围循环即可。

机械制冷冷藏汽车的特点：车内温度比较均匀稳定，温度可调，运输成本较低。但其结构复杂，易出故障，维修费用高；初投资高，噪声大；大型车的冷却速度慢，时间长，需要融霜。

②液氮或干冰制冷。此制冷方式的制冷剂是一次性使用的，如液氮、干冰等。

A. 液氮制冷冷藏汽车见图 2－17，液氮制冷冷藏汽车主要由液氮贮藏罐、喷嘴、门开关及安全开关组成。

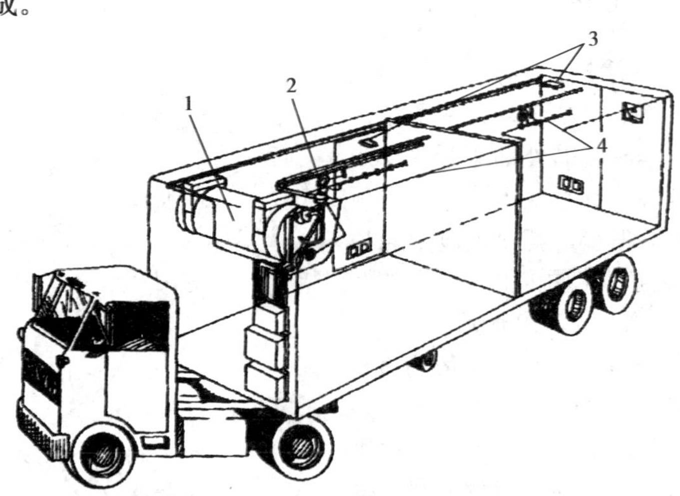

图 2－17　液氮制冷冷藏汽车

1. 液氮贮藏罐　2. 喷嘴　3. 门开关　4. 安全开关

液氮制冷时，车厢内的空气被氮气置换。氮气是一种惰性气体，长途运输果蔬类食品时，氮气不但能减缓食品的呼吸作用，还能防止食品被氧化。

液氮冷藏汽车的特点：装置简单，初投资少；降温速度很快，可较好地保持食品的质量；无噪声；与机械制冷装置比较，重量大大减小。但液氮成本较高；运输途中液氮补给困难，长途运输时必须装备大的液氮容器，减少了有效载货量。

B. 干冰制冷时，先使空气与干冰换热，然后借助通风使冷却后的空气在车厢内循环，吸热升华后的二氧化碳由排气管排出车外。有的干冰冷藏汽车在车厢中安装四壁隔热的干冰容器，内装有氟利昂盘管，同时在车厢内装备氟利昂换热器，在车厢内吸热汽化的氟利昂蒸气进入干冰容器中的盘管时，氟利昂被盘管外的干冰冷却，重新凝结为氟利昂液体，然后再进入车厢内的蒸发器，使车厢内保持规定的温度。

干冰制冷冷藏汽车的特点：设备简单，投资费用低；故障率低，维修费用少；无噪声。但车厢内温度不够均匀，冷却速度慢，时间长；干冰的成本高。

③蓄冷板制冷。蓄冷板为内装共晶溶液，能产生制冷效果的板块状容器，如图 2－18 所示。将蓄冷板安装在冷藏车车厢内，外界传入车厢的热量被共晶溶液吸收，共晶溶液由固态转变为液态，实现放冷过程。常用的低温共晶溶液有乙二醇、丙二醇的水溶液及氯化钙、氯化钠的水溶液。不同的共晶溶液有不同的共晶点，通常根据冷藏车的需要，选择合适的共晶溶液。一般共晶点应比车厢规定的温度低 2～3℃。

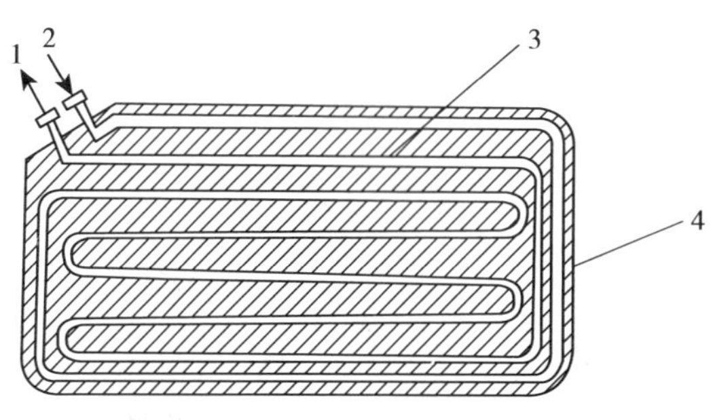

图 2－18　带制冷剂盘管的蓄冷板

1. 制冷剂出口　2. 制冷剂入口　3. 共晶溶液　4. 蓄冷板壳体

蓄冷板蓄冷方法通常有两种：一是利用集中式制冷装置；二是借助于装在冷藏车内部的制冷机组，停车时借助外部电源驱动制冷机组使蓄冷板蓄冷。蓄冷板可装在车厢顶部，也可装在车厢侧壁上，蓄冷板应距厢顶或侧壁 4～5cm，以利于车厢内的空气自然对流。蓄冷板冷藏汽车如图 2－19 所示。

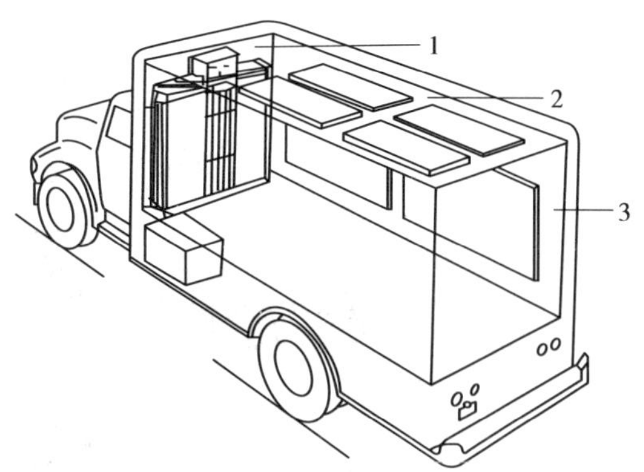

图 2－19　蓄冷板冷藏汽车

1. 前壁　2. 厢顶　3. 侧壁

蓄冷板冷藏汽车的蓄冷时间一般为 8～12h（环境温度 35℃，车厢内温度－20℃），特殊的冷藏汽车可达 2～3d。保冷时间除取决于蓄冷板内共晶溶液的量外，还与车厢的隔热性能有关，因此应选择隔热性较好的材料作厢体。

蓄冷板冷藏汽车的特点：设备费用比机械制冷设备的少；可利用夜间廉价的电力为蓄冷板蓄冷，降低运输费用；无噪声，故障少。但蓄冷板的数量不能太多，蓄冷能力有限，不适于超长距离运输冷冻食品，同时蓄冷板减少了汽车的有效容积和载货量，冷却速度慢。

④组合式制冷。为了使冷藏汽车更经济、方便，可采用以上制冷方式的组合，通常有液氮+风扇盘管组合制冷、液氮+蓄冷板组合制冷两种。液氮+蓄冷板组合制冷冷藏汽车见图 2-20。

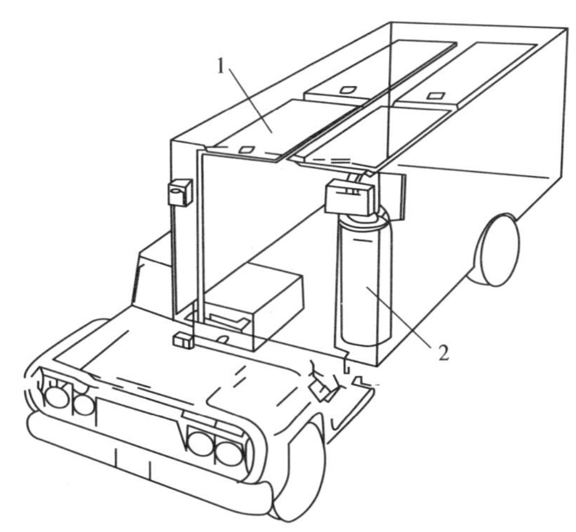

图 2-20　液氮+蓄冷板组合制冷冷藏汽车

1. 蓄冷板　2. 液氮罐

液氮+蓄冷板组合制冷冷藏车的蓄冷板，主要承担通过车厢壁或缝隙的传热量的制冷，以及当环境温度小于 16℃时，全部的开门换热量的制冷。而液氮系统主要承担环境温度大于 16℃时开门换热量的制冷，以尽快恢复车厢内设定的温度。

液氮+蓄冷板组合式制冷的特点：环境温度低时，用蓄冷板制冷较经济，而环境温度高时或长时间开门后，用液氮制冷更有效；装置简单，维修费用低；无噪声，故障少。

(3) 铁路冷藏车。陆路远距离运输大批冷冻食品时，铁路冷藏车是冷链中最重要的环节，因为它的运输量大、速度快。铁路冷藏车的制冷方式有冰制冷、液氮制冷、干冰制冷、机械制冷、蓄冷板制冷等。

(4) 冷藏船。冷藏船主要用于渔业，尤其是远洋渔业。远洋渔业的作业时间很长，有的长达半年以上，必须用冷藏船将捕捞物及时冷冻加工和冷藏。此外，海路运输易腐的食品也必须用冷藏船。

冷藏船可分为冷冻母船、冷冻运输船和冷冻渔船。冷冻母船是万吨以上的大型船，它配备冷却、冻结装置，可进行冷藏运输。冷冻运输船包括集装箱船，它的隔热保温要求很严格，温度波动不超过±5℃。冷冻渔船一般是指备有低温装置的远洋捕鱼船或船队中较大型的船。冷冻渔船用制冷装置如图 2-21 所示。

(5) 冷藏集装箱。冷藏集装箱是指具有一定隔热性能，能保持一定低温，适用于各类食品冷藏贮运而进行特殊设计的集装箱。国际冷藏集装箱的隔热要求和温度条件如表 2-20 所示。冷藏集装箱出现于 20 世纪 60 年代后期，冷藏集装箱具有钢质轻型骨架，内、外贴有钢板或轻金属板，两板之间填充隔热材料。常用的隔热材料有玻璃棉、聚苯乙烯、发泡聚氨酯等。

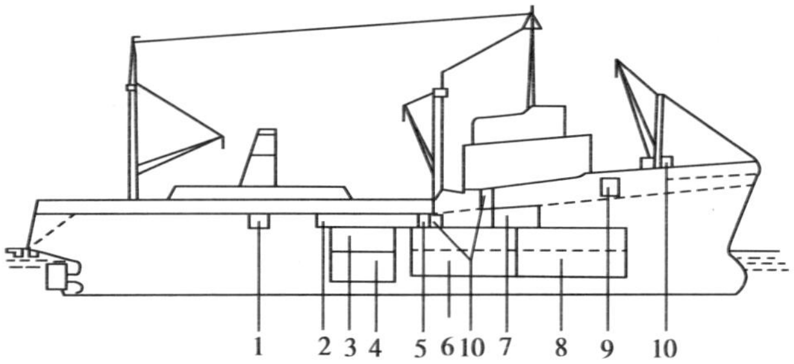

图 2-21　冷冻渔船用制冷装置

1. 平板冻结装置　2. 带式冻结装置　3. 中心控制室　4. 机房　5. 大鱼冻结装置
6. 货舱 1　7. 空气冷却器室　8. 货舱 2　9. 供食品用的制冷装置　10. 空调中心

表 2-20　国际冷藏集装箱的隔热要求和温度条件

设备	箱体传热系数/［W/(m²·℃)］	箱内温度/℃	耐外界最高温度/℃
液态制冷剂喷射装置	0.4	−18	38
机械制冷装置	0.4	−18	38
冷冻/加热装置	0.4	−18/16	38/−20

根据制冷方式，冷藏集装箱分为以下几种类型：

①保温集装箱。无任何制冷装置，但箱壁具有良好的隔热性能。

②外置式保温集装箱。无任何制冷装置，隔热性能很强，一般能保持−25℃的冷藏温度。该集装箱集中供冷，箱容利用率高，自重轻，使用时机械故障少。但是它必须由设有专门制冷装置的船舶装运，使用时箱内的温度不能单独调节。

③内藏式冷藏集装箱。箱内带有制冷装置，可自己供冷。制冷机组安装在箱体的一端，冷风由风机从一端送入箱内。如果箱体过长，则采用两端同时送风，以保证箱内温度均匀。

内藏式冷藏集装箱结构及冷风循环见图 2-22。

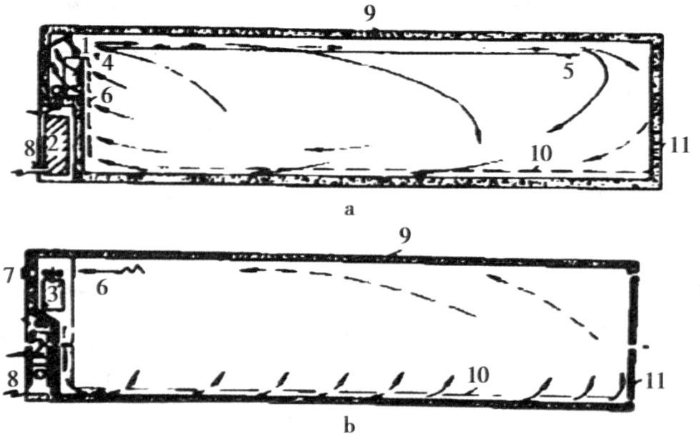

图 2-22　内藏式冷藏集装箱结构及冷风循环

a. 示意图 1　b. 示意图 2

1. 风机　2. 制冷机组　3. 蒸发机　4. 端部送风口　5. 软风管　6. 回风口
7. 新风入口　8. 外电源引入　9. 箱体　10. 通风轨　11. 箱门

④液氮和干冰冷藏集装箱。集装箱利用液氮或干冰制冷。

5. 冷藏销售　冷藏销售主要是指菜场、副食品商场、超级市场等销售环节，是食品冷链中的重要环节。随着冷冻食品产业的发展，冷藏陈列柜已成为展示产品品质，直接和消费者见面的、方便的销售装置。

根据陈列销售的冷冻食品的不同，陈列柜可分冻藏食品用和冷藏食品用；根据陈列柜的结构形式可分为卧式与立式多层两种；根据陈列柜封闭与否，又可分为敞开式和封闭式两种。卧式敞开式冷藏陈列见图 2－23，立式多层敞开式陈列柜见图 2－24。

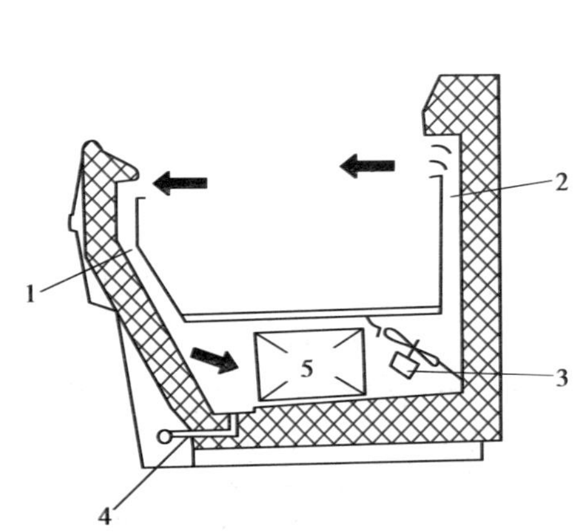

图 2－23　卧式敞开式冷藏陈列柜

1. 吸入风道　2. 吹出风道　3. 通风机组　4. 排水口　5. 蒸发器

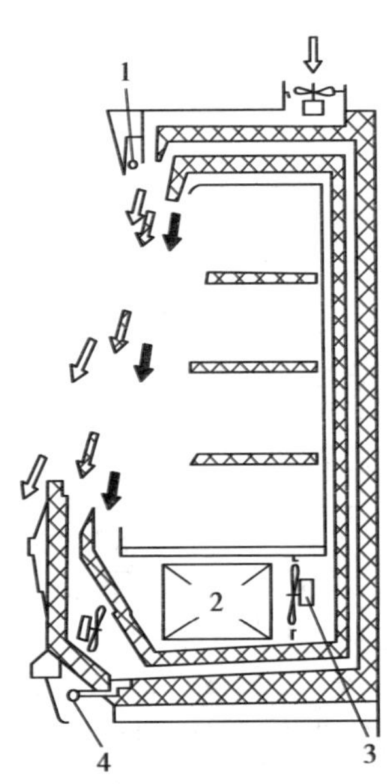

图 2－24　立式多层敞开式陈列柜

1. 荧光灯　2. 蒸发器　3. 通风机组　4. 排水口

五、典型生鲜食品的冷链

1. 冷冻水产品冷链　冷冻水产品冷链物流是指水产品从产地捕获后，在产品加工、贮藏、运输、分销、零售等环节始终处于适宜的低温控制环境下，最大限度地保证水产品品质和质量安全，减少损耗、防止污染的特殊供应链系统。冷冻水产品冷链见图 2－25。

2. 冷却肉制品冷链　冷却肉（畜禽肉）制品冷链保证畜禽屠宰、加工、运输等各环节都能维持低温状态（－4～0℃），从而实现冷却肉冷链不间断，提高冷却肉的品质及安全性。

冷却猪肉制品冷链见图 2－26。

屠宰后的猪胴体在冷却间 2～4℃环境下冷却排酸 24h；冷却肉出厂输送时，先根据运输车辆情况将月台门升起到相应位置，连接车辆密封对接装置，将冷却后的猪胴体（胴体温度为－4～0℃）通过冷却间月台连接廊（发货前提前制冷，保证输送环境温度低于 10℃）输送到冷藏车前，调节轨道位置，将吊挂的猪胴体装入冷藏运输车，要求月台连接廊温度控制在 8～10℃，停留时间不超过 0.5～1h；通过冷藏运输车将冷却肉运输到分布在不同区域的分割配送中心，要求冷藏运输车的控制温度在 8～10℃，运输时间最好不超过 3～5h；将吊挂的猪胴体输送放于冷藏间，然后在分割车间（不超过 4℃）进行分割、包装，最终成品出）。终端销售平台要求温度为0～4℃贮藏和陈列销售。

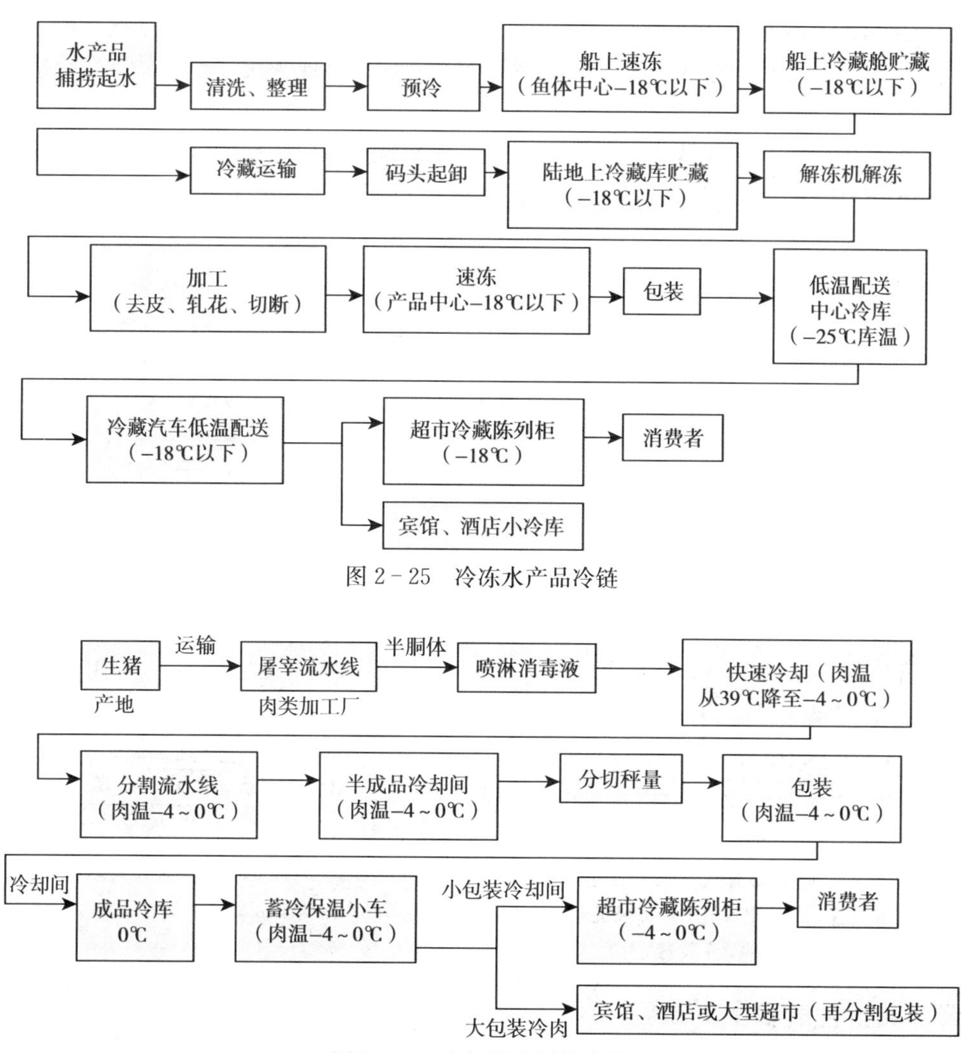

图2-25　冷冻水产品冷链

图2-26　冷却猪肉制品冷链

3. 生鲜蔬菜冷链　生鲜蔬菜冷链的要求相对复杂，这是因为蔬菜的品种、产地、不同的生长期等因素都将影响冷链的设置。蔬菜冷链技术主要集中在预冷、包装、环境控制、运输传送平台、配送和冷藏。生鲜叶类蔬菜冷链见图2-27。

根据蔬菜流通过程，蔬菜冷链可以分为蔬菜产区、蔬菜销售区和蔬菜产销连接区3个部分。蔬菜产区包括蔬菜采收、采后商品化处理（挑选、分级、整修和包装）、预冷和产地冷藏等；蔬菜销售区包括销地冷藏、批发配送（再次分级、整修和包装）、零售和消费等；蔬菜产销连接区主要是蔬菜的短途和长途运输。

4. 乳品冷链　乳品冷链是指产地源乳及加工制品在贮藏、运输、加工、分销、零售的全过程中，以低温保藏原理为基础，以制冷技术为手段，始终保持乳制品所要求的低温条件的物流过程。乳制品冷藏链按照产品的温度控制要求大致分为保鲜冷链（如巴氏乳、酸乳等）和冷冻冷链（如冰激凌、干酪等冷饮乳品）。冷链包括源乳及加工制品贮藏、运输、加工、配送和销售等环节。例如巴氏乳冷链见图2-28。

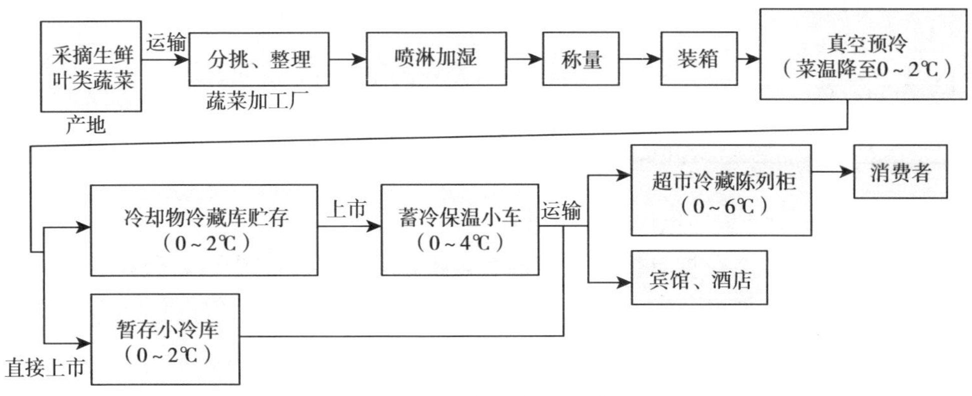

图 2-27　生鲜叶类蔬菜冷链

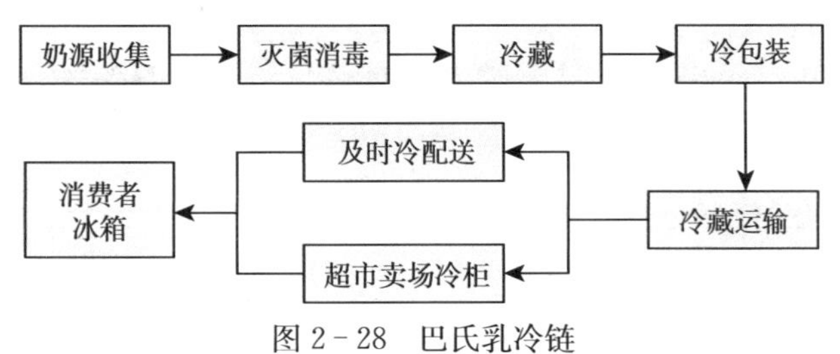

图 2-28　巴氏乳冷链

在奶牛养殖场，产后的原乳在短时间内应该急速预冷，并且包装或者通过管道传输。储乳罐在整个运输过程中应始终保持 0～4℃，直至送达工厂，并将鲜乳通过保温管路传到工厂冷藏储乳罐。在乳制品生产过程中，应保证全程冷链生产，各种产品的储存温度严格按照相关标准执行，加工作业区一般不超过 10℃，产品冷藏温度 0～4℃，冷冻温度－18℃。乳制品分销及配送：在分销配送过程中，冷藏及运输温度控制在 0～4℃，冷冻及运输温度保持在－18℃。在整个销售过程中，包括冷冻食品的批发及零售等，应保证和贮运一样的温度，实现冷藏销售。

乳制品冷链的特点体现在“全过程”和无缝衔接的不断运行的连续过程，要求在生产、运输、销售、贮存的全过程中，始终将温度控制在 0～4℃（保鲜冷链）或－18℃（冷冻冷链）范围内，最大限度地保持牛乳的新鲜口味和营养价值。

典型工作任务

任务一　新鲜果蔬冷藏技术

【任务分析】

新鲜果蔬组织柔嫩、含水量高，易腐烂变质，不耐贮运，在采收后极易失鲜，品质降低，从而降低或失去其商品价值和食用价值。但由于果蔬具有一定的呼吸作用，在消耗营养物质的同时，能产生能量维持其活体状态，并抵抗微生物的入侵。本任务是利用低温冷藏技术减弱果蔬呼吸强度，减缓营养物质消耗和成熟衰老过程，以延长其贮藏期。不同的果蔬对低温的适应性不同，温度过低，常会造成生理伤害，故必须采用适宜的冷藏温度。

【任务准备】

1. 技术方案

(1) 工艺流程。

新鲜原料 → 库房消毒 → 用具消毒 → 原料入贮及堆放 → 库房管理 → 贮藏产品的检查 → 出库管理

(2) 关键技术参数。根据具体的果蔬原料，确定其冷藏工艺参数，包括预冷方法及温度、冷藏温湿度、产品规格及指标等。常见水果的适宜冷藏条件及贮藏期见表2-21，常见蔬菜的适宜冷藏条件及贮藏期见表2-22。

表2-21 常见水果的适宜冷藏条件及贮藏期

水果种类	品种	冷藏条件及贮藏期		
		温度/℃	湿度/%	贮藏期/d
苹果	红富士	−1～0	85～95	150～210
	金冠	0	85～90	60～120
梨	鸭梨	0～1	85～95	150～240
	京白梨	0～1	90～95	90～150
葡萄	巨峰	−1～0	90～95	60～90
板栗	大板栗	0～1	90～95	240～360
柑橘	柠檬	6～7	85～90	120～180
	葡萄柚	10～15.5	85～90	30～60
	甜橙	4～5	90～95	90～150
	蕉柑	7～9	85～90	90～150
柑橘	椪柑	10～12	85～90	120～150
	红橘	10～12	80～85	60～90
香蕉（青）	多数品种	13～14	85～95	20～60
荔枝	多数品种	1～5	90～95	25～40

表2-22 常见蔬菜的适宜冷藏条件及贮藏期

蔬菜种类	品种	冷藏条件及贮藏期		
		温度/℃	湿度/%	贮藏期/d
蒜薹	多数品种	0±0.5	85～95	150～180
番茄	橘黄佳辰	10～13	85～95	60～80
马铃薯	多数品种	2～3	85～90	150～240
白菜	大青帮	0～1	85～90	120～150
辣椒	麻辣三道筋	8～10	90～95	30～60
黄瓜	津研7号	10～13	90～95	30
食用菌	香菇	0	>95	10～20

2. 原材料及设备准备　新鲜果蔬、PE塑料保鲜膜、果蔬包装专用纸箱、乳酸或过氧乙酸等消毒剂；保鲜冷库、温湿度检测仪、贮藏货架等设备及用具。

【任务实施】

1. 库房消毒　果蔬贮藏前，应对库房和用具进行彻底消毒，做好防虫、防鼠工作。冷库消毒常用方法见表2-23。

表2-23　冷库消毒常用方法

消毒方法	配制消毒液冷库消毒
乳酸消毒	将浓度为80%～90%的乳酸和水等量混合，按1m³库容1mL乳酸的比例，加热闭门熏蒸6～12h
过氧乙酸消毒	用20%的过氧乙酸按1m³库容5～10mL的用量，配成1%的过氧乙酸溶液，全面喷洒库房
漂白粉消毒	将含有效氯25%～30%的漂白粉配成10%的溶液，用上清液按1m³库容40mL的用量喷雾

2. 用具消毒　用具用0.5%的漂白粉溶液或2%～5%硫酸铜溶液浸泡、刷洗、晾干后备用。

3. 原料入贮及堆放

(1) 入贮。在第一次入贮前应对库房预先制冷，并保持适宜的贮藏温度；第一次入贮量不超过该库总量的1/5，3d完成入库；入库时，将每天入贮的产品尽可能地分散堆放，以便迅速降温。

(2) 堆放。采用“三离一隙”。“三离”即产品堆垛离墙20～30cm；产品离开地面，不直接堆放在地面上，可堆放在枕木上，利于产品各部位散热；离天花板0.5～0.8m，或低于冷风管道送风口30～40cm。“一隙”指垛与垛之间及垛内要留有一定的空隙。

4. 库房管理

(1) 温度控制。果蔬冷藏库温度控制要把握“适宜、稳定、均匀及产品进出库时合理升降温”的原则；多数新鲜果蔬在入贮初期降温速度越快越好；贮藏过程中温度的波动应尽可能小，最好控制在±0.5℃以内。

(2) 湿度调控。

①增湿。可采用地面洒水、空气喷雾等措施，还可用塑料薄膜单果套袋，或以塑料袋作内衬等，创造高湿的小环境。

②观测。库房建造时，增设湿度调节装置是维持湿度符合规定要求的有效手段。

③降低湿度。可采用生石灰、草木灰等吸潮，也可以通过加强通风换气来达到降低湿度的目的。

由于不同果蔬的生长环境不同，对贮藏条件的要求有很大的差异，只有控制好贮藏温度、湿度和气体条件，才能有效地抑制果实的呼吸作用，减少营养物质的消耗，最大限度地保持果品的营养和品质。

(3) 通风换气。对于新陈代谢旺盛的产品，通风换气的次数要多一些；产品贮藏初期，可适当缩短通风间隔的时间，如10～15d换气一次。当温度稳定后，通风换气可一个月一次；常在每天温度相对最低的晚上到凌晨进行通风换气，雨天、雾天等外界湿度过大时不宜通风。

5. 贮藏产品的检查

(1) 贮藏条件的检查。对温度、湿度、气体成分进行检查和控制，并根据实际需要记录和调整。

（2）果蔬产品的检查。检查果蔬产品的外观、颜色、硬度、风味；检查周期：不耐贮的果蔬产品为 3～5d，耐贮的果蔬产品为 15d。

（3）库房设备的检查。做好库房设备的日常维护，及时处理各种故障。

6. 出库管理

（1）出库升温。出库前需预先进行适当的升温处理。升温最好在专用升温间、周转仓库或在冷藏库穿堂中进行。

（2）升温速度。升温维持气温比品温高 3～4℃即可，直至品温比正常气温低 4～5℃为止。

【任务小结】

果蔬冷藏保鲜主要运用低温效应，达到抑制果蔬呼吸及其他代谢过程、抑制蒸腾、抑制成熟和软化、抑制发芽、抑制害虫和致病微生物的作用。但果蔬种类和品种不同，其低温的适应性也不同，只有在适宜的冷藏条件下，果蔬的耐贮性和抗病性才能得到充分发挥。因此，果蔬冷藏的关键技术在于原料新鲜、及时预冷和冷藏过程中的温度管理及控制等。

任务二　鲜蛋冷藏保鲜技术

【任务分析】

新鲜鸡蛋若超过保质期，其新鲜程度和营养成分都会受到一定的影响。如果存放时间过久，鸡蛋会因细菌侵入而发生变质，出现黏壳、散黄等现象。鲜蛋冷藏保鲜可利用低温延缓蛋白质的分解，抑制微生物生长繁殖，达到在较长时间内保持鲜蛋品质的目的。鲜蛋的冷藏温度应控制在既能延长保存期，又不至于使内容物冻结膨胀而造成蛋壳破裂为宜。

【任务准备】

1. 技术方案

（1）工艺流程。

冷库消毒 → 选蛋 → 合理包装 → 预冷 → 入库堆码 → 冷库管理 → 出库

（2）关键技术参数。预冷温度：2～3℃；冷藏温度：－2～1℃；相对湿度：85%～90%。

2. 原材料及设备准备　新鲜鸡蛋、蛋品包装盒（托、箱）、冷藏库等。

【任务实施】

1. 冷库消毒　鲜蛋入库前，要先将冷库打扫干净，通风换气，并消毒，以杀灭库内残存的微生物。

2. 选蛋　鲜蛋冷藏的好坏，同蛋源有密切的关系。鲜蛋入库前要经过外观和透视检验，剔除破碎、裂纹、雨淋、异形等次劣蛋。

3. 合理包装　入库蛋的包装要清洁、干燥、完整、结实、没有异味，防止鲜蛋受污染发霉，轻装轻卸。

4. 预冷　选好的鲜蛋入库前要经过预冷。若把温度较高的鲜蛋直接送入冷库，会使库温上升，导致水蒸气在蛋壳上凝成水珠，给霉菌生长创造了条件。另外，蛋的内容物是半流动的液体，若遇骤冷，内容物很快收缩，外界微生物易随空气一同进入蛋内。预冷的方法有两种：

一种方法是在冷库的穿堂、过道进行预冷，每隔 1～2h 降温 1℃，待蛋温降到 1～2℃时入冷库；另一种方法是在冷库附近设预冷库，预冷库温度为 0～2℃，相对湿度为 75%～85%，预冷 20～40h，蛋温降至 2～3℃时转入冷藏库。

5. 入库堆码　为了改善库内通风，均匀冷却库内温度，便于检查贮藏效果，码垛应间隔适宜，将准备长期保存的蛋品放在里面，短期保存的蛋品放在外面，以便出库。每批蛋进库后应挂上货牌、入库日期、数量、类别、产地和温度变化情况。

6. 冷库管理　恒定温度和湿度。控制冷库内温度和湿度是保证取得良好冷藏效果的关键。鲜蛋冷藏最适宜温度为－2～1℃，相对湿度为 85%～90%，一般可冷藏 6～8 个月。在鲜蛋冷藏期内，库温应保持稳定均匀，不能有忽高忽低现象，24h 内温差不超过 0.5℃，否则易影响蛋品质量。冷藏间温度过高，应鼓入冷风；温度过低，应鼓入干风，并保证 24h 不停风。应按时换入新鲜的空气，排除污浊的气体。新鲜空气的换入量一般是每昼夜 2～4 个库室的容积。

7. 出库　经过冷藏的鲜蛋出库前，需逐步升温，否则蛋品若突然遇热，蛋壳表面会凝结一层水珠，蛋壳外膜遭到破坏，易感染微生物，从而加速蛋品库外变质。冷藏蛋的升温可在专设的升温间进行，也可在冷库的穿堂、过道进行，每隔 2～3h 室温升高 1℃，当蛋温比外界温度低 3～5℃时，升温工作即可结束。

【任务小结】

冷藏保鲜能抑制微生物的生理活动，延缓鲜蛋内容物的变化，尤其是对延缓浓厚蛋白变稀和减低重量损耗具有明显的效果。鲜蛋冷藏保鲜的关键在于防止微生物感染，保持干净、卫生、低温的贮藏环境至关重要。通常鲜蛋入库前应对库房彻底消毒，鸡蛋出库时要逐步升温，以接近当时气温为宜，以防止因蛋壳表面凝水而导致鲜蛋出库后很快变质。

任务三　冷鲜肉低温保藏技术

【任务分析】

冷鲜肉又称冷却肉、冰鲜肉，即将刚屠宰的猪胴体，在－20℃的条件下迅速进行冷却降温处理，使猪胴体深层温度 24h 内降至 0～4℃，并在后续的加工、贮藏、运输和销售过程中始终处于 0～4℃冷链控制之下，使酶的活性和大多数微生物的生长繁殖受到抑制，确保冷鲜肉的安全卫生。冷鲜肉在经历了较充分的解僵成熟过程后，其肉质变得细嫩，滋味变得鲜美。同时，在冷却环境下冷鲜肉表面形成一层干油膜，这层膜不仅能够减少肉体内部水分蒸发，使肉质柔软多汁，而且还可以阻止微生物的侵入和繁殖，延长肉的保藏期限。

【任务准备】

1. 技术方案

（1）工艺流程。

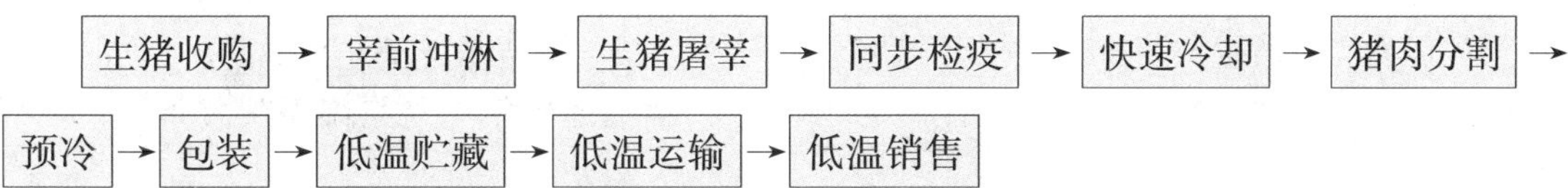

（2）关键技术参数。屠宰过程控制在 45min 内。冷却排酸：在 90min 内胴体温度由 42℃降至 18～20℃，放置 24h，进行排酸处理，使胴体温度降到 4℃。冷链温度为 0～4℃。

2. 原材料及设备准备　生猪；生产环节中的0～4℃预冷库、冷藏库、恒温分割包装车间，运输环节的冷藏车，销售环节的冷藏库、冷藏柜等。

【任务实施】

以某企业生产排酸猪肉的工艺为例，其过程为生猪屠宰前在温水中沐浴，在音乐中用高压电将生猪击晕，生猪在击晕的状态下进行宰杀，保证了产品的品质。生产线全部采用不锈钢材质，确保生产设备的安全、卫生要求。

1. 生猪屠宰　冷鲜肉生产对生猪屠宰要求严格控制屠宰过程中对猪屠体的污染，特别是猪粪、毛、血、渣的污染。从击晕开始至屠体分解结束，整个屠宰过程应控制在45min内，从放血开始到内脏取出应在30min内完成，宰后屠体立即进入冷却间。猪放血后应设洗猪机，对屠体表体清洗，下烫池前，应用海绵块塞住肛门，以减少粪便流出，产生污染。

屠宰烫池易对屠体产生污染（刺口、皮肤、脚圈叉档口及粪便），且烫池水温对冷鲜肉质产生一定影响，因此应注意烫池水的卫生与温度。

2. 同步检疫　猪的胴体和内脏在2条生产线上对应行走，一旦发现病变，胴体和内脏同时下线，避免病变猪肉和其内脏进入市场。

3. 快速冷却　生猪屠宰后急速冷却，90min内使体温由42℃降至18～20℃，放置24h，进行排酸处理，使胴体温度降到4℃，pH由偏碱性变为中性或微酸性，肉体内的蛋白质降解为氨基酸，使之达到肉质鲜美、水分适宜、品质上佳的要求。在冷却温度控制下，酶的活性和大多数微生物的生长受到了抑制，肉毒杆菌和金黄色葡萄球菌等病原不分泌毒素，避免了肉质腐败，确保了冷却肉的安全卫生。

4. 猪肉分割　六分体分割，指两片白条肉，各分成三块，即前腿、后腿、中间，共六块。

十二分体分割，指前腿、后腿、排骨、五花肉等按要求分割。

用作分割的工作台要采用不锈钢的操作台，台板采用食品用无毒尼龙板。车间温度应稳定在0～4℃，以避免凝水使肉污染；分割用的器具必须用一次消毒一次，以避免产品再次污染；生产工人进入车间，应严格进行换鞋、更衣、淋浴、洗手、消毒、烘干的管理，以保证产品质量。

5. 包装　采用热缩膜包装，将分割品用专用热收缩袋包装，封口。热缩温度控制在83～84℃，时间为1s，热缩的温度与时间一定要控制好，否则会影响产品的质量及保质期。

托盘保鲜膜每盘净重为0.2～0.5kg，托盘采用聚丙烯材料，盖膜选用聚氯乙烯自黏膜。包装完成后，需贴上产品内标签（品名、合格证、生产日期、规格等），按规定装箱，贴检疫标签。

6. 低温贮藏　冷藏库温设定在0～4℃，并保持温度稳定。产品进库后，按生产日期与发货地摆放。不同产品应有标识和记录，并定时测温。冷藏库应定期清洗消毒。

7. 低温运输　冷鲜肉出冷藏库应设有专用密闭运输通道，直接上机械冷藏车。装车前应先对车辆清洗消毒，装货前冷藏车先预冷至10℃，整车上货最好在1h内结束，而且要轻拿轻放，关好车后迅速使车内温度控制为0～4℃。运输途中注意观察温度变化情况，以控制产品升温。

冷鲜肉从冷藏至运输环节，也是猪肉从僵硬转变为柔软、持水性增加的成熟过程，其肌肉体内的游离氨基酸、肽以及呈香味的核苷会逐渐增加，使猪肉风味变香，从而提高冷鲜肉的商品品质。

8. 低温销售　一般情况，冷鲜肉从生产到消费在0～4℃温度下，保质期为7d，因此，冷鲜肉生产到销售是一个严密的组织过程，应以销定产，并做好各环节的计划安排，运输到货后，仓库需将产品迅速入库冷藏，库温要稳定设置在0～4℃，以保证冷鲜肉的产品质量。

【任务小结】

冷鲜肉低温保藏对环境温度和工作场所的卫生条件要求非常严格，如猪胴体冷却后细菌数必须控制在103～104 CFU/cm^2，如果超过104 CFU/cm^2，细菌在后道分割、运输、贮藏环节中就会繁殖很快，分割需要在10～12℃的温度下进行。屠宰放血时要求一头猪一把刀，以免交叉感染，烫毛水要求温度为60℃左右，并且要勤换，有条件的最好用蒸汽烫毛等。冷鲜肉由于严格的卫生管理、温度控制、排酸处理，从而具有鲜嫩度好，安全卫生，营养价值高，便于加工、贮存等优点。不同低温保藏畜禽肉的品质性能比较见表2-24。一般冷鲜肉保质期可达一周以上，而热鲜肉的保质期仅为1～2d。

表2-24　不同低温保藏畜禽肉的品质性能比较

项目	热鲜肉	冷鲜肉	冷冻肉
安全性	从加工到零售过程中，受到空气、运输车和包装等方面污染，细菌大量繁殖	0～4℃内无菌加工、运输、销售，24～48h冷却排酸，是目前世界上最安全的食用肉	宰杀后的畜禽肉经预冷后，在－18℃速冻，使深层温度达－6℃以下，有害物质被抑制
营养性	没有经过排酸处理，不利于人体吸收，营养成分含量少	保留肉质绝大部分营养成分，能被人体充分吸收	冰晶破坏猪肉组织，导致营养成分大量流失
口味	肉质较硬，肉汤混浊，香味较淡	鲜嫩多汁，易咀嚼，汤清，肉鲜	肉质干硬，香味淡，不够鲜美
保质期	常温下半天甚至更短	0～4℃保存3～7d	－18℃以下保存1个月以上
市场份额	60%	25%	15%

任务四　水饺速冻保藏技术

【任务分析】

速冻保藏水饺是以猪肉（或牛肉、鸡肉等）为主要原料，辅以新鲜蔬菜及其他调味料，经过水饺成型机或手工成型，速冻后包装冷藏的食品。食品速冻就是食品在短时间（通常为30min内）迅速通过最大冰晶体生成带（－5～－1℃）。经过速冻的食品中所形成的冰晶体较小，而且几乎全部散布在细胞内，细胞破裂率低，从而才能获得高品质。水饺采用速冻保藏，可以直接抑制影响水饺内部各种品质变化的因素，同时将细胞的大部分游离水冻结，且降低水饺的水分活度，从而能最大限度地保存新鲜水饺原有的色、香、味及营养品质。

【任务准备】

1. 技术方案

（1）工艺流程。

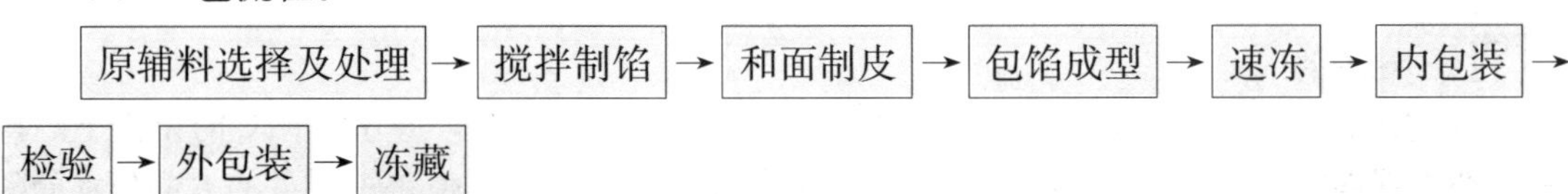

（2）关键技术参数。速冻要求在－30℃条件下，中心温度达－18℃；在－18℃或－20℃的冷库中冻藏。

2. 原材料及设备准备　饺子粉、冷冻肉、新鲜蔬菜；和面机、制皮机、搅拌机、速冻机、低温冷库等。

【任务实施】

1. 原辅料选择及处理

（1）原料验收。原料冻肉色泽、组织、滋味、气味正常，无杂质，有检疫合格证。面粉、白砂糖、味精、食盐、食用油和食品添加剂等原辅料必须有三证。蔬菜应色泽鲜艳，组织、滋味、气味正常，无杂质，无腐烂变质。

（2）配料。按产品配方称取肉和蔬菜等原辅料备用。食品添加剂的使用符合GB 2760—2014标准。

（3）解冻、绞肉。将冻肉解冻后投入绞肉机绞碎，绞成肉颗粒为2mm的小颗粒，备用。

（4）蔬菜处理。蔬菜经挑选清洗干净后，用切菜机切碎备用。

2. 搅拌制馅　将产品配方中的肉、蔬菜等原辅料投入搅拌机中打成馅料。根据原料的质量、肥瘦比、环境温度控制好饺馅的加水量。通常肉的肥瘦比控制在2∶8或3∶7较为适宜。加水量：新鲜肉＞冷冻肉＞反复冻融的肉；四号肉＞二号肉＞五花肉＞肥膘；温度高时加水量小于温度低时。

3. 和面制皮　称取需要量的面粉，投入和面机中，加入适量的水，机械搅拌和面，备用。面粉在拌和时一定要做到计量准确，加水定量，适度拌和。调制好的面团可用洁净的湿布盖好，防止面团表面风干结皮，静置5min左右，使面团中未吸足水分的粉粒充分吸水，更好地生成面筋网络，提高面团的弹性和滋润性，使制成品更爽口。制皮一般选择制皮机。

4. 包馅成型　采用水饺成型机或手工成型。水饺包制是水饺生产中极其重要的一道技术环节，它直接关系到水饺的形状、大小、质量、皮的厚薄、皮馅的比例等问题。如果是用机器包制的饺子，应轻拿轻放，并手工整型以保持饺子良好的形状。

5. 速冻　将成型的水饺投入双螺旋速冻机中（－40～－30℃，30min）快速冻结，要求0.5h内中心温度达－18℃以下。

6. 内包装　速冻水饺冻结好即可装袋。在装袋时要剔除烂头、破损、裂口的饺子以及粘连在一起的两连饺、三连饺及多连饺等，并要求净重准确。内包装封口要严实、牢固、平整、美观，生产日期、保质期打印要准确、清晰。

7. 检验　封口后的产品通过金属探测仪检验，有杂质的产品挑选出来另行处理，不得进入下道工序。

8. 外包装　产品检验合格后，按规格要求进行装箱。装箱动作要轻，打包要整齐，胶带要封严黏牢，内容物要与外包装箱标志、品名、生产日期、数量等相符。

9. 冻藏　将包装完整的产品及时送入－18℃或－20℃的冷库中冻藏。库房温度必须稳定，波动不超过＋1℃

【任务小结】

水饺速冻保藏就是水饺在－30℃以下、30min之内快速冻结，并在－18℃的条件下贮藏和流通的保藏方法。由于饺子在－30～－25℃低温下快速冻结，使水饺所含的大部分水分随着热量的散失而形成微小冰晶体，以减少生命活动和生化反应所需的液态水分，且抑制微生物的活动，延缓食品的品质变化，最大限度地保持了水饺原有的营养和风味，并可长期保藏。水饺速冻保藏的关键在于冻结速度，应确保整个冻结过程在规定的低温（－30℃）条件下快速完成，并保持其形成的冻结状态。

知识拓展

冰温保藏技术

冷冻食品解冻技术

冷冻食品解冻方法及装置

冷冻食品解冻过程中的质量变化及控制

思考与讨论

1. 简述食品的冷却方法及其优缺点。
2. 试述食品冷藏过程中有哪些变化。
3. 分析食品冻结速度对产品质量的影响。
4. 试述食品在冻结及冻藏过程中有哪些质量变化？如何进行控制？
5. 什么是食品冷链？
6. 什么是食品冷链的“三 P”“三 C”“三 T”“三 Q”“三 M”条件？
7. 结合所学的知识，阐述食品低温保藏的基本原理，并说明低温对食品品质的影响。
8. 任选某一熟悉的食品，设计其低温保藏的技术方案。

综合训练

能力领域	食品低温保藏技术
训练任务	新鲜草莓的低温保藏
训练目标	1. 理解食品冷却与冷藏和速冻与冻藏的方法及特点 2. 进一步掌握食品的低温保藏技术 3. 提高学生语言表达能力、收集信息能力、策划能力和执行能力，并发扬团结协助和敬业精神
任务描述	江苏无锡某草莓生产专业合作社随着规模的扩大，拟引进低温保藏设施进行草莓冷藏和冻藏，请以小组为单位完成以下任务： 1. 认真学习、查阅有关资料以及相关的社会调查 2. 分别制订草莓冷藏保鲜与速冻贮藏的技术方案，并提出保藏过程中应注意的问题 3. 每组派一名代表展示编制的技术方案 4. 在老师的指导下小组内成员之间进行讨论，优化方案 5. 提交技术方案及所需相关材料清单 6. 现场实践操作及保藏效果评价

（续）

<table>
<tr><th>能力领域</th><th colspan="4">食品低温保藏技术</th></tr>
<tr><td>训练成果</td><td colspan="4">1. 形成草莓冷藏技术方案或者草莓速冻技术方案
2. 冷藏草莓，速冻草莓产品</td></tr>
<tr><td rowspan="2">成果评价</td><td colspan="4">评语：</td></tr>
<tr><td>成绩</td><td></td><td>教师签名</td><td></td></tr>
</table>

项目三 3

食品气调保藏技术

项目目标

【学习目标】

熟悉食品气调保藏的基本原理；了解食品气调保藏的分类；能调控食品气调保藏环境；熟悉和掌握塑料薄膜大帐气调法、塑料薄膜袋气调法、硅橡胶窗自动气调法、复合气调包装法和气调库的管理技术；熟练掌握典型生鲜食品的气调包装保藏技术。

【核心知识】

气调保藏、人工气调、自发气调、气调包装。

【职业能力】

1. 能分析和控制食品气调保藏环境中的温度、湿度和气体条件。
2. 能设计生鲜食品气调包装保藏的技术方案。

食品气调保藏是指通过调整和控制食品贮藏环境的气体成分和比例（通常是增加 CO_2 浓度，降低 O_2 浓度，或根据需求调节其气体成分浓度）以及环境的温度和湿度来延长食品贮藏寿命和货架期的一种技术。气调保藏是在传统的冷藏保鲜基础上发展起来的现代保藏技术，主要应用于果蔬的贮藏保鲜，被认为是当今保鲜水果效果最好的保藏方式，如今已经发展到生鲜畜禽肉类、鱼类、焙烤食品及其他方便食品的保鲜领域。

食品气调保藏的特点是①综合冷藏和调节环境气体成分两方面技术，贮藏时间长，保鲜效果优于单一冷藏。例如气调苹果的贮藏期至少是冷藏的两倍，低 O_2 气调贮藏 6 个月的新红星苹果仍色泽鲜艳、风味纯正、汁多肉脆，而冷藏条件下的新红星苹果 3 个月就变绵软。②气调温度高于一般冷藏温度，可避免低温伤害。③贮藏损耗低，一般气调损耗率＜4%，单一冷藏损耗率在 15%～20%。④食品气调保藏货架期长，且气调状态解除后，仍有“滞后效应”。因此，食品气调保藏又称为“绿色”保藏。

知识平台

知识一 食品气调保藏的基本原理

气调保藏的基本原理：在一定的封闭体系内，通过各种调节方式得到的不同于正常大气组成（或浓度）的调节气体，以此来抑制引起食品品质劣变的生理生化过程或抑制食品中微生物生长繁殖，从而达到延长食品保鲜或保藏期的目的。

气调主要以调节空气中的 O_2 和 CO_2 浓度为主。因为引起食品品质下降的食品自身生理生化过程和微生物作用过程，多数与 O_2 和 CO_2 浓度有关。另外，许多食品的变质过程要释放 CO_2，CO_2 对许多引起食品变质的微生物有直接的抑制作用。

气调保藏的技术核心是使空气组分中的 CO_2 浓度升高，而 O_2 浓度降低，配合适当的低温条件，来延长食品的寿命。

一、抑制鲜活食品的生理活动

1. 抑制鲜活食品的呼吸强度 鲜活食品中以果蔬为主的植物性食物因具有呼吸作用，在维持自身生命力、抵御微生物入侵等方面有着积极的作用。但是呼吸作用需要不断消耗呼吸底物，使果蔬的营养成分、品质、外观和风味发生不可逆转的变化，这不仅降低果蔬的食用品质，而且会使其组织逐渐衰老而影响其耐贮性和抗病性。因此，抑制果蔬在贮藏中的呼吸作用，在维持其正常生命活动、保证抗病能力的前提下，把呼吸作用的强度降低到最低水平，使之最低限度地消耗果蔬自身的营养成分，以达到延长其保鲜贮藏期，提高贮藏效果的目的。

图 3－1 为 O_2 和 CO_2 浓度对香蕉呼吸作用的影响。

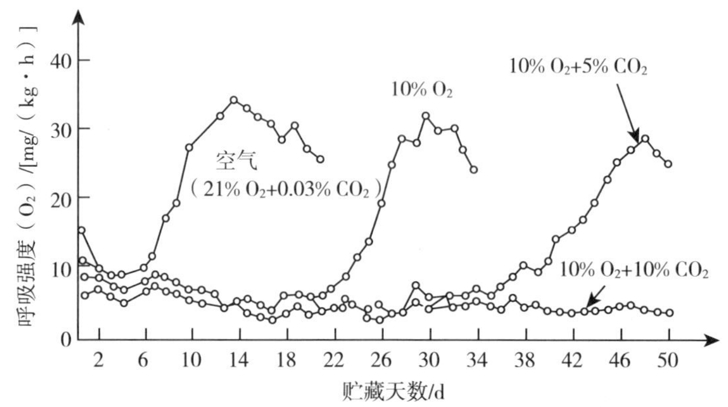

图 3－1 O_2 和 CO_2 浓度对香蕉呼吸作用的影响（12℃）

从图 3－1 可以看出，高 CO_2 浓度和低 O_2 浓度能抑制果蔬的呼吸作用，降低呼吸强度并推迟呼吸高峰的出现。一般 O_2 浓度对果蔬呼吸强度的抑制必须降到 7%以下时才起作用，但不宜低于 2%，否则易发生无氧呼吸而产生中毒现象。CO_2 浓度对呼吸强度的影响是浓度越高，其抑制作用就越强。当贮藏环境中同时降低 O_2、提高 CO_2 浓度，对果蔬鲜活食品的呼吸作用的抑制更为显著。不同气体组成对苹果呼吸强度的影响如表 3－1 所示。

表 3－1 不同气体组成对苹果呼吸强度的影响（3.3℃低温下）

CO_2 与 O_2 浓度的比例	呼吸强度/[mg/(kg·h)]		CO_2 与 O_2 浓度的比例	呼吸强度/[mg/(kg·h)]	
	CO_2	O_2		CO_2	O_2
0∶21	100	100	1∶1	40	60
0∶10	84	80	5∶16	50	60

（续）

CO_2 与 O_2 浓度的比例	呼吸强度/[mg/(kg·h)]		CO_2 与 O_2 浓度的比例	呼吸强度/[mg/(kg·h)]	
	CO_2	O_2		CO_2	O_2
0∶5	70	63	5∶5	38	49
0∶2.3	63	52	5∶3	32	40
0∶1.5	39	—	5∶1.5	25	29

但是，O_2 浓度过低或过高也会导致鲜活食品产生生理病害。鲜活食品的呼吸作用是随着贮藏环境中 O_2 浓度的下降而逐渐减弱的，释放出的 CO_2 也随之减少。当 CO_2 释放量达到最低点时，环境中 O_2 的浓度称为临界含氧量。鲜活食品气调保藏时，O_2 浓度降低到临界含氧量以下时就会发生无氧呼吸。无氧呼吸不仅会比有氧呼吸消耗更多的营养成分，而且还会产生酒精和乙醛等的积累，进而造成鲜活食品的生理病害；严重时则引起微生物的侵染，使食品腐烂变质。食品气调保藏的临界含氧量视鲜活食品的种类、品种不同而异，例如大部分新鲜果蔬气调保藏中的临界含氧量为1%～3%，而一些热带、亚热带的果蔬可高达5%～10%（表3-2）。

表3-2　常见果蔬气调保藏中临界含氧量

食品种类	临界含氧量/%	食品种类	临界含氧量/%	食品种类	临界含氧量/%
大蒜	1	苹果	2	番茄	3
洋葱	1	梨	2	黄瓜	3
蘑菇	1	杏	2	甜椒	3
萝卜	2	桃	2	莱蓟	3
芹菜	2	油桃	2	青豌豆	5
莴苣	2	李子	2	柑橘	5
菜豆	2	番木瓜	2	鳄梨	5
甜玉米	2	草莓	2	甘薯	7
甘蓝	2	樱桃	3	杧果	9.2
抱子甘蓝	2	柿子	3	马铃薯	10
甜瓜	2	胡萝卜	3	坚果类	0

同样，当贮藏环境中 CO_2 浓度过高时，也会使鲜活食品内产生大量琥珀酸的积累，导致果实褐变、黑心等生理病害的发生，其严重程度与果实的成熟度、贮藏温度、贮藏期、高 CO_2 浓度维持时间长短及空气成分组成等有关。各类鲜活食品对高 CO_2 浓度都有一定的适宜性，超过其适宜性的 CO_2 浓度称为 CO_2 忍耐临界浓度（表3-3）。

表3-3　常见果蔬气调保藏中 CO_2 忍耐临界浓度

食品种类	CO_2 忍耐临界浓度/%	食品种类	CO_2 忍耐临界浓度/%	食品种类	CO_2 忍耐临界浓度/%
梨	1	番木瓜	5	韭菜	10
莴苣	1	甜椒	5	樱桃	10
苹果	2	花椰菜	5	草莓	20

（续）

食品种类	CO_2 忍耐临界浓度/%	食品种类	CO_2 忍耐临界浓度/%	食品种类	CO_2 忍耐临界浓度/%
芹菜	2	茄子	5	无花果	20
菜蓟	2	青豌豆	7	菠菜	20
甘薯	2	菜豆	7	甜菜	20
香蕉	3	黄瓜	10	蘑菇	20
胡萝卜	3	洋葱	10	甜玉米	20
柿子	5	青南瓜	10	甘蓝	20
鳄梨	5	大蒜	10	去荚菜豆	20
杧果	5	马铃薯	10	坚果类	100

2. 抑制鲜活食品的新陈代谢 鲜活食品中的营养成分，如糖类、有机酸、蛋白质和脂肪等在生物体呼吸代谢过程中作为呼吸底物，经一系列氧化还原反应而被逐步分解，并释放出大量的呼吸热。在有氧呼吸条件下，上述呼吸底物被彻底氧化为 CO_2 和水；但在无氧呼吸条件下，则被分解为 CO_2、乙醇、乙醛和乳酸等低分子物质。由于气调保藏抑制了鲜活食品的呼吸作用，减少了呼吸底物的消耗，因而可以减少生物体内营养成分的损失。与一般低温保藏相比，这样既减少了食品的干耗和呼吸热的产生，同时又提高了鲜活食品的营养价值和食用品质。

一切生物体内有机物质的生化反应所引起的降解都是在特定生物酶的催化下发生的。食品气调保藏采取了低 O_2 浓度和高 CO_2 浓度的条件，有些生物酶的活性受到抑制，从而延缓了某些有机物质的分解过程。例如，低 O_2 浓度可以抑制叶绿素的降解，达到鲜活食品保绿的目的；减少抗坏血酸的氧化损失，提高食品的营养价值；降低不溶性果胶物质的减少速度，增大了食品的脆硬度。而高 CO_2 浓度则能降低蛋白质和色素的合成作用；抑制叶绿素的合成和果实脱绿；减少挥发性物质的产生和果胶物质的分解，从而推迟果实成熟并减缓衰老。

3. 抑制果蔬乙烯的生成和作用 乙烯是植物的一种生长激素，虽然含量甚微，但却能促进果实的生长和成熟，并能直接影响果蔬的后熟和衰老的过程。通常果蔬内乙烯的产生过程是 MET（即甲硫氨酸，又称为蛋氨酸）→SAM（S-腺苷酰蛋氨酸）→ACC（1-氨基环丙烷-1-羧酸）→乙烯。由于从 ACC 到乙烯是一个需氧过程，在低 O_2 浓度或无 O_2 情况下就可以抑制 ACC 向乙烯的转化，从而抑制乙烯的生成，而低 O_2 浓度还可减弱乙烯对新陈代谢的刺激作用。低 CO_2 浓度会促进 ACC 向乙烯的转化，而高 CO_2 浓度则可抑制乙烯的生成，同时还可延缓乙烯对果蔬成熟的促进作用，干扰芳香物质的合成及挥发。因此，低 O_2 浓度、高 CO_2 浓度和适合低温的共同作用，可以有效抑制乙烯的生成，并减弱乙烯对果实成熟的刺激作用，推迟果蔬呼吸高峰的出现，从而延缓果蔬后熟和衰老。

二、抑制鲜活食品成分的变化

食品在保藏过程中，由于贮藏期较长，食品中的脂肪在 O_2 作用下容易发生自动氧化作用，降解为醛、酮和羧酸等低分子化合物，导致食品发生脂肪酸败。而采用气调保藏，由于低 O_2 浓度、充氮及适宜的低温，可使食品的脂肪氧化酸败减弱或不会发生。这不仅防止了食品因脂肪氧化酸败产生异味，而且也防止了因“油烧”产生的色泽改变，同时还减少了脂溶性维生素的损失。

此外，O_2 还可以使食品中多种成分（如抗坏血酸、半胱氨酸、芳香环等）发生氧化反应。食品成分的氧化不仅降低了食品的营养价值，还会产生过氧化类脂物等有毒物质，同时还会使食品的色、香、味及品质变差，而采用气调贮藏可以避免或减轻这些变化，并有利于食品质量的稳定性。

三、抑制微生物的生长繁殖

低 O_2 浓度可抑制好气性微生物的生长。在 O_2 浓度低于2%的条件下，葡萄孢菌、链核盘菌和青霉菌的生长减弱，发育受阻，甚至停止生长。葡萄孢菌在1% O_2 浓度下不能形成孢子，但是根霉菌丝可以在无氧条件下生存，若恢复正常空气环境则可继续生长。另外，O_2 浓度还和某些果蔬的病害发生有关，如苹果的虎皮病会随 O_2 浓度的下降而减轻。

高浓度的 CO_2 也有较强的抑制果蔬保藏中某些微生物的生长繁殖的能力。当 CO_2 浓度在10.4%时，葡萄孢菌、青霉菌、根霉的菌丝生长和孢子形成都会受到抑制。但某些霉菌对 CO_2 的抗性极强；少数真菌在 CO_2 浓度增加时反而有利，如高 CO_2 浓度可刺激白地霉菌的生长；有些细菌、酵母菌可将 CO_2 作为所需的碳素来源。

一般来说，要使 CO_2 在气调保鲜中发挥抑菌作用，其浓度必须控制在20%以上。但 CO_2 浓度过高会对果蔬组织产生毒害作用，若处理不当，对果蔬的伤害作用会高于对微生物的抑制作用。必须根据果蔬的不同特性，选择适当的低温、相对湿度，以及适当的 O_2 和 CO_2 浓度比例，在保持果蔬正常代谢的基础上采取综合防治措施，才能抑制微生物的生长繁殖，并延缓果蔬的后熟进程。

知识二　食品气调保藏的分类

一、自发气调贮藏

自发气调贮藏（modified atmosphere storage，MA贮藏）指的是利用新鲜食品（水果、蔬菜）自身的呼吸作用降低贮藏环境中的 O_2 浓度，同时提高 CO_2 浓度的一种气调保藏方法，如采用塑料薄膜保鲜袋、硅窗气调保鲜袋等的保藏方法。在正常贮藏环境中，O_2 和 CO_2 浓度总和为21.03%，当食品进行有氧呼吸时，将吸收 O_2，排出 CO_2，在密闭性好的贮藏条件下，这种食品自身的呼吸作用使贮藏环境中 O_2 和 CO_2 的浓度比例发生逆向直线变化。尤其对新鲜蔬菜、水果等呼吸强度大的食品，常采用这种自发降 O_2 的方法进行气调保藏。

通常，当 O_2 和 CO_2 的浓度变化达到所希望的浓度后，便设法将过剩的 CO_2 排除，同时再进部分新鲜空气，以补充 O_2 的不足。在实际应用中，有人利用密闭性好的低温库或者简易的塑料保鲜袋：一是借助保鲜袋内外压差（即随着果蔬自身呼吸作用吸收 O_2 并释放 CO_2，使密闭的贮藏环境中不仅气体成分发生变化，同时也产生内外压差，于是气体从分压高的一侧向分压低的一侧移动），如塑料大帐气调、袋装气调；二是配备限制性的空气渗透装置（如硅橡胶薄膜，可根据需要开设一定面积的硅橡胶窗）加以实现，如硅窗气调等。

二、人工气调贮藏

人工气调贮藏（controlled atmosphere storage，CA贮藏）指的是根据产品的需要，人为地调节贮藏环境中各气体成分的浓度并保持稳定，以在短时间内达到低氧或无氧状态，实现食品保藏目的的一种气调保藏方法。

在相对密闭的环境中（如气调库等）以及冷藏的基础上，用机械方法在库外制取所需的人工气体，经冷却后送入库内，实现人工降低 O_2 浓度、增加 CO_2 浓度至适宜的组分配比，并精确控制库内 O_2 浓度（1%～3%）、CO_2 浓度（3%～5%）和温湿度等贮藏环境，如新鲜水果气调库保藏。

1. 按保藏环境中 O_2 和 CO_2 的浓度分类

（1）单指标CA贮藏。单指标CA贮藏是指控制贮藏环境中的某一种气体如 O_2、CO_2 或CO等，而对其他气体不加调节。如低浓度 O_2 气调（即 O_2 浓度<1.0%）和利用贮藏前高浓度 CO_2 后效应气调（即经10%～30%的 CO_2 短时间处理后，再进行正常CA贮藏）。此法对被控制气体浓度的要求较低，管理较简单，但被调节气体的浓度低于或超过规定的指标时有导致伤害发生的可能。

（2）双指标CA贮藏。双指标CA贮藏指的是对常规气调成分的 O_2 和 CO_2 两种气体（也可能是其他两种气体成分）均加以调节和控制的一种气调贮藏方法。

根据气调时 O_2 和 CO_2 浓度的不同又有3种情况：O_2 和 CO_2 浓度的总和=21%，O_2 和 CO_2 浓度的总和>21%和 O_2 和 CO_2 浓度的总和<21%。其中第三种情况是目前国内外广泛应用的气调贮藏方式，贮藏效果好。

我国习惯上把 O_2 和 CO_2 浓度的总和在2%～5%范围的称为低指标，5%～8%范围的称为中指标。其中，大多数食品都以低指标为最适宜，效果较好。但这种贮藏方式管理要求较高，设施也较为复杂。

（3）多指标CA贮藏。多指标CA贮藏不仅控制贮藏环境中的 O_2 和 CO_2，同时还对其他与贮藏效果有关的气体成分如乙烯、一氧化碳等进行调节。这种气调贮藏效果好，但调控气体成分的难度提高，需要在传统气调基础上增添相应的设备，投资增大。

（4）变指标CA贮藏。变指标是指在贮藏过程中，贮藏环境中气体浓度指标根据需要，从一个指标变为另一个指标。

2. 按工艺路线分类

（1）快速降 O_2 气调。快速降 O_2 气调是在短时间内（一般是在7d之内完成）将 O_2 浓度降至规定水平的一种气调保藏方法。快速气调保藏的关键是掌握好入库降温速率，人工强制降 O_2。

（2）高 CO_2 气调。高 CO_2 结合低 O_2 处理可以有效抑制呼吸，降低呼吸代谢速率，因而有利于保藏。但这种保藏方法容易引起生理病害和腐烂，使用时应十分慎重。

（3）动态气调。保藏初期采用高浓度 CO_2 和低浓度 O_2 处理，后期置于常规气调下保藏的方法称为动态气调或机动气调，也称为变动气调。此法保藏效果好，尤其是入库前的预冷阶段采用高浓度 CO_2 和低浓度 O_2 处理，入库后采用正常气体指标保藏，可显著抑制呼吸速率，延长保藏期。

（4）低氧或超低氧气调。大部分果蔬气调保藏的标准气体比例是 O_2 浓度2%～3%，但许多研究发现进一步降低 O_2 浓度（即低于 1.0%）会更有利，并且低浓度 O_2 下保藏的果实硬度和可滴定酸含量均高，保藏效果好。但 O_2 浓度过低会使果实产生伤害，造成严重损失，生产上需要特别注意。

（5）低乙烯气调。乙烯可以加快果实衰老，利用乙烯脱除剂清除环境中的乙烯，使其浓度保持在 1.0%以下，可有效抑制后熟，延长保藏期。但该法需用专门的乙烯脱除剂及设备，成本较高，小范围处理可采用高锰酸钾、硅酸盐制剂以及乙烯抑制剂。

（6）双相变动气调。双相变动气调保藏在入贮初期采用高温（10℃）和高浓度 CO_2（12%），以后逐步降低温度和 CO_2 浓度，可以有效保持果实品质和果肉硬度，抑制果实中原果胶的水解、乙烯的生物合成和果实中 ACC 的积累，从而有效延长贮存期。由于在保藏过程中改变了温度和 CO_2 浓度两项指标，因而可以大大节约能源，提高经济效益。

知识三　食品气调保藏环境的调控

食品气调保藏的关键在于调节环境气体，但在调节气体浓度与组成的同时，还应同时考虑温度和相对湿度的影响。

1. 调节气体浓度与组成

（1）低 O_2 浓度。低 O_2 浓度有利于延长新鲜果蔬的保鲜期，但不能低于果蔬的临界需氧量；对于新鲜的动物性的食品，调节气体的 O_2 浓度以取得最佳的色泽保持效果为宜。对于不含肌红蛋白的动物产品，应尽量降低含氧量；对于以抑制真菌为目的的气调处理，则 O_2 浓度降低到 1%以下才有效。

（2）高 CO_2 效应。高 CO_2 浓度对于果蔬一般会产生下列效应：降低导致成熟的合成反应（蛋白质、色素的合成）；抑制某些酶的活动（如琥珀酸脱氢酶、细胞色素氧化酶）；减少挥发性物质的产生；干扰有机酸的代谢；减弱果胶物质的分解；抑制叶绿素的合成和果实的脱绿；改变各种糖的比例。

但过高浓度的 CO_2，也会产生不良效应。一般用于水果气调的 CO_2 浓度应控制在 2%～3%，蔬菜气调的 CO_2 浓度应控制在 2.5%～5.5%。

对于畜禽肉类、鱼类产品气调保鲜处理，高浓度的 CO_2 可以明显抑制腐败微生物的生长，而且这种抑菌效果会随 CO_2 浓度的升高而增强。一般要使 CO_2 在气调保鲜中发挥抑菌作用，其浓度必须控制在 20%以上。

（3）O_2 和 CO_2 浓度比例的选择。O_2 和 CO_2 浓度比例的合理选择对果蔬的保鲜有重要作用。由于果蔬的呼吸作用会随时改变已经形成了的 O_2 和 CO_2 的浓度比例，同时，各种果蔬在一定条件下都有一个能承受的 O_2 浓度下限和 CO_2 浓度上限。因此，在气调贮藏中选择和控制合适的气体配合比例是气调保藏管理中的关键。食品复合气调包装（MAP）气体比例见表 3-4。

表 3-4　食品复合气调包装（MAP）气体比例

产品	O_2/%	CO_2/%	N_2/%
红肉（猪、牛、羊肉等）	60～85	15～40	—
面包	—	60～70	30～40

（续）

产品	O_2/%	CO_2/%	N_2/%
意大利面	—	—	100
菠菜	21	10～20	60～70
草莓	5～10	12～20	70～83
苹果	1～3	0～6	91～99
带鱼	10	60	30
秋刀鱼	—	40～60	40～60
金枪鱼	—	35～45	55～65

（4）其他气体。CO是一种抑制果蔬成熟的气体。而在肉类产品包装中加入CO，可以保持肌肉的颜色不褪，还有一定的抑菌效用。但由于CO是一种毒性气体，尽管在气调方面的效果好，但在使用上一直受到严格限制。乙烯不利于果蔬保鲜，在气调贮藏过程中却会因果蔬的代谢活动而积累。因此，通常的做法是将乙烯从气调系统中及时驱除，以延长果蔬的保鲜期。N_2 是一种惰性气体，在气调中主要作为填充气体使用。

2. 温度　从生物学的角度来看，降低温度可以减缓细胞的呼吸作用，抑制微生物的生长，但具体温度还要根据气调的对象而定。选择的温度控制点应比普通冷藏高1～3℃。因为有些果蔬组织在0℃附近的低温下对 CO_2 很敏感，容易发生 CO_2 伤害，在较高的温度下，这种伤害就可避免。一般以不致出现低温障碍和冻结为度。对于生鲜肉类，气调的好处是可以在非冻结状况下延长它们的货架寿命，而温度对高浓度 CO_2 条件下的生鲜肉类食品的气调效应（抑制微生物的效应）无显著影响，但从安全的角度出发，气调贮藏的温度还是应尽量低为宜。至于温度的下限，应以不影响此类产品的质量为限。

3. 相对湿度　在气调贮藏中，为了防止果蔬表面的干枯及质量损失，根据品种不同，需保持一定的相对湿度，一般水果的相对湿度为90%～93%，蔬菜为90%～95%。而对于肉、禽、鱼类产品，一般采用复合气调包装技术，所以没有对调节气体相对湿度进行专门的控制要求，但是选用的包装材料应该有很好的水分阻隔性，这样才能保持这类产品的新鲜外观。

知识四　食品气调保藏的方法与设备

一、塑料薄膜封闭气调

气调保鲜技术随着塑料薄膜业的发展出现了生机。自20世纪60年代以来，国内外对塑料薄膜封闭气调展开了广泛研究，目前已达到实用阶段，并继续向自动调气的方向发展。用薄膜材料作气调用的封闭层，具有灵活性大、使用方便、成本低等优点，可以克服气调冷藏库建筑设备复杂、成本高、灵活性小等不易普遍采用的缺点。

1. 薄膜气调系统的模式与理论　图3-2为薄膜封闭气调系统模式。在这个系统中，一般同时存在两个过程：①产品的生理生化作用（包括产品内或附于产品表面的微生物活动作用）导致的产品与包装层内气体之间的气体交换过程；②包装层内气体与包装外大气层的气体交换过程。

气体通过膜介质渗透作用，与扩散作用一样，是遵守费克-亨利定律的，即某种气体在单位时间内，通过薄膜的渗透量（渗透速度）与膜面积成正比，与膜厚度成反比，与膜两侧气体的分压差成正比；而且混合气体中的各种气体的渗透方向和速度是彼此独立的，互不干扰。

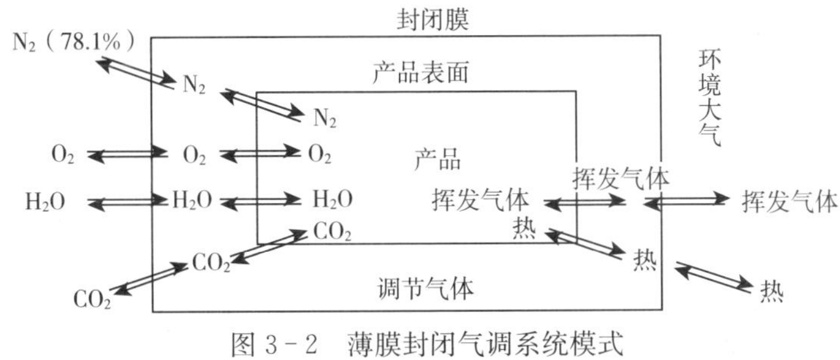

图 3-2 薄膜封闭气调系统模式

这个扩散与渗透的过程是一个动态系统，在一定条件下，这种动态系统可以实现动态平衡，即产品与环境气体的交换速率与环境气体通过薄膜与大气的交换速率相等。各种薄膜气调系统的差异表现在：

（1）能否在动态系统内实现动态平衡。

（2）保持动态平衡相对稳定的能力。

根据上述两点的差异，各种系统可以定性地分为是人工气调性的还是自发气调性的。

2. 塑料薄膜封闭气调方法 塑料薄膜封闭气调方法是利用塑料薄膜对 O_2、CO_2 渗透性不同和对水透过率低的原理，来抑制果蔬在贮藏过程中的呼吸作用及蒸发作用的一种气调保藏方法。由于塑料薄膜对气体具有选择性渗透，可使袋（帐）内的气体成分自然地形成气调贮藏状态，从而推迟果蔬营养物质的消耗，延缓衰老。

塑料薄膜一般选用 0.12～0.25mm 厚的无毒聚氯乙烯薄膜，或选用 0.075～0.2mm 厚的聚乙烯塑料薄膜，塑料薄膜封闭气调的主要方法有塑料薄膜大帐气调法（垛封法）、塑料薄膜袋气调法（袋封法）、硅橡胶窗自动气调法和复合气调包装法。

（1）塑料薄膜大帐气调法。通常将食品用通气的容器盛装，码成垛。垛底先铺垫塑料薄膜，在其上摆放垫木，使盛装食品的容器垫空。码好的垛子用塑料帐罩住，帐子和垫底薄膜的四边互相重叠卷起并埋入垛四周小沟中，或用其他重物压紧，使薄膜大帐密闭。例如，图 3-3为番茄塑料大帐垛封气调示意。也可以用活动贮藏架在装架后整架封闭，对于比较耐压的一些产品可以散堆到帐架内再进行封帐。

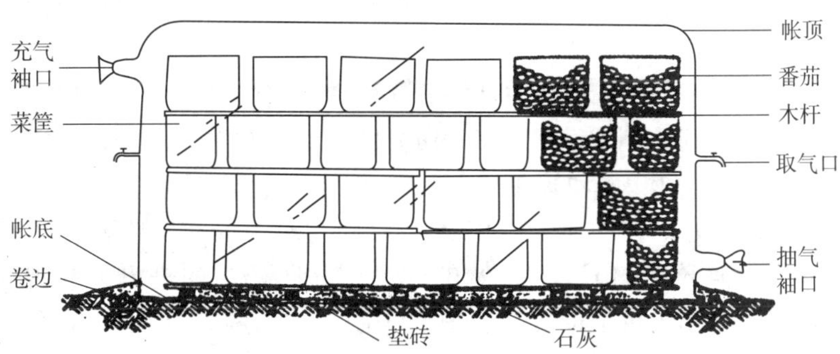

图 3-3 番茄塑料大帐垛封气调示意

在薄膜大帐的两端设置袖口（用塑料薄膜制成），作为充气及垛内气体循环时插入管道所用。大帐还设有取气口，以便测定帐内气体成分的变化，也可从此充入气体消毒剂，平时不用时应把取气口关闭。

对于需要快速降 O_2 浓度的塑料帐，封帐后用机械降氧机快速实现气调条件，也可在大帐上设置硅橡胶窗实现自动调气。但由于果蔬呼吸作用仍然存在，帐内 CO_2 浓度会不断升高，应定期用专门仪器进行气体检测，以便及时调整气体成分的配比。

（2）塑料薄膜袋气调法。将产品直接装入塑料薄膜袋内，扎口封闭后放置于冷藏设施内（图 3－4）。

图 3－4　塑料薄膜袋气调

塑料薄膜袋气调法调节气体的方法有以下两种：

①定期调气或放风。将 0.06～0.08mm 厚的无毒聚乙烯薄膜做成袋子，将产品装满后扎口入库，当袋内的 O_2 减少到低限或 CO_2 增加到高限时，将全部袋口打开放风，换入新鲜空气后再进行封口贮藏。也可以根据产品的种类、品种、成熟度及用途等在塑料薄膜袋上粘贴一定面积的硅橡胶窗实现自动调气。

②自动调气。将 0.03～0.05mm 厚的无毒聚乙烯薄膜做成小袋包装。因为塑料薄膜很薄，透气性很好，在较短的时间内，可以形成并维持适当的低 O_2 浓度、高 CO_2 浓度的气体成分而不会造成无氧呼吸或高 CO_2 伤害。

（3）硅橡胶窗自动气调法。根据不同的果蔬及贮藏的温湿条件，选择面积不同的硅橡胶织物膜热合于用聚乙烯或聚氯乙烯制成的贮藏袋（帐）上，作为气体交换的窗口，称为硅橡胶窗，如图 3－5 所示。

利用硅橡胶膜对 O_2 和 CO_2 特有的良好透气性和适当的透气比，可以用来调节果蔬贮藏环境的气体成分，达到控制果蔬呼吸作用的目的。硅橡胶薄膜不仅对 CO_2 的透过率是同厚度聚乙烯膜的 200～300 倍和聚氯乙烯膜的 20 000 倍，而且对气体还具有选择性透性，其对 N_2、O_2 和 CO_2 的透性比为 1∶2∶12，同时对乙烯和一些芳香物质也有较大的透性。由于硅橡胶具有较大的 CO_2 与 O_2 的透性比，且 CO_2 的进出量与袋（帐）内 CO_2 浓度呈正相关，因此，选用合适的硅橡胶窗面积制作的塑料袋（帐），在贮藏一定时间之后，袋（帐）的 O_2 和 CO_2 进出达到动态平衡，可自动恒定在 O_2 浓度为 3%～4%，CO_2 浓度为 3%～4%。

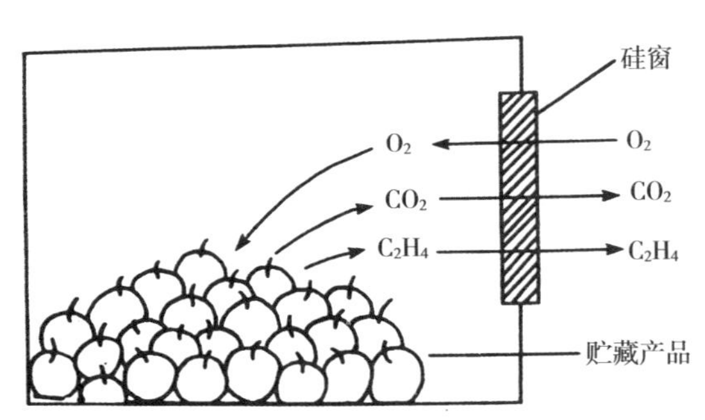

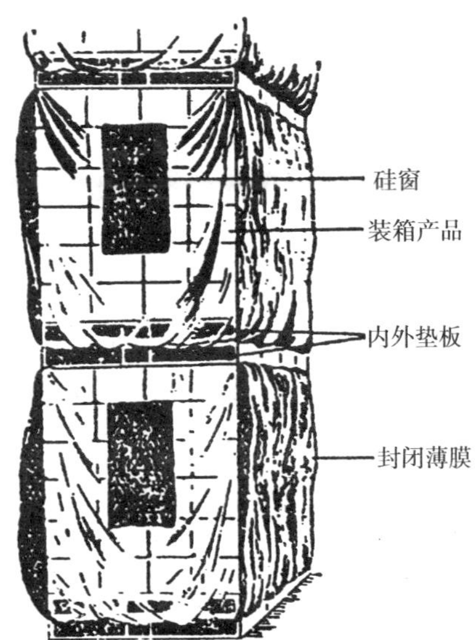

图 3-5　硅橡胶窗气调示意

(4) 复合气调包装法。复合气调包装国外称为 MAP 或 CAP，国内称为气调包装或置换气体包装、充气包装，是目前食品气调保藏技术最有发展前途的方法。通常采用具有气体阻隔性能的包装材料来包装食品，根据客户实际需求，将一定比例的 $O_2+CO_2+N_2$、N_2+CO_2、O_2+CO_2 混合气体充入包装内，防止食品在物理、化学、生物等方面发生质量下降，或减缓质量下降的速度，从而延长食品货架期，提升食品价值。

复合气调的气体主要以 O_2、N_2 混合或 CO_2、N_2、O_2 的混合形式为主，利用不同气体的不同功用达到保质与保鲜的目的，其中 CO_2 能抑制大多数需氧腐败细菌和霉菌的生长繁殖；O_2 抑制大多数厌氧腐败细菌的生长繁殖，保持鲜肉色泽，维持新鲜果蔬富氧呼吸及鲜度；N_2 作充填气。复合气体组成配比需要根据食品种类、保藏要求及包装材料进行恰当选择，从而达到包装食品保鲜质量高、营养成分保持好、能真正达到原有性状、延缓保鲜货架期的效果。复合气调包装在国内外已广泛应用。

气调包装保藏的特点在于以小包装的形式将产品封闭在塑料包装盒（袋）内，其内部环境气体可以是封闭式提供的，或者是封闭后靠内部产品呼吸作用自发调整形成的。封闭后包装盒（袋）内适宜的气体状态一般不再由人为方式进行控制管理。

根据包装后包装材料对内部气体的控制程度，可以将气调包装技术分为自发气调包装和人工气调包装。

①自发气调包装。自发气调包装（modified atmosphere packaging）简称 MAP，指用一定理想气体组分充入包装，在一定温度条件下改善包装内环境的气氛，并在一定时间内保持相对稳定，从而抑制产品的变质过程，延长产品的保质期。

MAP 的特点是包装材料没有很强的调节作用，包装体的气体在包装时提供，适宜长途运输，但不适合于长期保藏，而更适合于鲜肉类等无生命性食品货架期的延长。

例如氧气吸收剂主要是活性铁的微粉末，将这种吸收剂置于具有透气性的小袋中，然后与食品同时装入容器包装密封。一般在 2h 内，可将容器内氧气浓度降至 0.1%以下。

②人工气调包装。人工气调包装（controlled atmosphere packaging）简称 CAP。CAP 的特点是包装材料对包装后环境气体状态有调节作用，包装体内气体能稳定在有利于保鲜的状态。

对蛋糕等含水量在 20%～30%的多孔食品，在包装容器内充入浓度为 30%～100%的 CO_2，以抑制霉菌的生长。此外，在以上气体状态下密闭包装大米、小麦、豆类等具有休眠状态的食品，也可抑制食品的呼吸作用，防止霉菌和害虫的生长繁殖，从而延长保质期。

对具有多孔性的含脂肪或脂溶性成分的干燥食品，由于食品本身带的空气会促进食品氧化，因此在包装装入食品后，需进行真空（脱气）处理，使包装容器内 O_2 浓度在 2%以下，然后再充入 N_2 并严格密封。常用的复合气调包装装备如图 3－6 所示。

图 3－6　常用的复合气调包装装备

MAP 与 CAP 的不同之处在于是否对环境气体的状态有自动调节的功能。CAP 通常对于内部环境气体的状态有比较精确的自调节功能，适用于长时间的贮藏，而 MAP 对于环境气体的状态几乎没有自动调节作用，适用于短期贮藏、长途运输和销售链。几种典型食品 MAP 的气体混合组成如表 3－5 所示。

表 3-5　几种典型食品 MAP 的气体混合组成

产品	O_2/%	CO_2/%	N_2/%
猪瘦肉	70	30	—
油性鱼肉	—	60	40
鸡、鸭肉	—	75	25
硬干酪	—	—	100
焙烤产品	—	80	20
番茄	4	4	92
苹果	2	1	97

3. 塑料薄膜封闭气调的温湿度管理　塑料薄膜封闭气调保藏时，袋（帐）内因有产品呼吸释放的呼吸热，所以内部温度总比外部库温高一些，一般存在 0.1～1℃的温差。同时塑料袋（帐）内部的湿度也较高，有时可接近饱和。塑料薄膜正处于内外冷热交界处，在袋内侧常有一些冷凝水，一旦库温发生波动，会造成袋（帐）内外的温差更大、更频繁，那么薄膜上的冷凝水就会更多。而冷凝水中往往还溶入一定的 CO_2，其 pH 为 5 左右，这种偏酸性的冷凝水滴到果蔬产品上，既有利于病菌的生长繁殖，也会对果蔬造成不同程度的伤害。

另外，封闭的塑料袋（帐）内四周的温度因受到库温的影响而较低，中部的温度相对较高，从而会发生内部空气的对流，其结果是较暖的气体流至冷处，降温至露点以下便会析出部分水蒸气形成冷凝水，当这种气体再流至暖处，则使温度升高，空气饱和差增大，又提升产品的蒸腾作用。

这种温湿度的交替变动，会不断地把产品中的水分转化为冷凝水。也可能不发生空气对流，但由于温度较高处的水气分压会向低温处扩散，同样导致高温处产品的脱水而低温处产品冷凝水。因此，在用塑料薄膜封闭气调保藏时，一方面是袋（帐）内湿度很高，另一方面产品仍然有较明显的脱水现象。解决这一问题的关键在于力求保持库温稳定，尽量减少封闭袋（帐）内外的温差。

二、气调库

气调保藏库又称气调贮藏库，简称气调库，它是当今最先进的果蔬保鲜贮藏方法。气调库是在冷藏的基础上，增加气体成分调节，通过对贮藏环境中温度、湿度、CO_2 浓度、O_2 浓度和乙烯浓度等条件的控制，抑制果蔬的呼吸作用，延缓其新陈代谢过程，更好地保持果蔬新鲜度和商品性，延长果蔬贮藏期和保鲜期（销售货架期）。通常气调贮藏比普通冷藏可使贮藏期延长 0.5～1 倍；气调库内贮藏的果蔬，出库后先从“休眠”到“苏醒”状态，这样可使果蔬出库后的保鲜期（销售货架期）延长 21～28d，是普通冷藏库的 3～4 倍。

1. 气调库保藏的特点

（1）气调库属于高温库的范畴，被保鲜的食品不会结冰，保留食品原有的新鲜度和风味不变，营养也不会流失，且安全环保，无污染。

（2）在相同的保鲜品质和温度条件下，气调库的保鲜时间是冷库的 3～5 倍，有些食品的保鲜时间甚至是冷库的数十倍，这是冷库所无法比拟的。

（3）气调库运行温度在0～12℃，比普通低温冷库（运行温度－25～－18℃）高，在相同的保鲜时间内，气调保鲜贮藏库的电耗远远小于普通冷库。

（4）采用惰性气体隔离空气，可以有效抑制食品细胞的呼吸而后成熟，不仅延长了保鲜时间，而且增加了食品出库后的货架期，使食品出库后在较长时间内进行新鲜销售成为可能。

（5）采用气体成分和浓度调节控制技术，不仅可以有效抑制乙烯等催熟成分的生成和作用，而且具有降氧、调二氧化碳、抑菌、消除农药毒副作用的功能。

（6）采用加湿技术，不仅可以保持食品自身的水分不会丢失，而且使食品的色泽、质地都不会改变，既减少了食品的贮存损失，又保留了食品原有的品质。

（7）采用现代化机电控制技术，将先进的自动化控制设备及网络传输技术与传统机电产品相结合，使系统具有可靠性、经济性、合理性、先进性及远程控制性能的特征，将会很快成为现代食品保鲜贮藏的主流技术。

2. 气调库的结构与系统 气调库主要由库体、制冷系统、气调系统、加湿系统等组成。气调库的组成如图3－7所示。

（1）气调库库体。气调库库体不仅要求具有良好的隔热性，减少外界热量对库内温度的影响，更重要的是要求具有良好的气密性，减少或消除外界空气对库内气体成分的压力，保证库内气体成分调节速度快，波动幅度小，从而提高贮藏质量，降低贮藏成本。气调库库体主要由围护保温结构、保湿结构和气密结构构成。

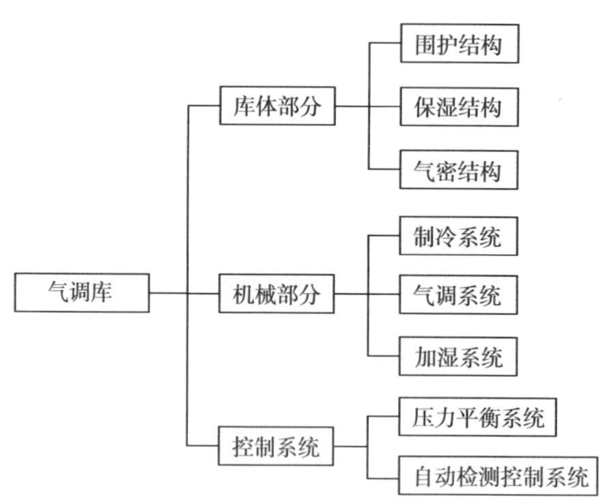

图3－7 气调库的组成

气调库库体按建筑形式不同可分为3种类型：装配式气调库库体、砖混式气调库库体、夹套式气调库库体。装配式气调库库体围护结构选用彩镀聚氨酯夹心板组装而成，具有隔热、防潮和气密的作用。该类库体建筑速度快，美观大方，但造价略高，是目前国内外新建气调库最常用的类型。

气调库库体采用专门的气调门，该气调门应具有良好的保温性和气密性。另外，在气调库库体封门后的长期贮藏过程中，一般不允许随便开启气调门，以免引起库内外气体交换，造成库内气体成分的波动。

气调库库体建好后，要进行气密性测试。

①气密标准。气调库库体并非要求绝对气体密封，允许有一定的气体通透性存在，但不能超出气密标准。

②气密检测方法。

a. 正压法：充气加压，使库内压力上升，达到限度压力后停止增压，并使库内压力自发下降，根据下降速度判定气密程度。

b. 负压法：将气体从库房中抽出，使库内压力降低形成负压，根据压力回升的速度判定气密性。一般压力变化越快或压力回升所需时间越短，气密性越差。

通常气密性检验时以正压法为好。对气密性达不到要求的气调库库体，在查找到泄漏部位后，应采用现场喷涂密封材料的操作方法补漏。

（2）气调库的气调系统及设备。为了使气调库达到所要求的气体成分比例并保持相对稳定，除了要有符合要求的气密性库体外，还要有由相应的气体调节设备、管道、阀门所组成的系统，即气调系统。整个气调系统主要包括脱氧机或制氮机、二氧化碳脱除机、乙烯脱除机以及加湿设备和气体成分自动检测控制系统。其中，制氮机利用率最高，所以制氮机显得更为重要。

①脱氧机。脱氧机是目前最为先进的气调库降氧设备，其工作原理是采用压力低于24kPa的风机进行循环脱氧，再使用真空泵解析活化。其电机采用变频调速技术，这种技术往往被人们误以为是VSA制氮机（真空变压吸附制氮机）。脱氧机与VSA制氮机的最大区别在于，VSA制氮机仍然使用压缩空气为动力源（尽管压力较低），这种含油气源会导致VSA制氮机原料失效，而脱氧机使用的是无油微压风机，原料不存在油污染的情况，其循环风量是VSA制氮机的5倍以上，这种降氧设备比膜制氮机、PSA制氮机（变压吸附制氮机）效率高40%，比VSA制氮机效率高30%，比制氮机节能40%。

②制氮机。我国目前在气调库上采用的制氮机主要有两大类型：吸附分离式的碳分子筛制氮机和膜分离式的中空纤维膜制氮机。碳分子筛制氮机与中空纤维膜制氮机比较，前者具有价格较低、配套设备投资较小、单位产气能耗较低、更换吸附剂比更换膜组件便宜、兼有脱除乙烯功能等优点，但工艺流程相对复杂、占地面积较大、噪声也较大、运转稳定性不及中空纤维膜制氮机。

③二氧化碳脱除机。二氧化碳脱除机分间断式（通常称的单罐机）和连续式（通常称的双罐机）两种。库内CO_2浓度较高的气体被抽到吸附装置中，经活性炭吸附CO_2后，再将吸附后的低CO_2浓度的气体送回库房，达到脱除CO_2的目的。活性炭吸附CO_2的量是温度的函数，并与CO_2的浓度成正比。通常以0℃和3%的CO_2浓度为标准，用二氧化碳脱除机在24h内的吸附量作为主要经济技术指标。当工作一段时间后，活性炭因吸附CO_2达到饱和状态，不能再吸附CO_2，这时另外一套循环系统启动，将新鲜空气吸入，使被吸附的CO_2脱附，并随空气排入大气，如此吸附、脱附交替进行，即可达到脱除库内多余CO_2的目的。

二氧化碳脱除机再生后的空气中含有大量的CO_2，必须排至室外。进出气调库的进气和回气管道必须向库体方向稍微倾斜，以免冷凝水流到脱除机内，造成活性炭失效。机房内应避免存放汽油、液化气等挥发性物质，保持温度在1～40℃。

④乙烯脱除机。乙烯是果蔬在成熟和后熟过程中自身产生并释放出来的一种气体，是一

种促进呼吸、加快后熟的植物激素，对采后贮藏的水果有催熟作用。在对乙烯敏感的水果（主要为亚热带、热带水果）贮藏中，应将乙烯去除。因此果蔬气调贮藏中既要设法抑制乙烯产生，又要消除气调库内乙烯的积累。普遍采用且相对有效的方法为化学除乙烯法和高温催化去除乙烯法。

A. 化学除乙烯法是在清洗装置中充填乙烯吸收剂，常用的乙烯吸收剂是饱和高锰酸钾溶液，将饱和高锰酸钾溶液吸附在碎砖块、蛭石或沸石分子筛等多孔材料上，乙烯与高锰酸钾接触，因氧化而被清除。该法简单，费用极低，但除乙烯效率低，且高锰酸钾为强氧化剂，会灼伤皮肤，一般用于小型气调贮藏或简易气调贮藏中。

B. 高温催化去除乙烯法是利用乙烯在催化剂和高温条件下与氧气反应生成二氧化碳和水的原理去除乙烯，与化学去除乙烯法相比，其投资费用高得多，但其不仅脱除乙烯的效率很高，可除去库内气体中所含乙烯量的99%；同时还具有脱除其他挥发性有害气体和消毒杀菌的作用，能对库内气体进行高温杀菌消毒，减少水果霉变，并能除掉水果释放的芳香气体，减轻这些气体对水果产生催熟作用的不良影响。

目前较为先进的臭氧除乙烯技术正逐步取代高温催化型乙烯机，这种除乙烯技术的最大优势是在低温状态下工作，不会引起库温的波动，同时耗电仅为500W，是高温催化型乙烯机能耗的1/10。

（3）气调库制冷系统及温度传感器配置。

①制冷系统。制冷系统是由实现机械制冷所必需的机器、设备及连接这些机器、设备的管道、阀门、控制元件等所组成的封闭循环系统。气调库的制冷系统与普通冷库的制冷系统基本相同。但气调库制冷系统具有更高的可靠性，更高的自动化程度，并在果蔬气调贮藏中长时间维持所要求的库内温度。一般采用氨制冷系统或氟利昂单级压缩直接膨胀供液制冷系统。

为了减少库内所贮物品的干耗，性能良好的气调库要求传热温差为2～3℃，也就是说气调库蒸发温度和贮藏要求温度的差值为2～3℃，这要比普通冷库小得多。只有控制并达到蒸发温度和贮藏温度之间的较小差值，才能减少蒸发器的结霜，维持库内要求的较高相对湿度。因此，在气调库设计中，相同条件下，通常选用冷风机的传热面积都比普通果蔬冷库冷风机的传热面积大，即气调库冷风机设计上采用所谓“大蒸发面积低传热温差”方案。

②温度传感器配置。一个设计良好的气调库在运行过程中，可在库内部实现小于0.5℃的温差。为此，需选用精度大于0.2℃的电子控温仪来控制库温。温度传感器的数量和放置位置对气调库温度的良好控制也是很重要的。最少的推荐探头数目为：在50t或50t以下的气调贮藏库中放3个，在100t库中放4个，在更大的库中放5～6个，其中1个探头应用来监控库内自由循环的空气温度，对于吊顶式冷风机，探头应安装在从货物到冷风机入口之间的空间内。其余的探头放置在不同位置的果蔬处，以测量果蔬的实际温度。

（4）气调库加湿系统及装置。水混合加湿、超声波加湿和离心雾化加湿是目前气调库中常见的三种加湿方式，在0℃以上的温度下使用时，加湿效果均比较好，但在负温条件下使用时，它们都存在如何使加湿用水避免结冰的问题，这一问题目前在生产中尚未得到很好的解决。

（5）气调库压力平衡与自动检测控制系统。

①压力平衡系统。在气调库建筑结构设计中还必须考虑气调库的安全性。由于气调库是

一种密闭式冷库，当库内温度降低时，其气体压力也随之降低，库内外两侧就形成了气压差。为了保证气调库的安全性和气密性，并为气调库运行管理提供必要的方便条件，气调库应设置压力平衡系统（包括安全阀、缓冲贮气袋）。安全阀是在气调库密闭后，保证库内外压力平衡的特有安全设施，它可以防止库内产生过大的正压和负压，使围护结构及其气密层免遭破坏。

气调库在运行期间会出现微量压力失衡，缓冲贮气袋的作用就是消除或缓解这种微量压力失衡。当库内压力稍高于大气压力时，库内部分气体进入缓冲贮气袋，当库内压力稍低于大气压力时，缓冲贮气袋内的气体便自动补入气调间。缓冲贮气袋把库内压力的微量变化转换成缓冲贮气袋内气体体积的变化，使库内外的压差减小或接近于零，消除和缓解压差对围护结构的作用力。缓冲贮气袋是由气密性好且具有一定抗拉强度的柔性材料制成。

②自动检测控制系统。自动检测控制系统主要对气调库内的温度、湿度、氧气、二氧化碳气体进行实时检查测量和显示，以确定它们是否符合气调技术指标要求，并进行自动（人工）调节，使之处于最佳气调参数状态。在自动化程度较高的现代气调库中，一般采用自动检测控制设备，它由（温度、湿度、氧气、二氧化碳）传感器、控制器、计算机及取样管、阀等组成，整个系统全部由一台中央控制计算机实现远距离实时监控，既可以获取各个分库内的氧气、二氧化碳、温度、湿度的数据，显示运行曲线，自动打印记录和启动或关闭各系统，同时又能根据库内物料情况随时改变控制参数。

3. 气调库的合理使用及管理

（1）合理有效地利用空间。气调库的容积利用系数要比普通冷库高，有人将其描述为“高装满堆”，这是气调库建筑设计和运行管理上的一个特点。所谓“高装满堆”，是指装入气调库的果蔬应具有较大的装货密度，除留出必要的通风和检查通道外，尽量减少气调库的自由空间。气调库内的自由空间越小，意味着库内的气体存量越少，这样一方面可以适当减少气调设备，另一方面可以加快气调速度，缩短气调时间，减少能耗，并使果蔬尽早进入气调贮藏状态。

（2）快进整出。气调贮藏要求果蔬入库速度快，尽快装满、封库并及时调气，让果蔬在尽可能短的时间内进入气调状态。平时管理中也不能像普通冷库那样随便进出货物，否则库内的气体成分就会经常变动，从而减弱或失去气调贮藏的作用。果蔬出库时，最好一次出完或在短期内分批出完。

（3）良好的空气循环。气调库在降温过程中，推荐的循环速率范围为：在果蔬入库初期，每小时空气交换次数为 30～50 倍空库容积，所以常选用双速风机或多个轴流风机可以独立控制的方案。在冷却阶段，风量大一些时，冷却速度快，当温度下降到初值的一半或更小后，空气交换次数可控制在每小时 15～20 次。

三、典型生鲜食品的气调包装保藏

1. 生鲜鱼虾的气调包装　新鲜的鱼类特别容易腐败变质，因为鱼类本身就存在很多的微生物，因而在进行包装前对鱼类的腮部等需要进行很好的清洁并用消毒液处理，不然很容易生长腐败菌。由于水产品容易变质这一特点，对水产品进行恰当的气调保鲜包装可以有效提高水产品的贮藏时间。水产品的气调包装采用的混合气体主要有两种：一种是 CO_2 和 N_2 的混合气体，另一种是 O_2、CO_2 和 N_2 的混合气体。对于一些脂肪较少的水产品可以放入

O_2，然而对于多脂肪的鱼类采取的混合气体则不能有 O_2，这是由于 O_2 会氧化脂肪，从而导致水产品变质。同时由于 CO_2 被含有较多水分的鱼肉吸收后会导致渗出的鱼汁发酸，因而混合气体 CO_2 的量应控制在一定的范围内，不宜过高。一些欧洲国家也会在水产品的包装底部放一层衬垫来吸收渗出的鱼汁。

新鲜水产品的变质主要包括细菌引起鱼肉中的氧化三甲胺被分解并释放出腐败味的三甲胺、鱼肉脂肪的氧化酸败、鱼体内酶降解鱼肉变软，以及鱼体表面细菌（如好氧性大肠杆菌、厌氧性梭状芽孢杆菌）产生毒素等。

用于鱼类气调包装的气体由 CO_2、O_2、N_2 组成，其中 CO_2 气体浓度高于 50%时，能够抑制需氧细菌、霉菌生长，又不会使鱼肉渗出；O_2 浓度为 10%～15%时，能够抑制厌氧菌繁殖。鱼的鳃和内脏都含有大量的细菌，在包装前需进行清除、清洗及消毒处理。由于 CO_2 易渗出塑料薄膜，因此鱼类气调包装的包装材料需用对气体阻隔性高的复合塑料薄膜，在 0～4℃温度下可保持 15～30d。

虾的变质主要是由微生物引起的。其内在酶作用导致虾变黑。采用气调包装可对虾保鲜。先将虾浸泡在 100mg/L 溶菌酶和 1.25%亚硫酸氢钠的保鲜液中，处理后，将 40%的 CO_2 和 60%的 N_2 混合气体灌充到气调包装袋内，其保质期较对照样品延长 22d，是对照样品保质期的 6.5 倍。

2. 禽畜生鲜肉类的气调包装 禽畜生鲜肉采用气调保鲜技术，能使鲜肉口感、色泽等都可以保证。此法在欧洲等一些以肉食为主的国家中应用广泛（表 3－6）。例如丹麦气调保鲜包装的鲜肉在整个鲜肉市场上的比例已经接近一半。禽畜生鲜肉在自然的环境条件下保存期限比较短，许多因素都能引起肉质腐败，而保持其鲜美口感的关键在于防止质量损失、抑制微生物和阻止色变。

生鲜猪肉、羊肉、牛肉的气调保鲜包装，既要保持鲜肉原有红色，又要能防腐保鲜。气调包装的气体主要由 O_2 和 CO_2 组成，且根据肉的种类不同，气体组成成分各异。例如鲜猪肉气调包装的气体组成为 60%～80%的 O_2 和 20%～40%的 CO_2，在 0～4℃条件下的货架期一般为 7～10d [包括宰杀后在 0～4℃条件下冷却 24h，使腺苷三磷酸（ATP）活性物质失去，质地变得柔软，以及香味、适口性好的冷却猪肉]。

家禽肉气调包装的作用主要是防腐保鲜，气体由 CO_2 和 N_2 组成，例如鸡肉用 50%～70%的 CO_2 和 30%～50%的 N_2 包装，在 0～4℃的货架期达 14d。

表 3－6 复合气调包装保藏肉及肉制品所用气体比例

肉的品种	混合比例	国家和地区
新鲜肉（5～12d）	70% O_2+20% CO_2+10% N_2 或 75% O_2+25% CO_2	欧洲
鲜碎肉和香肠	33.3% O_2+33.3% CO_2+33.3% N_2	瑞士
新鲜斩拌肉馅	70% O_2+30% CO_2	英国
香肠及熟肉（4～8 周）	75% CO_2+25% N_2	德国及北欧四国
新鲜家禽肉（6～14d）	50% O_2+25% CO_2+25% N_2	德国及北欧四国

3. 烘烤食品与熟食制品的气调包装 烘烤食品包括糕点、蛋糕、饼干、面包等，其主要成分为淀粉。由细菌和霉菌等引起的腐变、脂肪氧化引起的酸败变质、淀粉分子结构老化

硬变等造成食品变质。应用于这类食品的气调保鲜包装的气体由 CO_2 及 N_2 组成。不含奶油的蛋糕在常温下（20～25℃）保鲜 20～30d；月饼、布丁蛋糕采用高阻隔性复合膜包装，常温下保鲜期可达60～90d。

微波菜肴、豆制品及畜禽熟肉制品充入 CO_2 和 N_2，能有效抑止大肠菌群繁殖，在常温下能保鲜 5～12d，经 85～90℃调理杀菌后常温下能保鲜 30d 左右，在 0～4℃冷藏温度下能保鲜 60～90d。

4. 新鲜果蔬的气调包装　新鲜果蔬的气调包装有主动气调和被动气调两种情况，主动气调即对果蔬包装中的气体进行替换，被动气调就是将薄膜包装内外的气体进行交换，维持气调包装内的果蔬贮藏环境。

果蔬收获后仍能保持吸收 O_2、排出 CO_2 的新陈代谢作用，同时消耗营养。果蔬保鲜是通过降低环境中的 O_2 含量和低温贮存来降低呼吸进度的，排除呼吸产生的 CO_2，延缓果蔬成熟衰老，从而达到保鲜效果。果蔬的气调包装气体由 O_2、CO_2、N_2 组成，用透气性薄膜包装果蔬，充入低浓度的 O_2 与高浓度的 CO_2，与混合气体置换后密封，使包装内的 O_2 浓度低于空气而积累的 CO_2 浓度高于空气，通过薄膜进行气体交换，达到利于果蔬保鲜环境、保持微弱需氧呼吸的气调平衡。

大多数果蔬用 5% O_2、5% CO_2、90% N_2 混合比例包装，在 6～8℃低温下有较长的保鲜期。气调包装用于荔枝保藏保鲜，用 10% CO_2＋90% N_2 及 20% CO_2＋80% N_2 处理荔枝果实 24h，不但能达到保鲜目的，还能提高果实的好果率，保持果皮红色，并不影响营养成分。以高浓度 CO_2 和低浓度 O_2 条件结合臭氧处理（浓度 4.3mg/m^3），并采用可食性薄涂膜，可延长草莓货架期 8～10d。

此外，气调包装保藏也适用于鲜切果蔬保鲜，降低 O_2 浓度能最大限度地延长鲜切果蔬的货架期。例如美国的切丝莴苣用 1%～3% O_2、5%～6% CO_2 和 90% N_2 阻止褐变。

典型工作任务

任务一　新鲜蒜薹塑料大袋气调保藏技术

【任务分析】

蒜薹是大蒜的嫩花茎，其采收后的新陈代谢十分旺盛，薹条表面缺少保护组织，采收时正值高温季节，容易脱水老化和腐烂。一般采收后的蒜薹在常温（25～30℃）和正常大气环境下存放 7d 后便会失去商品价值。蒜薹本身的呼吸代谢随温度的降低而减缓，同时低 O_2 浓度和高 CO_2 浓度也可以大大降低其呼吸强度和营养成分的消耗。

【任务准备】

1. 技术方案

（1）工艺流程。

贮前准备 → 收购入库 → 预冷加工 → 防霉保鲜 → 装袋 → 扎口 → 贮期管理

（2）关键技术参数。气调气体的浓度为 O_2 2%～5%，CO_2 5%～12%；贮藏温度为 0℃±0.5℃；相对湿度为 85%～95%。

2. 原材料及设备准备　新鲜蒜薹、保鲜冷库、货架、专用保鲜袋（PVC 袋或 PE 袋）、温度计、专用库房消毒剂等。

【任务实施】

1. 贮前准备

（1）库房。在蒜薹入库前 2～3d，库温应降到－2℃。保鲜货架准备：贮藏蒜薹需要架藏法，货架层高 35～40cm，最下层离地面 15～20cm，宽在 60cm 左右，货架之间应连为一体，货架与货架之间距离应保持在 60～70cm，距冷风机最近的贮藏架子应离冷风机 1.5m 以上，以防蒜薹受冻。架子走向应与冷风循环方向平行，以利于通风，保持库温的均匀。

（2）库房及设施的消毒。在蒜薹入库前应对保鲜库进行消毒。选用对人体无害的专用库房消毒剂。消毒时应关闭库房 4～6h，然后再敞门 1h。

2. 收购入库　蒜薹的产地不同，年份不同，具体采收的时间也不同。蒜薹的适时采收以薹苞下部由黄变白、蒜薹顶部开始弯曲呈钩状时为标志，采收时应注意不要在雨后采收、带露采收，采前一周应停止灌水。

符合贮藏质量标准的蒜薹应成熟适度，色泽鲜绿，质地脆嫩，基部不老化，薹苞不膨大，无明显病害或机械损伤，粗细均匀，长度不短于 30cm。

蒜薹采购后应尽快运往保鲜库，若需长途运输最好在产地预冷后运输，运输途中注意防雨防晒。

3. 预冷加工　蒜薹到货后应立即组织人员整理入库。整理地点应选择阴凉或房间内等低温处。如人员不够，可入库后边预冷边整理。

整理要求剔除病薹、伤薹、开苞薹，应剪去薹基萎缩老化部分。除去老叶，理顺薹条，将薹苞对齐后，用聚丙乙烯捆扎带在薹苞下 3～5cm 处捆扎成 0.5～1kg 的小捆，扎口松紧适度。整理好的蒜薹入库上架预冷，每间架子上放置的质量适当，应同蒜薹保鲜袋的额定包装量相匹配。

蒜薹收购入库应有计划地分批进行，一般情况下，每天收购入库量是保鲜库额定贮藏量的 1/4～1/3。

迅速预冷到额定温度，可以有效地控制蒜薹的呼吸代谢，减少损耗，保持鲜度。

4. 防霉保鲜　当蒜薹预冷到贮藏温度时（以堆层内部温度为准），就要进行防霉保鲜处理。防霉保鲜处理的目的就是阻碍在蒜薹采收运输及装卸过程中造成的机械伤而导致的病菌侵入，进行及时有效的药物处理，使病原菌在主体内的发展受到限制，减少贮藏后期霉烂的发病基因。防霉保鲜的方法主要有水剂处理和烟剂处理两种。

（1）水剂处理。把防腐保鲜剂按要求配制成一定浓度的溶液，用其浸沾薹梢或喷雾，浸沾 1～2min，喷雾要彻底，同时注意库温管理，以免薹梢受冻。

（2）烟剂处理。把烟熏剂在库房中均匀布置 3～4 个点，然后点火，熄灭明火后即可大量发烟。烟熏时应关闭风机和库门，2～3h 后再开机制冷，6h 后应充分通风换气，如要增强效果，可把水剂和烟剂结合起来使用。

5. 装袋　在蒜薹品温降到贮藏温度时即可装袋。装袋速度尽量要快，每只袋装量应尽量接近标定容量，各只袋之间的差量不超过 1kg。硅窗袋要注意硅窗向上。

6. 扎口　待库中蒜薹全部装袋完毕后统一扎袋，扎袋时应保证绳子质量，尽量使用棉纱带。扎袋时袋口应留有空间，防止薹梢紧贴袋口而造成湿腐。袋子要扎紧，以防漏气。

7. 贮期管理　蒜薹贮藏应从蒜薹采收及收购开始，入库后要从温度、湿度、气体成分、防霉变 4 个方面进行控制管理。

（1）均衡控制温湿度。当贮藏环境温度达到蒜薹冰点时，保鲜效果最佳，这就是我们所说的冰温贮藏，蒜薹的冰点温度为－0.8～0℃（因其固形物含量不同而有微小差异）。

蒜薹在库温高于－1℃时不会发生组织结冰，通常推荐蒜薹库温冷藏指标为－1～0℃，在此范围内应尽可能降低上限温度控制指标，以减小温差，使库温始终处于稳定状态。

库房湿度控制在 80%～90%，如湿度不够要进行补湿，补湿措施主要有地面洒水、挂湿帘或撒湿锯末等，同时湿度高也有利于库温稳定。

（2）调节气体成分。选配高稳定性的 O_2 及 CO_2 浓度测量仪表，定期检查袋内 O_2 及 CO_2 浓度，配合低温条件，在袋内造成气调贮藏的小环境。目前使用的贮藏袋为聚乙烯（聚氯乙烯更好）普通透湿袋（用于长期贮存）和聚氯乙烯透湿硅窗袋（用于短期贮藏）。

普通袋气调指标：O_2 浓度为 1%～3%；CO_2 浓度为 9%～13%，其中 CO_2 浓度是高限指标，O_2 浓度是低限指标。两项指标中只要有一项达标，就应人工开袋调气放风。如果 O_2 浓度居高不下或 CO_2 浓度上升非常慢，则可能是袋子破损或袋子扎口不紧，应尽快查明原因进行处理。

【任务小结】

在蒜薹常规塑料大袋气调保藏过程中，温度是贮藏保鲜的重要条件。温度越高，蒜薹的呼吸强度越大，贮藏期越短；温度太低，蒜薹会出现冻害。通常贮藏温度控制在－1～0℃为宜，且保持稳定，温度波动过大，会严重影响贮藏效果。蒜薹的贮藏相对湿度以 90%为宜，湿度过低易失水，过高又易腐烂。蒜薹的适宜贮温在冰点附近，温度稍有波动就会出现凝聚水而影响湿度。蒜薹气调贮藏适宜的气体成分为 2%～3%的 O_2 和 5%～7%的 CO_2。O_2 浓度过高会使蒜薹老化和霉变，过低又会出现生理病害，但 CO_2 浓度过高会导致比缺氧更厉害的 CO_2 中毒。采用塑料大袋气调＋低温贮藏方法可以成功地将蒜薹保鲜 7～10 个月。

任务二　鲜切果蔬复合气调包装保藏技术

【任务分析】

随着人们生活水平的不断提高和生活节奏的加快，即食、方便食品已经成为人们的消费时尚，鲜切果蔬将成为果蔬采后研究领域中的重要方向之一，保持品质、延长保鲜期是鲜切果蔬加工工艺的关键。鲜切果蔬是指新鲜果蔬原料经一系列工序处理（分级、清洗、去皮、整修、切分、护色、包装等）后，可直接烹饪或食用的一种果蔬加工品。其特点为产品始终保持生鲜状态，百分之百可食和安全，营养丰富且无公害。但正是由于鲜切果蔬进行了去皮、切分等处理，与完整的果蔬相比，其生理代谢发生了很大变化，使其货架寿命相较于完整果蔬大大缩短。因此，鲜切果蔬复合气调包装保藏的目标是在保持产品质量的同时，降低果蔬的呼吸速率，延长产品的货架寿命。一般降低果蔬的呼吸速率可以采用低温、低 O_2 浓度、高 CO_2 浓度或者综合使用 O_2 耗尽作用和 CO_2 强化作用等方法。

【任务准备】

1. 技术方案

（1）工艺流程。

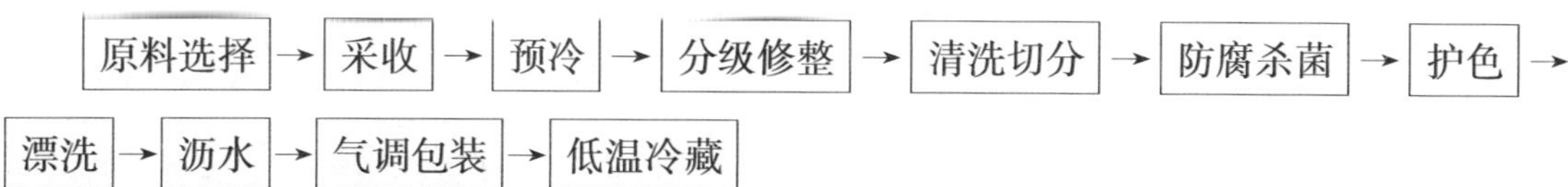

（2）关键技术参数。气调：3%～5%的 O_2，5%～10%的 CO_2，87%～90%的 N_2；冷藏温度：5℃。

2. 原材料及设备准备　新鲜果蔬、冷藏库、气调包装盒、气调包装机等。

【任务实施】

1. 原料选择　选择新鲜、饱满、成熟度适中、无异味、无病虫害的果蔬原料。

2. 采收、预冷　用于鲜切果蔬的原料要求用手工采收，采收后应立即加工。采收后不能及时加工的果蔬，应在 4℃的低温条件下预冷备用，以保持优良品质；用自来水清洗干净。

3. 分级修整　按果蔬大小或成熟度分级，同时剔除不符合要求的原料。鲜切果蔬原料经挑选后进行适当修整，如去皮、去根、去核，除去不可食用部分等。

4. 清洗切分　用自来水清洗原料，洗除泥沙、昆虫、残留农药等，为后续减菌、灭菌奠定基础。按食用习惯将果蔬原料切分为段、片、丝等。

5. 防腐杀菌　经切分的果蔬表面会造成一定程度的破坏，汁液渗出，易引起腐败变质，导致产品质量下降。不同果蔬可结合护色选择不同护色保鲜液处理，以保持其食用品质及延长保质期。

6. 护色、漂洗　影响鲜切果蔬品质的最大问题就是褐变。一般按 1∶5 的料液比进行护色保鲜浸泡 3min，可添加次氯酸钠、抗坏血酸、柠檬酸、氯化钙等，以减少微生物数量，阻止酶褐变，并漂洗干净。

7. 沥水　护色漂洗后必须严格沥水，充分去除果蔬原料表面水分，避免果蔬腐败。

8. 气调包装　采用装载量 300g/盒（或 300g/袋）包装。在包装盒（袋）内充入设计的 O_2、CO_2、N_2 复合气体，充气时间 12s。

9. 低温冷藏　鲜切果蔬在生产、贮运及销售过程中均应处于低温状态。一般置于 5℃左右（稍高于原料冰点温度）的冷库中低温保藏。

【任务小结】

鲜切果蔬在空气中生理代谢旺盛，容易褐变，易受微生物污染，使鲜切果蔬腐败加速。复合气调保藏是通过降低 O_2 浓度和提高 CO_2 浓度所产生的协同作用降低果蔬呼吸作用，并间接减缓果蔬成熟衰老。同时，复合气调可以减少叶绿素转变为脱镁叶绿素，降低果蔬组织对乙烯的敏感性，抑制类胡萝卜素的生成，减少棕色着色剂的氧化和漂白，并能抑制微生物的生长。通过工艺处理、环境控制及车间管理来控制产品的初始菌的总数；结合高品质的气调包装机让产品在包装后处于低浓度 O_2 高浓度 CO_2 的气调环境中，结合低温控制，从而达到保藏的目的。

任务三　熟食肉制品复合气调包装保藏技术

【任务分析】

通常熟食肉制品在裸露的条件下，即使在 0～4℃的冷藏环境中存放，很短时间内也会出现变质、变味和腐败等现象，或者出现各种菌落超标、亚硝酸盐超标而引起的食品不安全风险。而导致熟食货架寿命下降或变质的主要原因在于微生物的生长繁殖和氧化腐败。在熟食制品生产过程中的加热处理可以杀灭微生物，同时抑制酶的活性，保持熟食制品的色泽，故熟食制品的腐败变质应该是在产品制作和流通过程中存在的卫生环境问题带来的微生物污染。对此，通过工艺处理，在环境控制及车间管理控制产品的初始菌落总数的基础上，采用降低包装内残留的 O_2 浓度和提高 CO_2 和 N_2 浓度，再结合低温保藏，可控制微生物的繁殖速度，抑制食品的变色和变味，从而能有效地延长熟食产品的保质期。

【任务准备】

1. 技术方案

（1）工艺流程。

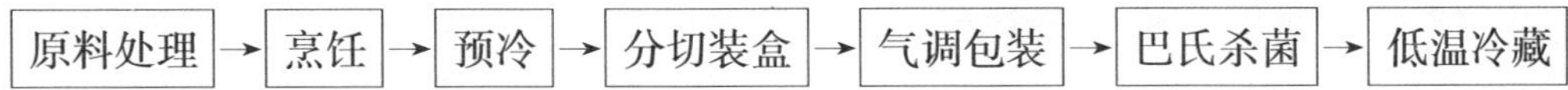

（2）关键技术参数。气调用30%的 CO_2、70%的 N_2，残氧量0.5%以下；混合气体与熟食的体积比为2∶1；冷藏温度0～4℃。

2. 原材料及设备准备　冷冻肉（禽肉）、冷藏库、气调包装盒、气调包装机等。

【任务实施】

1. 原料处理　冷冻肉（禽肉）用清水解冻，刮去残毛，用刀按食用习惯进行切分或者划开。将整理好的原料放入烧开的清水中，预煮15min，捞出，用清水冲洗干净。

2. 烹饪（调理）　先将处理好的原料放于锅内，开始用大火煮10～15min，开锅后按照设计的配方加入各种调料和香料，再用文火煮1h，出锅前半小时，除去多余的料汤，再收汤起锅。

3. 预冷　熟食肉制品在25～50℃区间为快速繁殖带，采用真空速冷工艺使熟食肉制品的温度降至10℃以下，以防止熟食肉制品在高温下氧化，避免包装前发生二次污染。

4. 分切装盒　待温度降下来后，在温度低于20℃的标准洁净车间内，按照食用习惯进行分切装盒。严格控制卫生环境，减少微生物的污染，延长熟食品的保质期。

5. 气调包装　利用专用气调包装机进行包装，保鲜气体的主要成分是30% CO_2 和70% N_2，气体混合比例的精度对熟食肉制品的保鲜非常重要，如果比例发生较大的波动，保鲜周期也会跟着上下波动，容易销售出残次品。混合气体混配误差应小于1%，包装盒内残氧量控制在0.5%以内。

6. 巴氏杀菌　采用72～80℃，30min反压巴氏杀菌。注意控制好包装盒内外压力的平衡，避免出现因热杀菌造成内压过大而引起包装盒破损。

7. 低温冷藏　熟食肉制品在贮存、运输和销售过程中，始终把温度控制在0～4℃范围内，使产品保鲜期达7d以上。

【任务小结】

熟食肉制品气调包装保藏是通过采用 CO_2 和 N_2 的混合气体，替换包装盒内的自然空气，使包装盒内的 O_2 浓度降到最低极限，能有效抑制好氧性细菌的生长繁殖，而超过20%浓度的 CO_2 也会抑制其他细菌的生长，延长熟食肉制品的保鲜期。气调包装中混合气体的比例，决定了熟食保鲜周期的长短。国际上通行的熟食气调包装 CO_2 浓度为30%、N_2 浓度为70%，残氧量控制在0.5%以下，同时保持充入的混合气体与熟食的体积比为2∶1。由于熟食肉制品气调包装保藏是依靠 CO_2 抑制大多数需氧菌和真菌生长繁殖曲线的滞后期，因此，熟食肉制品包装前细菌污染数越少，气调包装保藏抑菌效果越好，货架期越长。

任务四　苹果气调库保藏技术

【任务分析】

苹果是比较耐贮藏的果品，但因品种不同，其贮藏特性差异较大。中晚熟品种的苹果具有干物质积累丰富、质地致密、保护组织发育良好、呼吸代谢低等特征，其耐贮性和抗病性都较强。苹果作为典型的呼吸跃变型水果，具有明显的后熟过程，成熟时乙烯生成量很大，从而导致贮藏环境中较多的乙烯积累。苹果除低温贮藏外，更适合气调库贮藏，通过调节气体成分和降温，可有效推迟呼吸跃变的发生，延长贮藏期。此外，苹果采收成熟度对其贮藏期的影响很大，对于需长期贮藏的苹果应在呼吸跃变启动之前采收。

【任务准备】

1. 技术方案

（1）工艺流程。

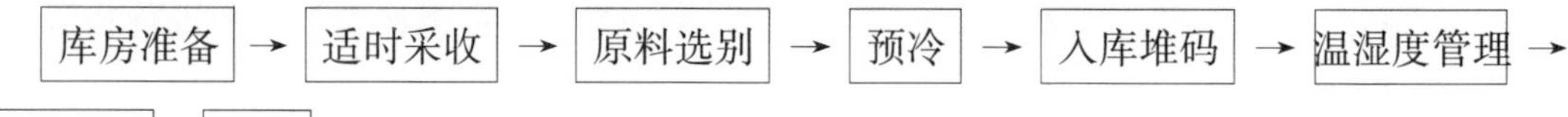

（2）关键技术参数。气调用2%～3%的O_2、3%～5%的CO_2；冷藏温度：0～1℃；相对湿度：90%～95%。

2. 原材料及设备　新鲜苹果、标准气调库等。

【任务实施】

1. 库房准备　气调贮藏苹果的单库容积为50～100t，库体必须具有良好的气密性，有气调设备和气密门。不同品种的苹果应具有同样的成熟度，且贮藏环境条件要求一致，否则一般不允许贮藏在同一库房内。气调库贮藏前应做好清扫，杀菌消毒，检查管道、气调及制冷设备等贮前准备。

2. 适时采收　按照确定的采收成熟度及时采收。采收需在露水干后的早晨，或者避开午后高温，在气温凉爽时进行，不宜在雾天、雨天和烈日暴晒下采收。采收时做到轻拿轻放，避免产生机械损伤，同时保证苹果在采后24h内入库并降温。

3. 原料选别　气调库贮藏的苹果原料必须是优等品或一等品，其安全质量指标应符合相关标准。同时，入库前的苹果应洁净新鲜，无机械损伤，无虫口，无不正常的外来水分，无任何可见的真菌或细菌侵染的病斑。

4. 预冷　贮藏前3d即开机降温，使库房温度稳定在0℃。果实在4～5d内入库完毕，然后降温至贮藏要求温度，库温稳定后立即封库门，进行气调。

5. 入库堆码　堆码的形式应确保库内气体流通。

6. 温湿度管理

（1）温度。苹果入库后要求7d内达到最佳贮藏温度。贮藏期间保持库温稳定，波动幅度不超过±0.5℃。库房温度可以连续或间歇测定，一般每2h记录一次数据。不同品种苹果气调库贮藏最适条件和贮藏期见表3-7。

表 3-7　不同品种苹果气调库贮藏最适条件和贮藏期

品种	温度/℃	相对湿度/%	CO_2 浓度/%	O_2 浓度/%	贮藏期/d
富士系	0	90～95	2～3.5	3～3.3	240
秦冠	0	90～95	3～4	3～4	180～210
金冠	−1～0	90～95	1～3	2～3	210～240
元帅系	0～1	90～95	1～4	1.5～3	210
乔纳金	0～1	90～95	4～5	3	210
澳洲青苹	0.6	90～95	0～1	1.5～3	150～180

注：同一品种苹果产于海拔高处的气调贮藏寿命可延长。

（2）相对湿度。贮藏期间库房应保持最适相对湿度（表 3-7）。湿度测量精度要求在±5%，且测量点与测温点一致。

（3）空气流速。库房内的冷风机应最大限度地保持库内空气温度分布均匀，缩小温度和相对湿度的空间差异，堆垛间空气流速不低于 0.25m/s。

7. 气调控制

（1）库内 O_2 成分。利用制氮机向库内充入 N_2，排出库内含氧较高的空气，使库内 O_2 浓度降到要求值（表 3-7）。

（2）库内 CO_2 成分。利用二氧化碳洗涤器脱除过量的 CO_2，使库内保持相对适宜的 CO_2 浓度（表 3-7）。

气调库封库门后，要求在 2～3d 内达到适宜的 O_2 浓度，贮藏期间保持 N_2 和 CO_2 气体成分的恒定，也可随着苹果的生理周期动态调节两种气体的相对比例。

8. 出库　苹果气调贮藏期限应不影响苹果的销售质量。贮藏期必须定期抽检，发现问题及时处理。苹果出库销售时，应具有一定的硬度和可溶性固形物含量（表 3-8）。出库前打开气密门让冷风机吹 1～2h，当库内 O_2 浓度超过 18%以上时才可进入，以保证入库人员的安全。出库时如内外温差大于 15℃，则要求在库内包装，并用冷链运输，以保证苹果的货架期质量。

表 3-8　不同品种苹果气调库贮藏的出库理化指标

品种	硬度/（kg/cm^2）	可溶性固形物/%
富士系	≥6.5	≥13
秦冠	≥5.0	≥12
金冠	≥5.5	≥12
元帅系	≥5.0	≥12
乔纳金	≥5.0	≥12
澳洲青苹	≥4.5	≥10.5

【任务小结】

苹果气调库贮藏应根据不同品种的贮藏特性，确定适宜的贮藏条件，并通过调气保证库内所需要的气体成分，准确控制温度、湿度。对于大多数苹果品种而言，控制 2%～3%的

O_2 和 3%～5%的 CO_2 比较适宜，而温度可以较一般冷藏高 0～1℃。在苹果气调贮藏中，要经常检查贮藏环境中 O_2 和 CO_2 的浓度变化，及时进行调控，可防止产生 CO_2 中毒和缺氧伤害。苹果气调库保藏与冷藏保藏相比，具有更好的贮藏适应性，贮藏期更长。苹果气调库贮藏能很好地保持果实原有的色、香、味，果实硬度明显高于冷藏，同时果实腐烂率和自然损耗（失水率）较低。从实际出库苹果的外观看，其果实色泽新鲜，充实饱满，果柄仍保持绿色，一般其贮藏期较冷藏可延长 2～3 个月。

知识拓展

食品防潮包装保藏技术

食品真空包装保藏技术

食品活性与智能化包装保藏技术

思考与讨论

1. 简述食品气调保藏的概念、分类及原理。
2. 气调保藏的方法有哪些?
3. 试分析食品气调保藏的基本条件，并提出控制方法。
4. 简述气调库的管理包括哪些方面。
5. 气调库的气调系统设备有哪些?
6. 为什么气调保藏能抑制鲜活食品的呼吸作用?
7. 以熟悉的某一生鲜食品为例，设计其气调包装保藏的工艺流程及技术方案。

综合训练

能力领域	食品气调保藏技术
训练任务	冷鲜牛肉的气调包装保藏
训练目标	1. 深入理解食品气调保藏的方法及特点 2. 进一步掌握食品气调包装保藏技术 3. 提高学生语言表达能力、收集信息能力、策划能力和执行能力，并发扬团结协助和敬业精神
任务描述	甘肃某清真食品有限公司拟开发冷鲜牛肉气调小包装新产品，请以小组为单位完成以下任务： 1. 认真学习和查阅有关资料以及相关的社会调查 2. 制订冷鲜牛肉气调包装保藏技术方案，并提出保藏过程中应注意的问题 3. 每组派一名代表展示编制的技术方案 4. 在老师的指导下小组内成员之间进行讨论，优化方案 5. 提交技术方案及所需相关材料清单 6. 现场实践操作及保藏效果评价

（续）

<table>
<tr><td>能力领域</td><td colspan="4">食品气调保藏技术</td></tr>
<tr><td>训练成果</td><td colspan="4">1. 冷鲜牛肉气调包装保藏技术方案
2. 气调包装冷鲜牛肉产品</td></tr>
<tr><td rowspan="2">成果评价</td><td colspan="4">评语：</td></tr>
<tr><td>成绩</td><td></td><td>教师签名</td><td></td></tr>
</table>

4

| 项目四 |

食品生物保藏技术

项目目标

【学习目标】

理解食品生物保藏、涂膜保藏及生物保鲜剂保藏的概念；掌握生物保藏延长食品货架期的原理，熟悉生物保藏的特点及类型；掌握涂膜保鲜剂及生物保鲜剂进行食品保鲜的方法；根据不同食品特点制订生物保藏技术方案。

【核心知识】

生物保藏技术，涂膜保藏，生物保鲜剂保藏。

【职业能力】

1. 能根据食品特性，制订生物保藏的技术方案。
2. 学会食品涂膜保鲜剂或生物保鲜剂的配制及使用。

现代生物技术是人们以现代生命科学为基础，结合其他基础科学的科学原理，采用先进的科学技术手段，按照预先的设计改造生物体或加工生物原料，为人类生产出所需产品或达到某种目的的技术。食品生物保藏技术是将生物有机体（主要是微生物）或某些具有抑菌、杀菌活性的天然物质配制成适当浓度的溶液作为保鲜剂，通过浸渍、喷淋或涂抹等方式应用于食品中，或者运用现代生物科学以及其他学科的知识和技术对食品进行处理，进而达到质量控制、防腐保鲜的效果。

目前，生物保藏技术是国内外的研究热点，天然、无毒、无害的生物保鲜剂被广泛开发，特别是复合型保鲜剂因其高效、节约的特征受到青睐。将传统的保鲜技术如低温保鲜和气调保鲜等，采用合适的方法与复合保鲜剂结合起来，在提高食品保鲜效果的前提下可降低生产成本。而纳米技术与复合涂膜保鲜剂相结合制得的纳米复合涂膜保鲜剂具有更强的机械性能、气调性能及保湿能力，此外，这类保鲜剂还具有抗菌防霉、抗紫外线等功能。将纳米技术应用于果蔬保鲜领域的工作尚处于起步阶段，但现有的研究已经证明它在果蔬保鲜中具有很大的优越性，将会成为未来研究的一个方向。

知识一　食品生物保藏原理

生物保藏的一般机理为隔离食品与空气的接触、延缓氧化作用，调节贮藏环境的气体组成以及相对湿度，或是生物保鲜物质本身具有良好的抑菌、杀菌作用等，从而达到保鲜防腐的效果。生物保鲜物质无毒、无害，其保藏原理具体可分为以下几类。

一、形成生物膜

一些生物体提取物或微生物通过分泌胞外多糖（EPS）等成膜物质，可在食品外部形成一层致密的薄膜，这层膜能够隔绝氧气，可起到防止水分蒸发及阻隔气体的作用，一些成膜物质对不同的气体还具有选择通透性。例如，在绿茶的生物保藏中，蜡样芽孢杆菌会在茶叶表面形成生物膜，阻止了茶叶与氧气的直接接触，有效地控制了茶叶的氧化劣变。壳聚糖具有良好的成膜性，对果蔬可起到“微气调”的作用，抑制果蔬的呼吸，并且该膜可将食品与空气隔离，延缓氧化，壳聚糖无味、无毒、无害。普鲁兰多糖是无色、无味、无臭的高分子物质，可塑性强，在物体表面涂抹或喷雾涂层均可成为紧贴物体的薄膜，能有效阻挡氧气、氮气、二氧化碳。大量研究成果证实，生物保鲜膜可以有效抑制呼吸作用，减少水分蒸发，防止微生物污染，延长果实保鲜时间，提高商品率。

二、竞争作用

保鲜微生物可与致病菌竞争食品中的糖类等营养物质和生存空间，从而抑制有害微生物的生长。酵母菌在柑橘表面具有很强的定殖能力，能够迅速占据伤口处的空间，消耗掉伤口的营养，排斥病原菌的生长，具有很强的抑菌效果。在羊肉的生物保藏中，乳酸菌在温度较高的时候本身的增殖能有效地减少食品表面有限的糖类及其他营养物质，起到与有害微生物竞争营养的作用，从而抑制有害微生物的生长，达到较好的保鲜效果。

三、拮抗作用

保鲜微生物可通过拮抗作用抑制或杀死食品中的有害微生物，从而达到防腐保鲜目的。由微生物代谢产生的抗菌物质，主要是一些有机酸、多肽或前体肽，其作用机制主要是在细胞膜上形成微孔，导致膜通透性增加，能量产生系统破坏，由于这些物质很容易进入微生物细胞，因此能很迅速地抑制微生物的生长。例如，壳聚糖具有良好的抑菌作用，它对腐败菌、致病菌均有一定的抑制作用；乳酸是乳酸菌发酵的主要产物，也是有害微生物的拮抗物，其通过与其他发酵产物如过氧化氢、二氧化碳、脱氧乙酰、双乙酰等物质的协同作用达到抗菌的效果。乳酸链球菌产生的乳链菌肽等能抑制有害微生物的生长。木霉发酵液中的木霉不仅可以与果实表面病菌之间进行营养竞争作用，而且能分泌抗菌物质，抑制其他微生物的生长繁殖。

四、稳定和保护食品的有效营养成分

许多生物物质（如某些酶、壳聚糖等）能够除氧或抗氧化，从而达到稳定和保护食品营养成分的作用。壳聚糖分子中的羟基、氨基可以结合多种重金属离子，形成稳定的螯合物，例如与铁、铜等金属离子结合后可以延缓脂肪的氧化酸败；茶多酚可与蛋白质络合，使蛋白质相对稳定，不易降解，茶多酚还是一种优良的抗氧化剂，可使脂肪氧化速度降到最低，能有效清除自由基。

五、提高果蔬自身的耐贮性

通过一些生物育种方法改变果蔬的生理特性或选育一些耐贮品种（比如产乙烯量较低的品种）来实现有效保鲜的目的。除了通过常规方法选育之外，现在还可以通过基因工程手段，改变果蔬内某些酶的活性状态，或对果蔬耐贮性具有重要意义的成分进行必要的处理来提高耐贮性。

知识二　食品生物保藏的特点与类型

一、生物保藏的特点

生物保藏是继物理保藏和化学保藏之后发展起来的另一种食品保藏技术。与物理保藏技术相比，生物保藏技术具有技术要求低、设备简单、成本较低等优势；生物保鲜物质直接来源于生物体自身组成成分或其代谢产物，一般都可被生物降解，不会造成二次污染，因此与化学保鲜技术相比具有无味、无毒、安全等特点。

随着人们生活水平的提高，人们对食品的要求已经由传统的“数量消费”转向“质量消费”，更加关注的是安全环保、新鲜营养、洁净方便的产品。因此，生物保藏技术正处于快速发展期。

二、生物保藏的类型

1. 菌体次生代谢产物保鲜　次生代谢产物是指某些微生物生长到稳定期前后，以结构简单、代谢途径明确、产量较大的初生代谢物为前体，通过复杂的次生代谢途径所合成的各种结构复杂的化合物。与初生代谢产物相比，次生代谢产物具有以下特点：分子结构简单，代谢途径独特，一般在生长后期合成，产量较低，生理功能不十分明确，合成受质粒控制等。形态结构和生活史越复杂的微生物，次生代谢产物的种类越多。在进行微生物发酵时，产生的次生代谢产物一般种类较多，发酵液成分复杂。部分次生代谢产物对除自身菌体以外的其他微生物具有抑制作用，因此可用于食品保鲜。

2. 多糖类物质保鲜　多糖类物质具有来源广泛、经济实用等优势，成为涂膜保藏中的热点研究对象。其中细菌、真菌和蓝藻类产生的微生物多糖，因其安全无毒、理化性质独特等优点而备受关注。微生物大量产生的多糖，易与菌体分离，可通过深层发酵实现工业化生产。由于易于成膜且部分多糖类物质具有抑菌作用（壳聚糖），微生物多糖已作为可食性成膜剂，广泛应用于食品保鲜。可食性多糖膜是指以天然可食性生物大分子物质（多糖）为原料，添加安全可食的交联剂等物质，通过一定的工序处理使不同成膜剂分子间产生相互作用，干燥后而形成的具有一定选择透过性和力学性能的薄膜。可食性多糖涂膜保藏应具备以下特征：能够适当调节食品表面的气体（乙烯、O_2 和 CO_2 等）交换作用，调控果蔬等的呼吸作用；能够改善食品的外观品质，减少食品内外部水分的蒸发，提高食品的商品价值；具有一定的抑菌性，还可作为防腐剂的载体从而防止微生物污染；能够在一定程度上减轻表皮的机械损伤等。

3. 利用抗菌肽保鲜　抗菌肽是指从细菌、真菌、两栖类、昆虫、高等植物、哺乳动物乃至人类中发现并分离获得具有抗菌活性的多肽，由于这类活性多肽对细菌具有广谱高效杀菌活性，因而得名。在具有抗菌活性的同时，部分抗菌肽还具有抗肿瘤作用；与传统的抗生素相比，抗菌肽具有分子质量小、抗菌谱广、热稳定性好、抗菌机理独特等特点。乳链菌肽是由 34 个氨基酸残基组成的小肽，食用后在消化道可被 α-胰凝乳蛋白酶等蛋白酶酶解，不会对人体安全构成伤害，还具有营养作用。乳链菌肽能有效抑制芽孢杆菌及梭菌的生长、繁殖，延长产品保存期 4～6 倍，有利于产品的贮存和运输。因此乳链菌肽可作为一种高效、无毒的天然食品防腐剂。

4. 生物酶保鲜　酶是生物催化剂，与其他非生物催化剂相比，具有专一性强、催化效率高等特点。利用生物酶保鲜是指根据不同食品的特性选用不同的生物酶，有目的地降低或阻断某些食品品质有重要影响的生化反应，防止食品中营养物质的降解或变质，在食品保鲜中具有特殊的保护作用。不同的食品保鲜需要不同的酶参与，其作用在于创造一个有利于维持食品质量的环境，防止食品的腐烂变质。

与其他方法相比，酶法保鲜有以下优点：①酶本身无毒，无味，无臭，对食品无潜在风险；②专一性，不会引起其他成分的化学变化；③高效性，低浓度即可反应；④反应所需条件温和，对食品质量无损害；⑤反应终点易控制。

基于以上优点，酶用于食品的保鲜，可有效防止外界因素，尤其是氧气和微生物对食品造成的不良影响。一般用于食品保鲜的酶主要有葡萄糖氧化酶、溶菌酶和过氧化氢酶。

5. 微生物菌体保鲜　利用微生物菌体保鲜，即利用微生物本身或含有某种微生物的发酵液等进行食品保鲜。这种保鲜手段是基于微生物本身的生长能对某些有害微生物形成竞争抑制作用或拮抗作用来进行保鲜的。对有害微生物形成竞争性抑制作用从而起到保鲜作用的微生物称为竞争性抑制保鲜菌；对有害微生物形成拮抗作用而发挥保鲜作用的微生物称为微生物拮抗保鲜菌。

6. 生物提取物保鲜　可用于保鲜的天然生物提取物主要是一些存在于动植物以及低等动物组织器官内的物质，对微生物的繁殖有一定的抑制作用。许多生物体本身所含的一些物质具有抑菌、杀菌作用，或具有其他一些特殊的理化性质，从而能对食品起到保鲜作用。目前，研究证实具有较好保鲜作用的生物提取物主要有蜂胶、大蒜汁、茶多酚等。

知识三　食品生物保藏方法

一、食品涂膜保藏

涂膜保藏是在食品表面人工涂上一层特殊的薄膜使食品保鲜的方法。人们通过涂膜保藏食品具有悠久的历史。早在 12～13 世纪，我国就用蜂蜡来包装橘子和柠檬；16 世纪人们开始用脂类涂膜保藏水果；20 世纪 90 年代，无污染易降解可食用膜受到人们的关注。新鲜果蔬从采收到出售，由于自身呼吸作用和病原生物侵染，致使流通过程中损耗严重，其中侵染性病害是新鲜果蔬腐烂变质的主要原因。国家农产品保鲜工程技术研究中心研究发现，我国每年生产的果蔬从田间到餐桌，损失率高达25%～30%，而发达国家的损失率则控制在5%以下。目前控制果蔬采后褐变腐烂最有效的手段是化学药剂结合冷冻贮藏法，但长期大量使用化学杀菌剂会使致病菌产生抗药性，同时会对人体健康及环境造成危害；而冷藏保鲜方法成本高，技术性强且易引起冷害，难以大范围推广。因此，安全有效且生态友好的涂膜保藏技术被用于取代化学药剂，成为相关产业、科研和高校各界关注的热点。该技术具有无毒、无残留、无二次污染、不会产生抗药性等优点，是实现果蔬无公害保鲜的有效途径，也是开发新型果蔬生物保鲜防腐剂的发展方向之一。目前，由于涂膜保藏技术既适合小批量处理，也适合大批量保鲜，机械化程度高，成本较低，因此涂膜保藏技术不仅广泛应用于果蔬类保鲜，而且在肉类、水产品等食品中的应用也日益增加。

（一）涂膜保藏的机理

涂膜保藏是以成膜物质（如多糖、蛋白质、脂类等）为原料，添加可食性的增塑剂、交联剂等，通过不同分子间的相互作用，并以包裹、涂布、微胶囊等形式覆盖于食品表面（或内部），形成的一种具有一定阻隔性的膜，以阻隔水气、氧气或各种溶质的渗透，起保护作用的薄层。涂膜保藏的机理有以下几个方面：①减少食品表面与空气的接触，降低干果等含脂肪较多的食品脂肪氧化速度以及果蔬类酶促褐变的速度。②减少外界微生物对食品原料的污染。③降低水分传递的速度，减少果蔬失水及干果类吸潮，改善食品的外观品质。④发挥气调作用，果蔬的呼吸作用使膜内 O_2 浓度下降，CO_2 浓度上升，当膜内 O_2 和 CO_2 浓度符合果蔬贮藏的适宜气体条件，可起到自发气调作用，抑制果蔬呼吸，减少营养消耗，抑制水分散发，延缓衰老。气体的通透性是影响涂膜保藏效果的主要因素之一，其可用膜对气体的分离因子（α）来表示；一般地，含有羟基的分子所形成的涂膜，其 $\alpha_{(CO_2/O_2)}<1$，对果蔬保鲜的效果较好，降低果蔬类的呼吸强度。⑤涂膜能够在一定程度上减轻食品表面的机械损伤，保持食品表面完整，同时可改善果蔬的色泽，增加亮度，提高果蔬的商品价值。

（二）涂膜保鲜剂的种类、特性及其保鲜效果

果蔬涂膜保藏，关键是涂膜保鲜剂（简称涂膜剂）的选择，理想的涂膜剂应具备以下特点：

①有一定的黏度，易于成膜。

②形成的膜均匀、连续，具有良好的保质保鲜作用，并能提高食品尤其是果蔬的外观水平。

③无毒、无异味，与食品接触不产生对人体有害的物质。常用的涂膜剂有蜡、天然树脂、油脂类、紫胶、虫胶、壳聚糖、聚乙烯醇、蛋白质沉淀剂等。

根据成膜材料的种类不同，可将涂膜剂分为多糖类、蛋白类、脂质类和复合膜类等类型。

1. 多糖类

（1）壳聚糖类。甲壳素经脱钙、脱蛋白质和脱乙酰基可制取用途广泛的壳聚糖产品。壳聚糖及其衍生物用于食品保鲜主要是利用其成膜性和抑菌作用。壳聚糖或轻度水解的壳聚糖

是很好的保鲜剂，0.2%左右就能抑制多种细菌的生长。以甲壳素/壳聚糖为主要成分配制成果蔬涂膜剂，涂于苹果、柑橘、青椒、草莓、猕猴桃等果蔬的表面，可以形成致密均匀的膜保护层，此膜具有防止果蔬失水、保持果蔬原色、抑制果蔬呼吸强度、阻止微生物侵袭和降低果蔬腐烂率的作用。

壳聚糖还可用作肉、蛋类的保鲜剂。吉伟之等用2%壳聚糖对猪肉进行涂膜处理，表明在20℃和40℃贮藏条件下，猪肉的一级鲜度货架期分别延长2d和5d。另外，壳聚糖可用于腌菜、果冻、面条、米饭等的保鲜剂。

壳聚糖在使用时常常添加辅助成分，其中包括酸（酒石酸和柠檬酸）、表面活性剂、增塑剂、金属离子等，这些辅助成分是影响壳聚糖涂膜保藏效果的重要因素，其中表面活性剂可改善其黏附性；增塑剂浓度的增加，透氧性明显上升，但对膜的透湿性无显著影响；添加金属离子的壳聚糖涂膜剂的保鲜效果优于无金属离子的壳聚糖膜。

（2）纤维素类。羧甲基纤维素（CMC）、甲基纤维素（MC）、羧丙基甲基纤维素（HPMC）、羧丙基纤维素（HPC）均溶于水并具有良好的成膜性，是作为涂膜剂的常用材料。纤维素类膜透湿性强，常与脂类复合以改善其性能。制MC膜时，溶剂种类和MC的分子质量对膜的阻氧性影响很大，环境的相对湿度对纤维素膜透氧性也有很大的影响，当环境湿度升高时，纤维素膜的透氧性急速上升。

（3）淀粉类。淀粉常与糊精、明胶或一些中草药调制成涂膜剂，用于涂膜保藏。直链淀粉含量高的淀粉所成膜呈透明状；淀粉类涂膜剂常用于制作可食膜，其成分中添加的脂类和增塑剂对膜的透过性有显著影响；淀粉经改性生成的羟丙基淀粉所成膜阻氧性非常强，但阻湿性极低。

（4）魔芋葡苷聚糖。魔芋葡苷聚糖所成膜在冷热水及酸碱中均稳定，膜的透水性受添加亲水物质或疏水物质的影响：添加亲水性物质，透水性增强；添加疏水性物质，则透水性减弱。通过三聚磷酸改性后魔芋精粉钠的保鲜效果将得到明显改善。

（5）褐藻酸钠类。褐藻酸钠类具有良好的成膜性，但阻湿性有限。膜厚度对抗拉强度影响不大，但透湿性随着膜厚度的增加而减小。交联膜的性质明显优于非交联膜，环氧丙烷和钙双重交联膜的性能最好。环境湿度高于95%时，仍能显著地阻止果蔬失水；脂质可显著降低褐藻酸钠膜的透水性。

（6）微生物多糖类。常用的微生物多糖类主要有两种，分别是茁霉多糖和鞭打绣球多糖。茁霉多糖具有良好的成膜性，是理想的果蔬保鲜剂，不同分子质量的茁霉多糖都有较好的保水作用，尤其以高分子质量的茁霉多糖效果更好；茁霉多糖不具有杀菌、抑菌作用，但同杀菌剂共用具有良好的杀菌、防病毒侵染和防腐、防病作用。从鞭打绣球中提取的天然多糖（简称NPS多糖）在果蔬表面成膜后无色、无味，肉眼很难看出，光泽性明显增强，有打蜡的效果，是一种很好的果蔬涂膜剂。

2. 蛋白质类 蛋白质的成膜性质在古代就被用于许多非食品的地方，如胶水、皮革光亮剂等。

植物蛋白来源的成膜蛋白质包括玉米醇溶蛋白、小麦谷蛋白、大豆蛋白、花生蛋白和棉籽蛋白等。动物蛋白来源的成膜蛋白质包括胶原蛋白、角蛋白、明胶、酪蛋白和乳清蛋白等。

对蛋白质溶液的pH进行调节会影响其成膜性和渗透性。由于大多数蛋白质膜都是亲水的，因此对水的阻隔性差。干燥的蛋白质膜对氧有阻隔作用。

(1) 小麦面筋蛋白。此类膜柔韧、牢固，阻氧性好，但阻水性和透光性差；当小麦面筋蛋白膜中脂类含量为干物质含量的20%时，透水率显著下降，小麦面筋蛋白膜液的pH应控制在5左右。

(2) 大豆分离蛋白。制膜液的pH应控制在8左右，大豆分离蛋白膜的透氧率低、透水率高，因而常与糖类、脂类复合后使用。

(3) 玉米醇溶蛋白。所形成的膜具有良好的阻氧性和阻湿性。

3. 脂质类　脂质类是一类疏水性化合物，包括石蜡、蜂蜡、天然树脂、蓖麻子油、菜籽油、花生油乙酰单甘酯及其乳胶体等，可以单独或与其他成分混合在一起用于食品涂膜保藏。当然，这些物质的使用必须符合相关的食品卫生标准。一般来讲，这类化合物做成的薄膜易碎，因此常与多糖类物质混合使用。

(1) 蜡类。蜡类涂膜剂成膜性好，对水分有较好的阻隔性。其中石蜡最为有效，蜂蜡其次。已商业化生产的蜡类涂膜剂有中国林业科学研究院林产化学工业研究所的紫胶涂料、中国农业科学院的京2B系列膜剂、北京化工研究所的CFW果蜡。

(2) 树脂。天然树脂来源于树或灌木的细胞中，而合成树脂一般是石油产物。

紫胶由紫胶桐酸和紫胶酸组成，与蜡共生，可赋予涂膜食品以明亮的光泽。紫胶和其他树脂对气体的阻隔性较好，对水蒸气一般，广泛应用于果蔬和糖果中。

松脂可用于柑橘类水果的涂膜。苯并呋喃-茚树脂也可用于柑橘类水果的涂膜。苯并呋喃-茚树脂是从石油或煤焦油中提炼的物质，有不同的质量等级，常作为"溶剂蜡"用于柑橘产品。

(3) 油脂。油脂具有油腻性，主要成分是脂肪酸的甘油酯，不溶于水，借助乳化剂和机械力作用，将互不相溶的油和水制成乳状液体制剂，涂覆果实，可以达到长期保鲜的目的。

4. 复合膜类　复合膜是近年来研究的热点，它主要是利用多糖、蛋白质及脂类物质的两种或三种物质通过合理的配比，再加入一些抑菌剂和表面活性剂混合而成，随组成成分种类、含量的不同，性质各异，使三者的性质和功能达到相互补充，所形成的膜具有更为理想的性能。如由羟丙基甲基纤维素（HPMC）与棕榈酸和硬脂酸组成的双层膜，透湿性比HPMC膜减少约90%；由多糖与蛋白质组成的复合天然植物保鲜剂膜具有良好的保鲜效果。

（三）食品涂膜保藏的方法

涂膜保藏常用于果蔬保鲜，其涂膜方法有浸涂法、刷涂法和喷涂法3种。

1. 浸涂法　将成膜材料配成适当浓度的溶液，将果实浸入，蘸上一层薄薄的涂料后，取出晾干即成。

2. 刷涂法　用软毛刷蘸上涂膜料液，在果实上辗转涂刷，使果皮上涂一层薄薄的涂膜料，晾干即成。

3. 喷涂法　将配成适当浓度的涂料溶液，采用专用涂膜机在果蔬表面喷上一层均匀而极薄的涂膜料，晾干后形成一层薄膜。

目前普遍采用涂膜机（打蜡机）进行涂膜处理。常见的水果涂膜机装置如图4-1所示，其中进行的工序包括由清洗、擦吸干燥、喷涂、低温干燥、分级和包装等。

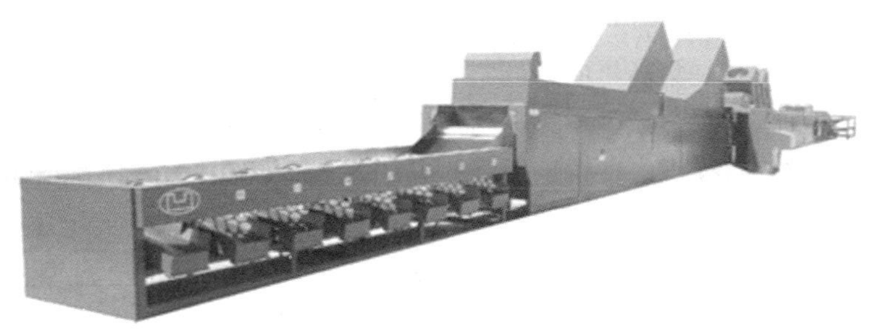

图 4-1　水果涂膜机装置

(四) 典型食品的涂膜保藏

1. 新鲜果蔬的涂膜保藏

(1) 苹果。大豆蛋白，特别是其中的甘氨酸可用于苹果切片的涂膜保藏；壳聚糖和月桂酸的混合涂膜可以抑制褐变和水分损失。海藻酸、酪蛋白和乙酰单甘酯在添加钙离子的条件下可以形成三维网状结构的复合物涂膜材料，酪蛋白在乙酰单甘酯的作用下分散于多糖基质中，这样的涂膜配方适用于苹果片这样富含果胶的原料，可以减少苹果片的水分损失和氧化褐变，多糖和脂类的双层涂膜可以使苹果片水分挥发的阻力增加 92%，呼吸作用降低 70%，产生的乙烯量下降 90%。

(2) 柑橘。涂膜用于柑橘的保藏，可以降低贮藏期间柑橘的病害指数，降低失水率，同时降低果实的呼吸强度，抑制果实中过氧化氢酶的活性，抑制丙二醛的积累。采用淀粉、壳聚糖和黄连提取物按一定比例制得的可食性膜可有效地提高夏橙的品质，好果率明显增加，其中壳聚糖和黄连具有抑菌作用。季也蒙假丝酵母、德巴利氏酵母对多种蔬菜水果的腐败霉菌具有拮抗作用，抑制一些产毒素霉菌的生长，抑制一些水果和蔬菜的腐烂，起到生物防治的作用，研究人员用纤维素类作为季也蒙假丝酵母和德巴利氏酵母的载体，对柑橘进行涂膜保藏。减少柑橘的腐败变质，在几种纤维素中，甲基纤维素与这两种酵母兼容性最好，羧甲基纤维素兼容性最差。用甲基纤维素作为季也蒙假丝酵母、德巴利氏酵母的载体对柑橘进行涂膜，可以有效地延缓腐败的速度。

(3) 草莓。草莓是非呼吸高峰性水果，涂膜技术用于草莓的保鲜可有效地降低草莓的呼吸强度，延缓草莓的后熟过程，减少微生物的污染和酶的活性，延长其货架期。沈阳农业大学丁晓军等研究得到草莓最佳涂膜剂配方为添加 2%蔗糖酯、0.5% CMC、0.5%苯甲酸钠，经该复合涂膜剂处理后，草莓果实的货架期可延长至 12d，果实仍能保持较好的亮度，色泽和饱满度，达到比较理想的处理效果。

采用魔芋粉作为包膜剂，用 $CaCl_2$、水杨酸、中药浓缩液等对草莓进行浸泡处理，较好的保藏条件为：经以浓度为 5.8%的 $CaCl_2$ 浸泡 2min，再以浓度为 0.397%的水杨酸、0.16%的魔芋粉、40%的中药为配方制得的复合液进行涂膜，对草莓果实有较好的保鲜效果。

(4) 马铃薯。马铃薯在保藏过程中，需要减少水分损失速度，降低失重率，阻止外界微生物侵入组织内部，保持合适的硬度，阻止氧气进入，抑制酶促褐变的强度，有效保持鲜切马铃薯片的感官品质。大豆分离蛋白、壳聚糖和褐藻酸钠组成的复合涂膜可以有效地改善马铃薯的保藏性能。研究表明，大豆分离蛋白复合膜的最佳配比为大豆分离蛋白 0.2g/kg、壳聚糖 0.15g/kg、褐藻酸钠 0.1g/kg。

（5）茶树菇。茶树菇是集高蛋白、低脂肪、低糖分于一身的纯天然无公害保健食用菌，其保藏过程中应减少失重率，减少微生物的污染。复合保鲜涂膜对茶树菇的细菌生长有抑制作用，华南理工大学徐吉祥等对茶树菇保藏的方法进行了研究，得到涂膜剂的最佳组合为：魔芋胶 0.2%、卡拉胶 0.2%、甘油 1.0%、蔗糖酯 0.5%，再加入乳酸链球菌素 0.1%、纳他霉素 0.05%，用此配比的复合保鲜膜来处理茶树菇，并用聚乙烯材料袋装好，放置在低温冷藏环境中贮藏保鲜约 20d。涂膜剂为乳链球菌素、纳他霉素等抑菌剂提供了载体，达到比较理想的保藏效果。

2. 禽蛋的涂膜保藏　禽蛋保藏过程中，常发生微生物污染、蛋壳内气体逸出、质量下降等问题，使货架期缩短。可以采用低温冷藏和气调保鲜等方法，但其成本较高。对禽蛋而言，涂膜保藏是一种经济实用的方法。禽蛋的涂膜保藏是将一种或几种具有一定成膜性，且所成膜阻气性较好的涂膜材料涂布于蛋壳的表面，封闭气孔，阻隔蛋内水分蒸发和二氧化碳气体的外逸，减少外界腐败微生物对蛋的污染，从而抑制蛋的呼吸作用以及酶的活性，延缓禽蛋的腐败变质，达到较长时间保持鲜蛋品质和营养的目的。常用于禽蛋涂膜剂的有淀粉、壳聚糖、聚乙烯醇、脂肪醇聚氧乙烯醚、大豆多糖、玉米醇溶蛋白等。

3. 鲜虾及肉制品的涂膜保藏　鲜虾制品极易受腐败微生物污染，腐败变质，可食性涂膜用于鲜虾的保藏，可以减少汁液流失、降低干耗率，还可以降低原料的腐败变质速度，使鲜虾能保持较好的质构特性。研究表明，不同浓度的壳聚糖对虾的涂膜保藏有不同的效果，通过贮藏过程中虾的鲜度指标的测定，浓度为 1.5%的壳聚糖保鲜效果最佳；在壳聚糖溶液中加入其他添加剂比单纯的壳聚糖涂膜的保鲜效果要好，壳聚糖涂膜保藏的效果要好于褐藻酸钠涂膜。

在对壳聚糖复合剂用于牛肉的涂膜保藏研究中，保鲜效果较好的壳聚糖浓度为 2%；壳聚糖复合涂膜剂的组成为壳聚糖浓度为 2%，冰醋酸浓度为 2%，甘油浓度为 1%，其中冰醋酸为溶解剂，甘油为增塑剂。经涂膜处理后的牛肉在室温下保存 72h 后，其菌落总数、pH、挥发性盐基氮等理化指标仍在新鲜肉的标准范围内，比对照组延长了 48h。

刺槐豆胶可以用于对香肠和蒜味香肠涂膜以降低水分损失。在冷藏条件下，涂膜处理的香肠比未涂膜的对照组有更长的货架期，在 5℃最多可以保存 12d。

4. 干果的涂膜保藏　可食性大豆分离蛋白膜能够提供比较好的阻水性和阻隔氧气的性能，能够在一定程度上延缓果仁的水解和氧化，减缓它们的变质，延长它们的货架期。以可食性大豆分离蛋白膜包裹核桃仁和杏仁，在 60℃下陈化 10d 后与对照品相比，核桃仁和杏仁的过氧化值分别下降了 48%和 34.7%，酸价分别降低了 44%和 40.5%。大豆分离蛋白涂膜中加入抗氧化剂，显著地降低了脂肪酶、脂氧合酶、过氧化物酶的活性。

核桃中的不饱和脂肪酸的氧化会导致其风味异常，脂肪酶促进油脂的水解，在环境中会导致货架期缩短。在低温条件下保存的成本较高，可以用羟基丙基纤维素、羧甲基纤维素和其他添加剂如抗氧化剂等做成涂膜，减少环境中的氧气和果仁的接触，延长货架期。

乳清蛋白具有阻气性好、阻水性较差的特点，结合其他涂膜剂，如羧甲基纤维素钠、甘油等按照一定方法可以制备成薄膜或直接涂膜，在较低的相对湿度条件下表现出较高的阻氧性，可用于干果的保藏。

二、食品生物保鲜剂保藏

生物保鲜剂保藏是通过浸渍、喷淋或混合等方式，将生物保鲜剂与食品充分接触，从而使食品保鲜的方法。生物保鲜剂也称作天然保鲜剂，是直接来源于生物体自身的组成成分或其代谢产物，主要包括植物源保鲜剂、动物源保鲜剂、微生物保鲜剂和酶类保鲜剂，一般都可被生物降解，以其良好的抑菌作用及安全、无毒、无味的特点而受到研究者们的关注。生物保鲜剂在水产品上应用广泛，可通过较小剂量的使用来保持水产品的新鲜和良好的风味，延长其贮藏货架期。由于生物保鲜剂的专一性，其可抑制或杀死特定的微生物，从而提高抑菌效果。不同来源生物保鲜剂的优缺点比较见表 4-1。

表 4-1　不同来源生物保鲜剂的优缺点比较

保鲜剂类型	植物源	动物源	微生物源	酶类
主要代表物	茶多酚、迷迭香提取物	壳聚糖、抗菌肽	乳酸链球菌素（Nisin）、双歧杆菌	溶菌酶、脂肪酶
优点	来源广，成本低，安全无毒，应用前景良好	广谱抑菌性，天然、安全、高效	繁殖快、适应性强、不受季节限制、易培养	无毒、无味，不影响食品价值，效率高，作用条件温和
缺点	部分植物源保鲜剂的抑菌机理尚未明确	涂膜干燥难，味苦，应用领域有限	微生物及其代谢产物易受周围环境变化的影响	在水产品保鲜上的应用还未深入，酶制剂价格昂贵

（一）植物源保鲜剂

植物源保鲜剂是从植物中天然提取的，具有来源广、成本低、应用前景良好等优点。植物源保鲜剂按其抑菌活性成分不同可分为植物多酚、中草药提取液、植物精油与植物多糖4类。

1. 植物多酚　植物多酚又称植物单宁，是多羟基酚类化合物的总称。多酚结构的独特性使其具有多种生理功能，在各个生活领域均得到广泛应用。食品行业中，植物多酚也被用于水产品的保鲜，其中应用于水产品保鲜上的植物多酚主要有茶多酚、苹果多酚和海带多酚。但由于其易被氧化，常与抗氧化等性能矛盾而无法达到保鲜效果，因此不可过量添加。

茶多酚又名维多酚，是茶叶中一种纯天然多酚类物质的总称，茶多酚中主要含有儿茶素、花青素、酚酸和黄酮类化合物等物质，这些也是茶叶中重要活性物质。其中儿茶素占茶叶干重的30%～40%，它能够有效清除自由基，能够提供氢质子，从而抑制脂肪自由基链式反应引起的氧化反应，达到保鲜功效。此外，茶多酚还具有清除活性氧、螯合金属离子和结合氧化酶等作用。茶多酚具有优良的抗氧化性能，是理想、安全的天然食品抗氧化剂，现已列入食品添加剂行列。根据《食品安全国家标准　食品添加剂使用标准》（GB 2760—2014），茶多酚作为抗氧化剂可应用于各类食品如米面制品、糕点、肉制品类、水产品类及饮料中。研究表明，使用0.2%茶多酚处理鲫鱼，能抑制腐败微生物的生长与挥发性盐基氮（TVB-N）值的上升，使鲫鱼的冷藏货架期延长至13～14d。对冻藏金枪鱼的保鲜研究发现，金枪鱼肉经6.0g/L茶多酚保鲜液处理后，样品在第30d仍能达到一级鲜度指标，感官品质无明显变化，且使二级鲜度货架期明显延长；对冷藏带鱼段的各项指标测定结果得出，带鱼段经 6.0g/L 茶多酚保鲜液处理后，在第 10d 感官品质无显著变化，且比对照组延长了至少 3d 的二级鲜度货架期。因此，茶多酚在水产品贮藏过程中能有效延缓微生物的生长及理化性状改变，保证水产品感官品质，为后期作为天然防腐剂用于水产品保鲜提供了基础。

苹果枝条多酚是从苹果枝条中提取的多酚类物质，属植物黄酮类，具有抗氧化等生理功能，其中起到抑制微生物活动的作用物质含量高达 64.32mg/g。研究表明，0.1%的苹果枝条多酚可有效抑制草鱼肉 pH 与 TVB-N 值的升高，降低鱼肉中的菌落总数与丙二醛含量，保持鱼肉的新鲜度。苹果枝条多酚作为保鲜剂不仅具有使用成本低、提取方法简单、保鲜效果优良的特点，而且还可提高我国农产品废弃资源的回收利用率，是一种具有应用前景的植物源保鲜剂。

2. 中草药提取液　目前，植物提取物的开发利用发展迅速，其抗氧化与抑菌性能日益受到人们的重视。植物的抗氧化研究主要集中在中草药提取液，活性成分主要是多酚类、生物碱类和皂苷类。近年来许多研究证实了中草药的杀菌抑菌效果，在水产品保鲜上中草药也有日益广泛的应用。

迷迭香提取物是从迷迭香中提取的高效天然抗氧化剂，主要包括萜类、黄酮、酚类等物质，是一种单线态氧抑制剂，具有较好的抗氧化特性。研究表明，迷迭香提取物在熏鱼的保鲜中可有效抑制嗜冷菌与酵母菌等微生物的生长；用迷迭香和鼠尾草茶提取物处理沙丁鱼，发现提取物具有抗菌和抗氧化性能，微生物和化学指标均较对照组低，感官分析得出处理组的货架期为 20d；用不同浓度的迷迭香溶液作为生物保鲜剂对 4℃贮藏的大黄鱼进行浸泡保鲜处理，经 0.2%迷迭香提取物处理的大黄鱼，其细菌总数、TVB-N 值、TBA 值与 K 值在贮藏期 20d 内明显低于对照组，说明迷迭香提取物可有效减缓蛋白质降解与脂肪氧化，从而延长大黄鱼的贮藏货架期，且大黄鱼的感官品质较好。由于水产品富含不饱和脂肪酸，在流通过程中易氧化变质而产生异味。迷迭香提取物可延缓自由基发生链式反应，能有效延迟水产品的氧化变质，改善其感官品质，延长其货架期，确保水产品的品质和价值。

杨梅中含有大量的花色苷、酚酸类物质，其提取物中的杨梅苷属多酚类物质，是由杨梅黄酮与鼠李糖化合而成的一种黄酮类糖苷，同时还含有少量杨梅黄酮、单宁等。杨梅提取物具有清除自由基与螯合金属离子等作用，能防止食品褪色，预防脂质酸败。研究发现，杨梅提取物对鱼糜制品中的一些腐败微生物有明显的抑制作用，可延长室温下鱼糜制品的货架期，且不影响其色泽。2007 年 2 月，美国食用香料和提取物制造者协会（FEMA）正式批准杨梅提取物作为风味改进剂纳入“公认为安全的”（GRAS）范围，且其用量不作限制性规定。因此，杨梅提取物的安全性高，其在食品保鲜上的应用前景良好。

3. 植物精油　植物精油是将植物光合作用后分散在花瓣、树叶、树皮或种子上的芳香成分，通过萃取方式获得的一类精油。对于天然植物精油的抑菌机制尚不明确，也无健全的毒理学研究。植物中的化学成分复杂，多数活性成分对光和热不稳定，环境因素对植物中活性成分的含量和种类的影响较大，其抑菌浓度难以控制，所以应用于食品保鲜的植物精油实例还较少。其中，应用于水产品保鲜上的植物精油有麝香草酚、肉桂醛、香荆芥酚、马鞭草精油与迷迭香精油等。科学家在对大西洋鲷的保鲜研究中发现，在鱼的饮食中添加麝香草酚和迷迭香等天然抗氧化剂能提高鱼的感官品质并延缓其死后的品质劣化。肉桂醛作为一种天然防腐剂，能有效抑制太平洋白虾贮藏期间黑色素的产生，减缓微生物的生长，以安全有效的方式延长了对虾的贮藏货架期。用2%香荆芥酚浸渍鲶鱼样品，鱼体的单增李斯特菌数量明显减少。冰藏时用40μL/L的柠檬马鞭草精油保藏鲶鱼，能延缓其鲜度下降，延长其贮藏货架期。大西洋鲷在5℃时的货架期为7d，保藏时添加香荆芥酚，可使其货架期延长至8d。

4. 植物多糖　植物多糖是由许多相同或不同结构的单糖通过糖苷键组成的化合物，广泛存在于植物有机体中，参与机体生理代谢，并具有多种生物活性，如免疫调节、降血压、降血脂与抗氧化等。近年来，植物多糖的研究与开发发展速度较快。目前，应用于食品保鲜的植物多糖主要是海藻酸钙与海藻酸钠。研究表明，添加肉桂油与乳酸链球菌素（Nisin）的海藻酸钙涂层对抑制乌鳢鱼片细菌生长，降低TVB-N值与抑制脂肪氧化具有良好效果；在比较不同可食性膜对草鱼鱼片保鲜效果的研究中发现，冷藏6d时，海藻酸钠涂膜组的细菌总数、TVB-N与pH显著低于其他各组，适宜作为水产品保鲜涂膜材料；海藻酸钠抗菌涂膜可改善罗非鱼鱼片的感官品质，且可将其保鲜期延长约5.5d。海藻酸钠涂膜操作容易、成本低、性价比高，生成的降解物对环境无害，适用于鱼片的长距离贮藏、运输及销售，可考虑用于商业化的批量生产。

国内植物资源十分丰富，能应用于食品保鲜的植物资源多为草本植物或常用辛香料植物，它们具有较好的杀菌抑菌效果，同时还赋予食品特有的香味，且低毒、安全性高，满足人们对健康食品的需要。随着安全食品需求市场的扩大、人民生活质量的提高，以及消费者对食品安全的日益重视，用植物源生物保鲜技术代替传统的化学合成防腐剂已成为发展趋势，但单一植物源生物保鲜剂通常不能全面有效地抑制或杀灭所有微生物。因此，只有将植物源生物保鲜剂与其他来源的生物保鲜剂综合利用，或将其与现代生物技术相结合，以充分发挥各自的协同效应，抑制食品中各类微生物的生长，从而更加全面地保持食品的综合品质，延长其贮藏货架期。

（二）动物源保鲜剂

动物源保鲜剂是指从动物中直接分离提取的，具有杀菌作用的一类物质，具有资源丰富、抗菌性强、水溶性好、安全无毒、抑菌谱广等优点。它在人体消化道内可降解为食物的正常成分，不影响消化道菌群，不影响药物抗生素的使用，而且还具有一定的营养价值。由于动物源杀菌物质是生物体提取物，这些物质更容易进入微生物细胞，导致膜通透性增加和能量代谢系统破坏，因而能迅速抑制微生物的活动、生长和繁殖。

1. 抗菌肽

（1）抗菌肽的特性。抗菌肽是生物体内经诱导产生的一类具有生物活性的小分子多肽，普遍存在于各类生物体中，是其免疫防御系统的一个重要组成部分，具有防范病原菌入侵的突出作用。抗菌肽分子质量小，热稳定好，在生理条件下多数带正电荷，显示出高速的杀菌能力和广谱的抗菌活性。它们对革兰氏阳性菌、革兰氏阴性菌、某些真菌、寄生虫、包被病毒、肿瘤细胞和一些耐药性细菌具有杀灭作用，而对真核细胞基本不起作用。目前为止，已经分离出千余种抗菌肽，这些抗菌肽主要来自昆虫、节肢动物、蟾蜍等生物，其中防御素是哺乳动物中研究最多的一类抗菌肽，而对水产动物抗菌肽的研究相对比较晚。尽管来源、抗菌谱、结构各不相同，但大体上具有一些共同点。抗菌肽与膜相互作用改变了脂双层的构造，增加了膜的通透性，导致膜去极化。

（2）抗菌肽的作用机理。对抗菌肽的作用机理已有多种不同的看法，但抗菌肽的确切作用机制目前还不清楚，不同类别抗菌肽的抗菌机理可能不一样。研究认为，抗菌肽主要是通过作用于细菌的细胞膜，破坏其完整性来发挥抗菌效应。抗菌肽可通过其正电荷与细菌细胞膜磷脂分子上的负电荷形成静电吸附而结合到质膜上，然后通过多个抗菌肽分子间相互位移、聚合形成跨膜离子通道，造成细菌胞内离子大量流失，细菌不能保持其正常渗透压而死亡；也有一些抗菌肽是通过影响膜的能量转运和代谢，损害呼吸链的功能而杀死细菌。此外，抗菌肽还作用于真菌、肿瘤等真核细胞，这可能是因为抗菌肽攻击线粒体使细胞能量枯竭或者诱导细胞凋亡。

（3）抗菌肽的应用。抗菌肽的研究越来越受到国内外学者的重视，在分子水平研究抗菌肽在动植物防御体系合成、调控及其作用机理的同时，也极力地将其推向实际的应用之中，可以说抗菌肽具有非常广阔的应用前景。

抗菌肽对食品中的多种革兰阳性及阴性细菌均有较强的杀灭作用，能快速抑制微生物的生长，人、畜食后易被体内蛋白酶水解消化且无毒副作用。抗菌肽在酸性条件下活性很强，适用于大多数酸性食品，尤其是饮料的防腐，具有良好的溶解性和稳定性。因此，抗菌肽是一种极具发展前景的新型食品防腐剂，可用于番茄汁、香肠、火腿肠制品的防腐及草莓等的防腐保鲜。抗菌肽还能在发酵过程中定向培养或杀死某些菌种，或在食物中定向保存有益菌群（如乳酸菌）和防止有害菌群等。此外，抗菌剂与一些天然成分和其他防腐剂组合使用时具有增益效应。

2. 壳聚糖

（1）壳聚糖的特性。壳聚糖又称为脱乙酰甲壳质，是一种天然聚阳离子多糖，为甲壳类动物、昆虫和其他无脊椎动物外壳及藻类、菌类细胞壁中的甲壳质β-（1，4）聚乙酸氨基-D-葡糖脱乙酰化而制得。它是含β-（1，4）-2-乙酰氨基-D-葡糖单元和β-（1，4）-2-氨基-D-葡糖单元的共聚物，其后者一般超过80%，也是甲壳类、昆虫和真菌类中最丰富的天然聚合物。壳聚糖以其脱乙酰化度和分子质量来表征。壳聚糖具有很多优点：①食用安全无毒，生物相容性良好且无抗原性，生物可降解性好，属于天然、环保和安全型的防腐杀菌剂；②高分子成膜性，可用于涂膜保藏或加工成膜作为基质进行杀菌防腐；③可溶解于稀有机酸水溶液中，并且抗菌性强，对大肠杆菌、枯草杆菌和金黄色葡萄球菌等有较强的抑制作用，而且壳聚糖对植物病原菌也有抑制作用；④可制成悬浮液或乳浊液从而应用于酸乳等乳制品的防腐抗菌。壳聚糖的衍生物也具有抑菌作用。

（2）壳聚糖的作用机理。人们对壳聚糖的抗菌机理认识尚不完善，目前对壳聚糖的抗菌作用已经提出了若干种不同解释。基本有两种：①壳聚糖分子中的—NH_3^+带正电性，吸附在细胞表面，一方面可能形成一层高分子膜，阻止营养物质向细胞内运输，另一方面使细胞壁和细胞膜上的负电荷分布不均，破坏细胞壁的合成与溶解平衡，溶解细胞壁，从而起到抑菌杀菌作用；②通过渗透进入细胞内，吸附细胞体内带有阴离子的物质，扰乱细胞正常的生理活动，从而杀灭细菌。

对于细胞壁结构不同的革兰氏阳性细菌与革兰氏阴性细菌，壳聚糖的作用机理不同。革兰氏阳性细菌，有较厚的细胞壁结构，壳聚糖主要作用于其细胞表面，因此前一种机理是杀灭此类细菌的主导作用；革兰氏阴性细菌，细胞壁较薄，小分子的壳聚糖可以进入其细胞内作用，因此后一种机理起主导作用。

（3）壳聚糖的应用。壳聚糖的抗菌性能是一个研究热点，因其具有抗菌性强、耐洗涤和生物降解性等优点而被广泛应用。在食品方面，壳聚糖可以用作水果和蔬菜的保鲜剂，用于新鲜果蔬的保鲜，延长货架期。目前已应用于番茄、草莓、杨梅、葡萄、黄瓜等果蔬的采后贮藏运输中，达到抑制霉菌和细菌的目的。壳聚糖还可以在调味品中作为抑菌剂起作用，将0.1%的壳聚糖加到酱油中可以明显抑制酵母菌的生长。壳聚糖还能抑制在营养素培养基上培养的大肠杆菌、镰刀属尖孢菌素，其抗菌性能已被用于面条、抗菌大米、沙丁鱼和牛肉等中。

尽管壳聚糖是无毒的，但在美国，食品中使用这种天然材料仍受到法规条例的限制。在美国，目前尚未批准甲壳素、壳聚糖及其衍生物作为食品添加剂或食品包装材料使用。日本、欧洲和加拿大等国家和地区则对壳聚糖的应用限制较少。在日本，能直接将壳聚糖添加至食品、药品中。而且利用壳聚糖来延长食品防腐时间的工艺已申请专利。在欧洲，壳聚糖不是食品添加剂，但它已被批准用于化妆品和食品加工中。在加拿大，羧甲基壳聚糖已获准作为食品防腐剂用于鸡蛋和水果如梨和苹果的涂层保鲜。

3. 鱼精蛋白

（1）鱼精蛋白的特性。鱼精蛋白是一类天然的多聚阳离子抗菌肽，主要存在于鱼类、鸟类和哺乳动物的成熟精巢组织中，是一种碱性蛋白，与DNA紧密结合在一起，以核精蛋白的形式存在，其中DNA约占2/3，鱼精蛋白占1/3。鱼精蛋的相对分子质量为5k左右，由大约31个氨基酸组成，其中精氨酸的含量很高，达66%左右，等电点为11～13。

鱼精蛋白在中性和碱性的条件下，显示出很强的抑菌能力，因而鱼精蛋白适合在碱性条件下作为杀菌剂，而在酸性较强的环境中则无抗菌效果。鱼精蛋白有较高的热稳定性，在210℃条件下加热1h仍具有活性。鱼精蛋白具有广谱抗菌活性，对枯草杆菌、芽孢杆菌、干酪乳杆菌、乳酸菌、霉菌、芽孢耐热菌、革兰氏阳性菌和革兰氏阴性菌等均有较强的抑菌效果。鱼精蛋白作为一种天然杀菌剂，不但抑菌范围广，热稳定性好，营养性高，无臭无味，而且卫生安全，因而具有十分广阔的应用前景。

（2）鱼精蛋白的作用机理。鱼精蛋白的抑菌机理主要有以下几种解释：①鱼精蛋白破坏细胞壁。鱼精蛋白的抑菌活性是由于其分子中存在着大量精氨酸，精氨酸中带正电荷的胍基能与细胞壁肽聚糖的负电荷产生静电作用，从而破坏细菌的细胞壁。②鱼精蛋白溶解细胞膜。鱼精蛋白可以使细胞质膜形成通道或较大的孔洞，引起细胞内必要化合物的渗漏，从而破坏与能量代谢相关的电子传递系统和物质转运系统，摧毁细菌跨膜的物质运动，使整个细胞处于代谢瘫痪状态。③鱼精蛋白引起细胞渗漏。鱼精蛋白能够改变细胞膜的渗透性。

（3）鱼精蛋白的应用。鱼精蛋白作为一种天然的动物源杀菌剂，不但抑菌范围广，热稳定性好，而且安全卫生，得到了很快的发展，并且具有广阔的应用前景。

在食品行业，鱼精蛋白因为具有众多的优点成为化学防腐剂的一个非常有前景的替代品。鱼精蛋白可用于碱性食品的防腐和保鲜；因为鱼精蛋白在中性和碱性介质中有良好的抑菌活性，但在酸性介质中抑菌效果较差，影响其在酸性食品中的应用，所以可以与酸性防腐剂、增效剂等复配使用保存酸性食品，而且与其他天然杀菌剂复合使用，抗菌效果更为显著；也可以与加热等物理方法并用，用于热敏性食品的加工与贮藏。目前，已报道的鱼精蛋白已经用于牛乳、鸡蛋、布丁等食品的贮存和保鲜中。

4. 蜂胶 蜂胶是工蜂在杨树、柳树、桦树、栗和桉树等植物的幼芽或树皮等处采集的树脂，并混入蜜蜂上颚腺分泌物和蜂蜡、花粉等加工而成的一种具有芳香气味的胶状混合物。蜂胶除具有高效、广谱、安全的抑菌效果外，还具有多种生物活性和功能保健作用，例如蜂胶可清除活性氧自由基，起到抗氧化的作用。蜂胶还具有天然、无毒、无危害性等特点。

（1）蜂胶的抑菌作用机理。蜂胶的抑菌作用是多种成分协同的结果。其抑菌作用机理在于：蜂胶液是良好的成膜剂，形成的薄膜不但可以减少病源生物的侵染，而且可阻碍果蔬内部与外界气体交换，抑制果蔬呼吸，降低新陈代谢，减少果蔬表面水分蒸发，因而可以减少营养物质的消耗和品质的下降，起到了防腐保鲜的作用；蜂胶对各种细菌、真菌、病菌和原虫都具有抑制和消灭能力。

（2）蜂胶的应用。蜂胶作为一种高效、安全的天然杀菌剂，具有多种生物活性。国内外学者进行了大量的蜂胶抗氧化实验，研究了蜂胶的抑菌、防腐、抗氧化等作用。蜂胶除用于药物和保健品外，还广泛应用于天然食品防腐剂、抗氧化剂、天然保健型化妆品和口腔除菌剂等产品的开发。研究表明，蜂胶在禽蛋、鱼虾等水产品、各种肉制品、乳制品和水果蔬菜等的防腐保鲜中都具有较好的效果。

（三）微生物源保鲜剂

1. 乳酸链球菌素　乳酸链球菌素（Nisin）也称乳酸链球菌肽或尼生素，是某些乳酸乳球菌在代谢过程中合成和分泌的具有很强杀菌作用的小分子肽。它在人体消化道内很快被酶分解，其急性、亚急性及慢性毒性实验均已证明，其对动物无任何毒副作用，并已被许多国家和地区广泛应用于食品加工。乳酸链球菌素是由牛乳和乳酪中自然存在的乳酸链球菌发酵产生的一种高效、无毒、安全、营养的生物保鲜剂，能有效杀死或抑制引起食品腐败的革兰氏阳性菌（如乳酸杆菌、肉毒杆菌、葡萄球菌等），特别是对产生孢子的细菌（如芽孢杆菌、梭状芽孢杆菌、嗜热芽孢杆菌等）有很强的抑制作用。乳酸链球菌素作为食品保鲜剂，主要应用在缩短乳制品的杀菌时间，延长保存期，在肉类食品中代替部分硝酸盐和亚硝酸盐，抑制肉毒梭状芽孢杆菌产生肉毒素，还可以降低亚硝胺对人体的危害，也用在抑制啤酒、果酒、烈性乙醇等酒精饮料中的革兰氏阳性菌。

2. 荧光假单胞菌　荧光假单胞菌的抑菌活力可能是其能产生抗生素、氢氰化物或者能螯合铁细胞等。荧光假单胞菌在活鱼的腮、皮及内脏中含量较多。目前大部分的研究报道该菌不是鱼类的病原菌，反而该菌能抑制其他的一些微生物，包括鱼类中致病的细菌和真菌，所以可用荧光假单胞菌来保鲜水产品。

3. 双歧杆菌　双歧杆菌是一种肠道益生菌，能在厌氧环境下产生乳酸和醋酸，常用于水产品保鲜，可以调节水产品的菌群结构，降低 pH 抑制腐败菌。科学家用两歧双歧杆菌和麝香草酚处理新鲜比目鱼片，将鱼片保存在不同温度和不同气体环境中，研究结果显示两歧双歧杆菌对鱼类的腐败菌如假单胞菌、磷发光杆菌等有一定的抑制作用，鱼片的货架期延长，而且低温和缺氧环境更能增强两歧双歧杆菌的效果。

（四）酶类保鲜剂

1. 葡萄糖氧化酶　食品保鲜过程中，氧气的存在对食品贮藏有很大的影响。葡萄糖氧化酶是从特异青霉等霉菌和蜂蜜中发现的酶，是由黑曲霉等发酵制得的一种需氧脱氢酶，能够专一地氧化β-D-葡萄糖成为葡萄糖酸和过氧化氢，是生物领域最主要的酶制剂，在食品工业中应用广泛。葡萄糖氧化酶最主要的特点是消耗氧气催化葡萄糖氧化。葡萄糖氧化酶最适 pH 为 5，作用温度为 30～60℃。葡萄糖氧化酶在有氧条件下能催化葡萄糖氧化成与其性质完全不同的葡萄糖酸-D-内酯，具有强烈的底物专一性。葡萄糖氧化酶用于食品的保鲜，主要是利用了两方面的作用：一是氧化葡萄糖产生葡萄糖酸，降低水产品表面的 pH，抑制微生物的生长；二是除氧，减少和防止食品氧化造成的色、香、味劣变。作为一种天然的食品添加剂，食用安全。研究表明，葡萄糖氧化酶可除去果汁中的氧气，防止产品氧化变质，抑制褐变，延长果汁的贮藏期。另外，以固定化葡萄糖氧化酶为包装材料还可有效抑制微生物的生长，有实验表明，以葡萄糖氧化酶为主要成分研制出的新型生物保鲜剂对虾具有明显的保鲜作用。这与传统的添加维生素 C 或亚硫酸盐来防止褐变和抗氧化相比，对人体无害，且用量少，适合于规模生产使用。

2. 溶菌酶　溶菌酶（lysozyme），又称细胞壁溶解酶，化学名称为 N－乙酰胞壁质聚糖水解酶，又称胞壁质酶，是一种专门作用于微生物细胞壁肽多糖的水解酶，是由多种氨基酸残基构成的碱性球蛋白，属于糖苷水解酶。溶菌酶具有热稳定性强、耐酸性强的特征，在室温干燥条件下可长期保存。该酶专一作用肽多糖分子中的 N－乙酰胞壁酸与 N－乙酰氨基葡萄糖之间的 β－1，4 糖苷键，破坏细菌的细胞壁，使细胞溶解死亡，从而有效防止和消除细菌对食品的污染，达到防腐保鲜的目的。溶菌酶可选择性杀灭微生物而不作用于食品中的其他物质，保证食品原有营养成分不受损失，对革兰氏阳性菌中的枯草杆菌、耐辐射微球菌有较强的分解作用，对大肠埃希菌、普通变形菌和副溶血性弧菌等革兰氏阴性菌也有一定程度的溶解作用。因此，它可安全地替代有害人体健康的化学防腐剂（如苯甲酸及其钠盐等），达到延长食品货架期的目的，是一种很好的天然保鲜剂。然而，单独溶菌酶的防腐保鲜作用具有一定局限性，主要表现在其特异性高，只能分解芽孢细菌的活细胞，而不能分解芽孢。因而使用时通常需要添加其他成分，以促进其作用效果。如溶菌酶与植酸、聚合磷酸盐、甘氨酸等配合使用，能够有效提高其保鲜效果，可用于水产类熟制品及肉制品的保鲜。

3. 脂肪酶　脂肪酶普遍存在于动物、植物及多种微生物中，其水解底物一般为天然油脂，水解部位是油脂中脂肪酸和甘油相连接的酯键，反应产物为甘油二酯、甘油单酯、甘油和脂肪酸。目前脂肪酶已经广泛运用于食品领域，如面类食品、乳品工业等。近年来，脂肪酶也被作为保鲜剂广泛运用到水产品中。海洋中的中上层鱼类，如鲐鱼、鲭鱼等，脂肪含量大，易变质，对保鲜、加工和销售不利，故可用脂肪酶对这些鱼进行部分脱脂，延长鱼产品的保藏时间。

4. 谷氨酰胺转氨酶　谷氨酰胺转氨酶又称转谷氨酰胺酶，可以催化蛋白质分子内及分子间的交联、蛋白质和氨基酸之间的连接以及蛋白质分子内谷氨酰胺基的水解，从而可以改善蛋白质的功能性质，提高蛋白质的营养价值。谷氨酰胺转氨酶最适温度为 50℃，最适 pH 为 5～8。谷氨酰胺转氨酶对 Ca^{2+} 没有依赖性，应用更方便，但 Cu^{2+}、Zn^{2+}、Pb^{2+} 等重金属离子可与酶活性部位的半胱氨酸巯基结合，对酶活性有明显抑制作用。利用谷氨酰胺转氨酶处理鱼肉蛋白后，生成可食性的薄膜，直接用于水产品的包装和保藏，提高产品的外观和货架期。另外，谷氨酰胺转氨酶可以用于包埋脂类和脂溶性物质，防止水产品氧化腐败。

5. 过氧化氢酶　过氧化氢酶又称触酶（catalase，CAT），是一类广泛存在于动物、植物和微生物体内的末端氧化酶，属于氧化还原酶类，是具有生物活性的蛋白质。其作用原理是产生氧化性极强的羟基自由基，对含 C—H 或 C—C 键的有机物有很好的降解作用，同时催化细胞内过氧化氢分解，防止氧化。有研究表明，当种子被冷藏还未出现冻伤时，CAT 的活力很高，说明 CAT 能够防止果蔬在低温冷藏时被冻伤。过氧化氢在牛乳保鲜中的应用，即用过氧化氢对牛乳进行巴氏消毒后，过剩的过氧化氢可用过氧化氢酶消除。同时，在过氧化氢分解过程中产生的氧和牛乳中的溶解氧可经酶促反应除去，从而保护鲜乳中的维生素C和其他易被氧化的物质。酶量在0.6%～1.0%对鲜牛乳的保质期有延长作用，经试验确定过氧化氢酶的最佳用量为1%。

随着生物技术的不断发展，作为生物工程重要组成部分的酶工程也正在飞速发展，具有广阔的应用前景。但酶制剂保鲜的应用尚处于起步阶段，大力加强酶制剂在食品保鲜中的应用研究具有非常重要的意义。相信酶技术在未来的食品保鲜中将发挥越来越重要的作用。

（五）复合生物保鲜剂

目前没有任何一种保鲜剂能有效抑制和杀灭所有微生物，从而安全地使用于所有食品中。根据栅栏技术的原理，把不同生物保鲜剂综合利用，使其充分发挥各自的协同效应，不仅可以增强其抑菌效果，而且可减少单一保鲜剂的使用量，降低成本。因此，复合生物保鲜剂是当前生物保鲜剂研究的主要方向之一。

单一生物保鲜剂自身有很好的抗菌抗氧化性能，但抗菌性各有侧重点，可以将不同功能的生物保鲜剂复合，形成一种高效的复合生物保鲜剂。例如乳酸链球菌素（Nisin）能有效地抑制或杀死革兰氏阳性菌，而对革兰氏阴性菌没有抑制作用，溶菌酶对革兰氏阴性菌有较好的抑制作用，这两者结合将会扩大抗菌谱。有研究表明，在冷藏条件下用乳酸链球菌素（Nisin）与溶菌酶制成的复合生物保鲜剂对缢蛏的保鲜效果比单一使用生物保鲜剂对缢蛏的保鲜效果好。茶多酚和壳聚糖的复合保鲜剂将茶多酚的抗氧化作用与壳聚糖的抗菌作用结合，用于水产品保鲜效果明显优于单独使用。

典型工作任务

任务一　新鲜柑橘涂膜保藏技术

【任务分析】

新鲜柑橘采后仍然保持着旺盛的呼吸作用，其在氧气充足时表现为有氧呼吸，会消耗果实中大量的糖分等有机成分，放出二氧化碳，促进果实衰老；若适当地限制供氧，则可降低呼吸强度，延缓果实衰老。但过度限制供氧，会促使柑橘发生无氧呼吸，同样消耗更多有机质，并形成乙醇等不完全氧化产物，引起细胞中毒，使果实形成生理病害。同时水果在贮藏过程中也会蒸发水分，当失水超过5%时就会出现枯萎而影响其品质，或造成腐烂变质。柑橘采用涂膜保藏则可在果实表面形成一层具有适度的氧和二氧化碳通透性（即气调性）的薄膜，以形成适度限制供氧的小环境，延缓柑橘果实的衰老进程，同时减少水分蒸发。此外，形成薄膜后可阻止微生物的侵入，可在一定程度上延缓柑橘的微生物性腐烂。

【任务准备】

1. 技术方案

（1）工艺流程。

原料选择→预冷→清洗→防腐处理→涂膜保鲜→干燥→分级→包装→低温贮藏

（2）技术参数。采果后24h内防腐处理；涂膜剂干燥温度控制在50℃，时间25min。

2. 原辅材料及设备准备　新鲜柑橘、涂膜材料、电热恒温干燥箱、恒温培养箱、电子分析天平、恒温磁力搅拌器、pH 计、手持糖量计、冰箱、冰柜、真空包装袋等。

【任务实施】

1. 原料选择　选择晴天、柑橘表面水分干后进行采果。选择成熟度为八至九成，无病、无机械损伤的健康水果；采用“一果两剪法”采果，即第一剪带梗剪下，第二剪齐果蒂处剪平。操作中轻拿轻放，减少翻倒次数，避免混入杂物，装果八至九成满，以保证无伤采收。

2. 预冷　在采果后 24h 内进行预贮（预冷）处理。在阴凉、通风处预贮 2～5d，失水 3%左右；采果后及时快速进行预冷处理，预冷温度要接近柑橘的适宜贮运温度。

3. 清洗　在柑橘防腐处理前，用自来水清洗柑橘表面的污垢，并再次检查，剔除有损伤、有病虫害和畸形果。

4. 防腐处理　在采果后 24h 内浸果，浸果时间在 30s 以内。浸果后在阴凉通风处晾干。所选清洁剂、防腐剂、保鲜剂的使用范围、使用浓度和最大允许残留量应遵照使用说明，并符合国家安全卫生标准，无损人体健康。

5. 涂膜保鲜

（1）涂膜剂的制备。

①蜡膜涂膜剂。

原料配比：蜂蜡 300g，阿拉伯胶 100g，蔗糖脂肪酸酯 5g。

调配方法：将上述 3 种原料放在一起混合，缓慢加热至 40℃，成为稀糊状的混合物时即可使用。这种保鲜剂不含有毒物质，使用安全。

②天然树脂涂膜剂。

原料配比：虫胶 100g，乙醇 180mL，甲基硫菌灵 0.6g。

调配方法：将虫胶投入乙醇中，略加温后搅拌或摇动，以加速溶解。待虫胶溶解降温后加入甲基硫菌灵，摇匀后即得略带棕红色的半透明涂膜剂原料。

③油脂涂膜剂。

原料配比：棉籽油 500g，山梨糖醇酐脂肪酸酯 5g，阿拉伯胶 5g，水 1 000mL。

调配方法：先将阿拉伯胶浸泡在水中，待溶胀后加热搅动使其溶解，然后加入山梨糖醇酐脂肪酸酯和棉籽油，加热搅拌使其成为乳化液。

（2）涂膜处理。涂膜剂的使用量为 1.5L/t，涂膜处理有喷涂和浸涂两种方法。喷涂采用低压喷雾将蜡液均匀喷洒在果实的表面，以减少蜡液浪费；浸涂可使果实表面蜡液覆盖完全，但浓度易于稀释，造成蜡液涂膜效果差。

6. 干燥　打蜡后应及时干燥，适宜温度控制在 50℃，不应高于 60℃；不宜用热风加毛刷干燥果实，避免果实受伤害；果实干燥时间不应低于 25min。注意避免用蜡时果实太湿、干燥通道温度太低、通道果实过多、果实流动速度太快等问题。

7. 分级　柑橘果实可采用机械分级、电子光学分级和重量分级等方式进行大小与品质分级。

8. 包装　采用包纸或套薄膜袋包装，每一果实包一张纸，交头裹紧，甜橙、宽皮柑橘的包装交头处在果蒂部或果顶部，柠檬交头处在腰部。柑橘果实包好后，应立即装入果箱，装箱时包果纸交头应全部向下。

9. 贮藏　柑橘包装后可冷藏。

冷藏温度：甜橙 3～5℃；温州蜜柑 5～8℃；椪柑 7～9℃。库内温度变幅控制在 2℃以内。果实出库前应缓慢升温至环境温度。

相对湿度：甜橙类 90%～95%，宽皮柑橘类 80%～85%。

【任务小结】

柑橘果实的涂膜保藏主要是选择纯天然、无毒、无害的分子多糖、脂类物质等作为涂膜剂，配以天然抗氧化剂、抑菌剂和生长调节剂等为辅料制成适当浓度的水溶液或乳液。采用喷洒等方法喷施于果实表面，干燥后在其表面形成一层薄薄的透明膜，增强果蔬表皮的防护作用，适当堵塞表皮开孔，抑制呼吸作用并减少营养损耗，抑制水分蒸发，防止皱缩萎蔫，有利于保持果蔬的新鲜度，抑制微生物侵入，防止腐败变质。关键技术在于针对不同的果实产品选择不同的涂膜剂配方。

任务二　牡蛎的生物保藏技术

【任务分析】

水产品因具有味道鲜美、营养丰富、高蛋白、低脂肪等特点，深受人们青睐，牡蛎又名白蚝，因含高蛋白，又素有“海洋牛乳”之称，是一种药食两用的贝类海产品。但因牡蛎的蛋白质和水分含量高，自身携带大量的细菌，如腐败希瓦氏菌、假单胞菌属等，在贮运、加工与销售过程中，容易引起变色、变味、甚至腐败变质，故其保鲜成为国内外研究人员关注的热点。目前，国内牡蛎以鲜食和制成干肉制品为主，少量加工成蚝油或其他调味品。近年来牡蛎养殖业快速发展，牡蛎保藏的问题逐渐引起人们的重视，同时随着人们食品安全意识的提高以及传统保藏技术存在的问题，发展生物保藏技术是一种必然趋势。

【任务准备】

1. 技术方案

（1）工艺流程。

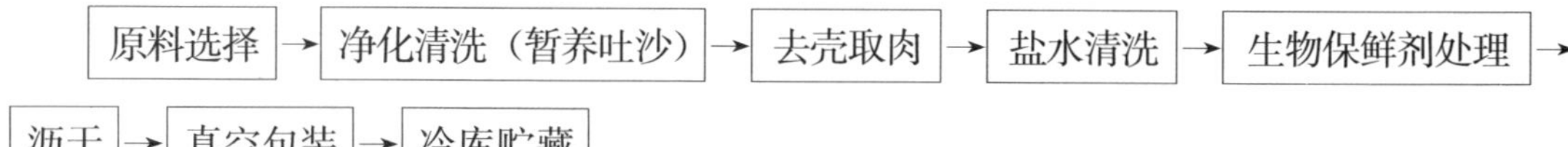

（2）关键技术参数。复合保鲜剂：1.0%的壳聚糖+0.5%的茶多酚+0.06g/L 的溶菌酶组成的保鲜剂处理 3～5min；5℃以下冷藏。

2. 原材料及设备准备　鲜活牡蛎、生物保鲜剂或其配制材料；真空包装机、冷库等。

【任务实施】

1. 原料选择　选择无破损、杂质少的新鲜肥满牡蛎。

2. 净化清洗（暂养吐沙）　将新鲜的牡蛎放入干净的海水中暂养，让牡蛎自然吐沙 2～3h，然后再用清水清洗。

3. 去壳取肉　将清洗干净的牡蛎，在无菌条件下用专用工具开壳取肉，并迅速置于生理盐水中。

4. 盐水清洗　取出的牡蛎肉先在 3%～5%的生理盐水中清洗，然后用细流清水充分淘洗，去除夹带在牡蛎肉中的泥沙、碎壳等杂质，漂洗干净后沥水。

5. 生物保鲜剂处理

（1）牡蛎的保鲜中应使用浓度为 1.0%的壳聚糖+0.5%的茶多酚+0.06g/L 的溶菌酶

组成的复合保鲜剂。

(2) 将沥干水分的牡蛎肉，放入已配制好的生物保鲜剂中浸渍 3～5min。

6. 沥干　取出用保鲜剂处理后的牡蛎肉，沥水 3～5min。

7. 真空包装　牡蛎肉沥干后，按规格称量装入聚乙烯薄膜袋中，在真空度为 0.08MPa 下进行真空包装。

8. 冷库贮藏　将包装好的产品放在 5℃条件下冷藏。

【任务小结】

水产品采用生物保鲜剂保藏，既安全无害，又能以很小的生物保鲜剂用量达到保持水产品良好风味的目的。例如酶制剂保藏，抗菌涂膜保藏，以及壳聚糖、茶多酚和溶菌酶的复合保藏等技术用于水产品保鲜工艺，具有操作简单、性价比较高且生成降解物对环境无污染的优点。由于牡蛎极易腐败变质特性，加之自身携带大量的细菌，所以采用生物保鲜剂处理能够有效抑制腐败菌的生长繁殖，且具有一定的专一性，针对特定的微生物，抑菌保鲜效果好。同时，生物保鲜常结合冷藏等其他保鲜方法，以增强保鲜效果。生物保藏技术正处于快速发展阶段，水产品生物保鲜技术和装备是水产品生物保鲜不断优化的保障。

知识拓展

抗冻蛋白保鲜技术

冰核细菌保鲜技术

思考与讨论

1. 食品生物保藏的原理是什么？
2. 生物保藏的特点和类型有哪些？
3. 涂膜保藏技术中涂膜剂应具备哪些特点？
4. 常用的生物保鲜剂有哪些？
5. 针对某一鲜活食品设计其生物保鲜剂的配方及其保藏技术。

综合训练

能力领域	食品生物保藏技术
训练任务	新鲜苹果涂膜保藏
训练目标	1. 深入理解食品生物保藏的方法及特点 2. 进一步掌握水果涂膜保藏技术 3. 提高学生语言表达能力、收集信息能力、策划能力和执行能力，并发扬团结协助和敬业精神

（续）

能力领域	食品生物保藏技术		
任务描述	陕西某苹果生产专业合作社有一批优质苹果将出口北欧，拟采用涂膜保藏技术延长苹果的贮藏期，请以小组为单位完成以下任务： 1. 认真学习和查阅有关资料以及相关的社会调查 2. 制订苹果涂膜剂配方及相关工艺技术方案，并提出保藏过程中应注意的问题 3. 每组派一名代表展示编制的技术方案 4. 在老师的指导下小组内成员之间进行讨论，优化方案 5. 提交涂膜剂配方和相关工艺技术方案及所需相关材料清单 6. 现场实践操作及保鲜效果评价		
训练成果	1. 苹果涂膜剂配方及其工艺技术方案 2. 涂膜保藏苹果		
成果评价	评语：		
	成绩	教师签名	

5

项目五

食品热杀菌罐藏技术

项目目标

【学习目标】

熟悉影响微生物耐热性的因素和热杀菌罐藏原理；了解食品 pH 与腐败菌的关系，领会巴氏杀菌、商业杀菌、超高温瞬时杀菌、热烫的概念以及它们对食品品质的影响；掌握罐藏食品生产的基本工序及工艺要求。

【核心知识】

微生物耐热性，热力致死，巴氏杀菌，商业杀菌，超高温瞬时杀菌，酸化食品。

【职业能力】

1. 会分析食品的理化特性，合理选择热杀菌工艺及其参数。
2. 能编制各类食品的罐藏工艺技术方案。

食品热杀菌罐藏技术就是将食品原料经预处理后密封在容器或包装袋中，通过热杀菌工艺杀灭大部分微生物营养细胞，并在维持密闭和真空条件下，使食品在常温下得以长期保存的食品保藏方法。通常采用热杀菌罐藏技术保藏的食品被称为罐藏食品。

食品罐藏过程中热杀菌的主要目的是杀灭在食品正常保质期内可导致食品腐败变质的微生物，而达到杀菌要求的热杀菌同时又足以钝化食品中的酶活性，当然热杀菌也会造成食品的色、香、味、质地及营养成分等质量因素的不良变化。因此，罐藏食品热杀菌的原则是既达到杀菌及钝化酶活性的要求，又尽可能使食品的质量因素少发生变化。

知识平台

知识一　微生物的耐热性

食品热杀菌罐藏技术在于杀灭有害微生物的营养体，达到商业无菌的目的，同时应用真空技术，使可能残存的微生物芽孢在真空无氧状态下无法生长活动，从而使罐藏食品保持相当长的货架寿命。

一、影响微生物耐热性的因素

1. 污染微生物的种类和数量

（1）污染微生物种类。各种微生物的耐热性各有不同。微生物不同，其耐热程度不同（表 5-1），同一菌种所处生长状态不同，耐热性也不同。生长繁殖状态的耐热菌比它的芽孢弱；嗜热菌芽孢耐热性最强，厌氧菌芽孢次之，需氧菌芽孢最弱。热处理后的残存芽孢经培养繁殖，新生芽孢的耐热性较原来的强。一般而言，无芽孢的细菌在 60～80℃就可以杀灭；霉菌和酵母更不耐热，在 50～60℃条件下就可以杀灭，只有少数几种耐热性稍强；而有一部分的细菌却很耐热，尤其是有些细菌可以在不适宜生长的条件下形成非常耐热的芽孢。细菌芽孢在不同温度下的致死时间见图 5-1。

表 5-1　不同微生物的耐热性

微生物种类	最低生长温度/℃	最适生长温度/℃	最高生长温度/℃
嗜温菌	30～40	50～70	70～90
中温性菌	5～15	30～45	45～55
低温性菌	−5～5	25～30	30～35
嗜冷菌	−10～−5	12～15	15～25

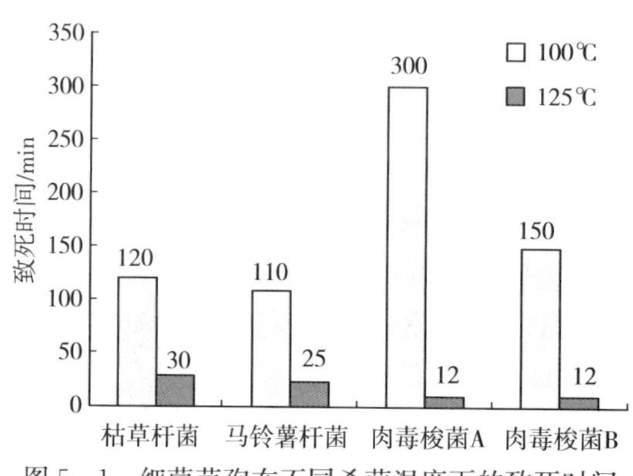

图 5-1　细菌芽孢在不同杀菌温度下的致死时间

不同微生物的耐热性强弱，通常表现为：嗜热微生物＞嗜温微生物＞嗜冷微生物，细菌＞霉菌、酵母菌，产芽孢细菌＞非芽孢细菌，芽孢＞营养细胞。

（2）污染量（原始活菌数）。微生物的耐热性与一定容积中所存在的微生物的数量有关。原始微生物数量越多，全部杀灭所需的时间就越长。原始活菌数和甜玉米罐头杀菌效果的关系如表 5-2 所示。因此，罐藏食品杀菌前被污染的菌数和杀菌效果有直接的关系。

显然，食品在热杀菌前，可能被各种各样的微生物污染，而微生物的种类及数量取决于食品原料的状况（来源及储运过程）、工厂的环境与车间卫生、机器设备与工器具卫生、生产工艺条件及操作人员个人卫生等因素。

表 5-2　原始活菌数和甜玉米罐头杀菌效果的关系

121℃时杀菌时间/min	发生平盖酸败的百分比/%		
	无糖	10g 食糖中含 60CFU 平酸菌	10 g 食糖中含 2 500CFU 平酸菌
70	0	0	95.8
80	0	0	75
90	0	0	54.2

2. 热杀菌温度和时间　在微生物最高生长温度以上的温度就可导致微生物的死亡。显然，微生物的种类不同，其最低热致死温度也不同。对于规定种类、数量的微生物，选择某一温度条件后，微生物的死亡就取决于在这个温度条件下维持的时间。不同热处理温度时炭疽芽孢的活菌残存数曲线如图 5-2 所示，热杀菌温度越高，则其杀菌效果就越好，但单一延长加热时间，有时并不能使杀菌效果提高，而热杀菌时保证足够高的温度比延长杀菌时间更重要。热杀菌温度对玉米汁中平酸菌死亡时间的影响如表 5-3 所示。表 5-3 显示提高杀菌温度就能缩短平酸菌的致死时间。

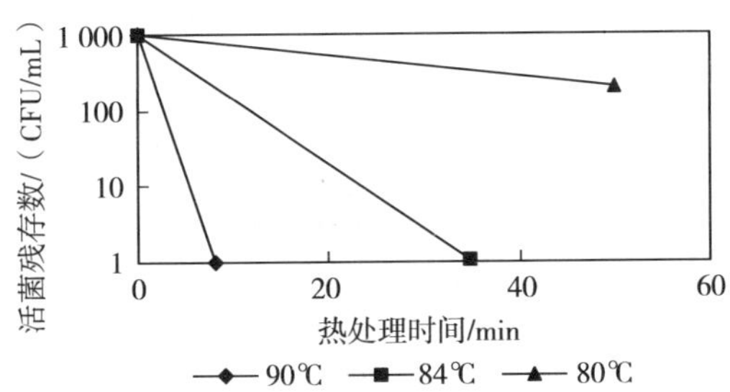

图 5-2　不同热杀菌温度时炭疽菌芽孢的活菌残存数曲线

表 5-3　热杀菌温度对玉米汁中平酸菌死亡时间的影响

温度/℃	平酸菌芽孢全部死亡所需时间/min	温度/℃	平酸菌芽孢全部死亡所需时间/min	温度/℃	平酸菌芽孢全部死亡所需时间/min
100	1 200	115	70	130	3
105	600	120	19	135	1
110	196	125	7		

3. 罐藏食品成分　一般认为热杀菌使微生物细胞内蛋白质变性而使微生物死亡，而食品内各种成分则会影响到蛋白质的凝固速度，从而影响到微生物的耐热性。

（1）pH。研究证明，许多高耐热性的微生物（如细菌），在中性时的耐热性最强，随着 pH 偏离中性的程度越大，其耐热性越低，则意味着死亡率越大（图 5-3）。大多数芽孢杆菌在中性范围内耐热性最强，当 pH$<$5 时细菌芽孢就不耐热，很明显此时其耐热性的强弱

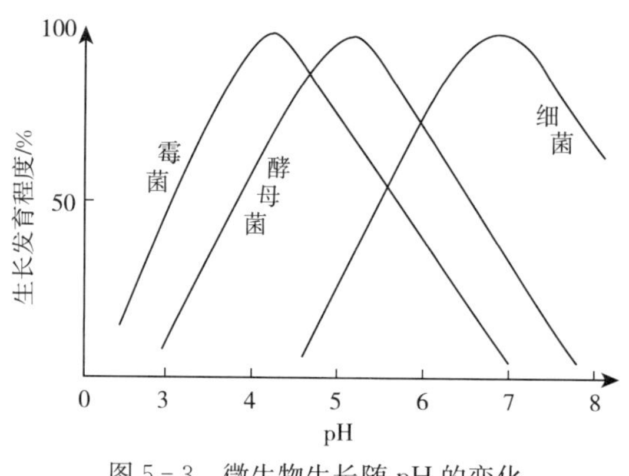

图 5-3　微生物生长随 pH 的变化

受其他因素的控制（图 5-4）。例如在一些蔬菜和汤类的保藏时可通过添加有机酸，适当提高内容物的酸度，以降低杀菌温度和时间，保存食品原有品质和风味。

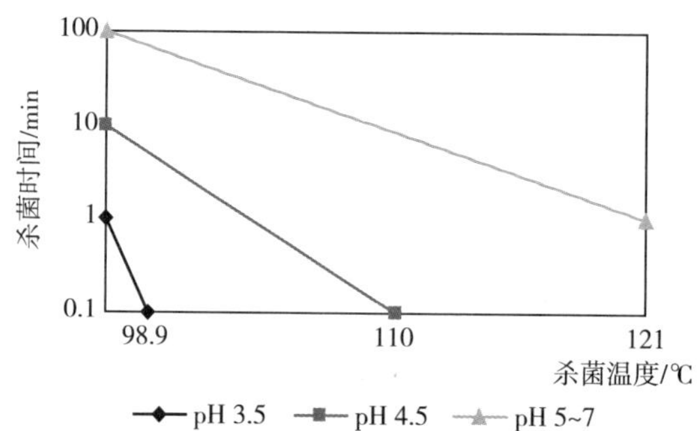

图 5-4　加热介质 pH 对细菌芽孢耐热性的影响

（2）脂肪。脂肪和油能增强微生物的耐热性，这是因为微生物的细胞是一种蛋白质的胶体溶液，此种亲水性的胶体与脂肪接触时，蛋白质与油脂两相间很快形成一层凝结薄膜，这样就使微生物表面被凝结层包围。凝结层妨碍水分的渗透，同时本身又是不良的热导体，所以增强了微生物的耐热性。例如大肠杆菌和沙门氏菌，在水中加热至 60～65℃即可致死，而在油中加热 100℃条件下需经 30min 才能致死，即使在 109℃下也需要 10min 才能致死。因此，对于脂肪含量高的食品，其热杀菌强度要加大。如油浸鱼罐头热杀菌条件为 118℃ 60min，而红烧鱼罐头则为 115℃ 60min。

（3）糖。食品中糖的存在会影响微生物的耐热性，且耐热性与糖的种类和浓度有关。蔗糖浓度很低时对微生物耐热性的影响很小，而高浓度的蔗糖会导致微生物细胞中的原生质脱水，从而影响了蛋白质的凝固速度以至于提高微生物的耐热性。当蔗糖的浓度增加到一定程度时，由于造成高渗透压的环境，因而又具有了抑制微生物生长繁殖的作用。糖的浓度越高，越难以杀死食品中的微生物。例如 70℃的温度条件下，大肠杆菌在 10％浓度糖液中的致死时间比无糖时增加了 5min，而糖浓度为 30％时，其致死时间增加 30min。又如酵母菌在蒸馏水中加热到 100℃几乎立即致死，而在 43.8％和 66.9％的糖液中则分别需要 6min 和 28min 才能致死。

不同糖类对受热细菌的保护作用由强到弱顺序为：蔗糖＞葡萄糖＞山梨糖醇＞果糖＞甘油。

(4) 蛋白质。蛋白质如明胶、血清等能增强芽孢的耐热性。食品中蛋白质含量在5%左右时，对微生物有保护作用，例如将某种芽孢分别放在含有1%～2%明胶及不含明胶的pH 6.9的磷酸缓冲液中，实验结果表明含明胶溶液中的微生物耐热性比不加明胶溶液的耐热性增加2倍。

(5) 盐类。食品中无机盐的种类很多，使用量相对较多的是食盐。通常低浓度食盐(＜4%)对微生物有保护作用(表5-4)；高浓度(≥4%)时，微生物耐热性随浓度的升高明显降低。这主要是由于低浓度食盐使微生物细胞适量脱水，蛋白质难以凝固；高浓度食盐则可使微生物细胞大量脱水，导致微生物蛋白质变性而死亡，而且高浓度食盐还造成其水分活度下降，这也会强烈抑制微生物的生长繁殖。

表5-4　青豆罐头115℃杀菌处理后细菌残存率

食盐浓度/%	0	0.5	1.0	1.5	2.0	2.5	3.0	4.0
细菌残存率/%	15.0	37.8	86.7	73.3	75.6	78.9	40.0	13.0

(6) 植物杀菌素。植物杀菌素是指某些植物中含有的能抑制微生物生长或杀死微生物的成分。常见含有植物杀菌素的原料有葱、蒜、辣椒、萝卜、芥末、丁香、芹菜、胡萝卜、茴香等。植物杀菌素的存在会削弱微生物的耐热性，并降低原始菌数量。

此外，在相同温度条件下，湿热杀菌的效果要好过干热杀菌，同时若食品中加入少量的杀菌剂或抑制剂，也能大大减弱芽孢的耐热性。

二、热杀菌食品的pH分类

大量试验证明，较高的酸度可以抑制乃至杀灭许多种类的嗜热或嗜温微生物，而在较酸的环境中还能存活或生长的微生物往往又是不耐热的。这样，就可以对不同pH的食品采用不同强度的热杀菌处理，既可达到热杀菌的要求，又不至于因过度加热而影响食品的质量。

目前，热杀菌食品按pH不同有多种不尽相同的分类方式，可分为高酸性(pH≤3.7)、酸性(3.7＜pH≤4.6)、中酸性(4.6＜pH≤5.0)和低酸性(pH＞5.0)四类(表5-5)；也可分为高酸性(pH≤4.0)、酸性(4.0＜pH≤4.6)和低酸性(pH＞4.6)三类，或其他一些划分方法。

表5-5　热杀菌食品的pH分类

<table>
<tr><th>酸度</th><th>pH</th><th>食品种类</th><th>常见腐败菌</th><th>杀菌要求</th></tr>
<tr><td>低酸性</td><td>＞5.0</td><td>虾、蟹、贝类、禽肉、牛肉、猪肉、羊肉、蘑菇、青豆</td><td rowspan="2">嗜热菌、嗜温厌氧菌、嗜温兼性厌氧菌</td><td rowspan="2">高温杀菌105～121℃</td></tr>
<tr><td>中酸性</td><td>4.6＜pH≤5.0</td><td>蔬菜肉类混合制品、面条、无花果</td></tr>
<tr><td>酸性</td><td>3.7＜pH≤4.6</td><td>荔枝、龙眼、樱桃、苹果、枇杷、草莓、番茄酱</td><td>非芽孢耐酸菌、耐酸芽孢菌</td><td rowspan="2">沸水或100℃以下介质中杀菌</td></tr>
<tr><td>高酸性</td><td>≤3.7</td><td>菠萝、杏、葡萄、柠檬、果酱、果冻、酸泡菜、柠檬汁等</td><td>酵母、霉菌</td></tr>
</table>

但是从食品安全和人类健康的角度，热杀菌食品通常只分成酸性食品（pH≤4.6）和低酸性食品（pH>4.6）两类，这主要是根据肉毒梭状芽孢杆菌的生长习性来决定的。在包装容器中密封的低酸性食品给肉毒杆菌提供了一个生长和产毒的理想环境，肉毒杆菌在生长过程中会产生致命的肉毒素，其对人类的健康危害极大，人的致死率可达65%。肉毒杆菌为抗热厌氧土壤菌，广泛分布于自然界中，主要来自土壤，故存在于原料中的可能性很大，所以食品罐藏一定要保证杀灭肉毒杆菌。而试验证明，肉毒杆菌在pH≤4.6时就不会生长（即也不会产生毒素），且在pH≤4.6时，其芽孢受到强烈的抑制，因此，pH 4.6被确定为低酸性食品和酸性食品的分界线。同时，实验研究还证明，肉毒杆菌在干燥的环境中也无法生长，因此以肉毒杆菌为对象菌的低酸性食品被划定为pH>4.6、水分活度（A_W）>0.85。而所有pH>4.6的食品都必须接受基于肉毒杆菌耐热性所要求的最低热处理量。

在pH≤4.6的酸性条件下，肉毒杆菌不能生长，而其他多种产芽孢细菌、酵母及霉菌则可能引起食品的腐败败坏。一般而言，这些微生物的耐热性远低于肉毒杆菌，因此不需要高强度的热处理过程。

对于低酸性食品必须采用高压杀菌，而酸性食品和A_W≤0.85的食品则可采用常压杀菌（表5-6）。

表5-6　不同类型的食品所需的热杀菌条件

平衡后的pH	A_W	杀菌方式
≤4.6	≤0.85	常压杀菌（巴氏杀菌）
≤4.6	>0.85	常压杀菌（巴氏杀菌）
>4.6	≤0.85	常压杀菌（巴氏杀菌）
>4.6	>0.85	高压杀菌

有些低酸性食品因为感官品质的需要，不宜进行高强度的热处理，可以采取加入酸或酸性食品的办法使罐藏食品的整体最终平衡pH<4.6，这类产品被称为酸化食品。

美国食品药品监督管理局（FDA）根据A_W和pH的不同将罐藏食品分为低酸食品（low acid foods）和酸化食品（acidified foods）作为对食品分类管理的依据。通常酸化食品可以按照酸性食品的热杀菌要求来进行处理。

三、微生物耐热性常用参数

1. 热力致死时间曲线　热力致死时间是指在特定热杀菌温度下，将食品中的某种微生物恰好全部杀灭所需要的时间。以热杀菌温度T为横坐标，以其所对应的杀死某一菌种的全部细菌或者芽孢所需最短时间t为纵坐标，在半对数坐标图中可作出的曲线，被称为热力致死时间曲线，简称TDT（thermal death time curve）曲线（图5-5）。该曲线为一直线，表示微生物的热力致死时间随热杀菌温度的提高而呈指数关系缩小，即两者之间同样遵循指数递减的变化规律。

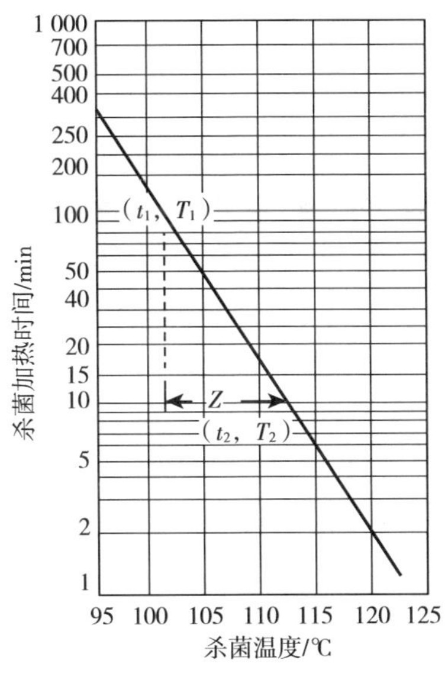

图 5-5　热力致死时间曲线

取曲线上任意两点（t_1，T_1）、（t_2，T_2），k 为热力致死时间曲线的斜率，则

$$\lg t_2 - \lg t_1 = k(T_2 - T_1)$$

$$\lg t_1 - \lg t_2 = -k(T_2 - T_1)$$

令　$Z=-1/k$

则得到热力致死时间曲线方程为：

$$\lg\frac{t_1}{t_2}=\frac{T_2-T_1}{Z}$$

式中，T_1、T_2 分别为杀菌温度和标准温度（℃）；t_1、t_2 分别为 T_1、T_2 温度下的致死时间（min）；Z 为杀菌致死变化 10 倍时，所需要相应改变的温度数（℃）。

TDT 曲线与环境条件有关，与微生物数量和种类也有关。该曲线可用以比较不同温度-时间组合的杀菌强度：

$$t_1 = t_2 \lg^{-1}\frac{T_2-T_1}{Z}$$

2. F_0 值　F_0 值是指采用 121.1℃杀菌温度时的热力致死时间，即 $TDT_{121.1}$，单位为 min。为了方便对不同杀菌温度-时间组合进行比较，公认 121.1℃为标准杀菌温度，将这个温度条件下所需要的杀菌时间记为 F。又因为这里仅仅考虑了细菌的耐热性，为与实际的杀菌强度区别，特别记为 F_0。而对于其他非标准温度下的 F 值，常用 F_T 表示，即将杀菌温度标示于右下标，如 $F_{105}=4.5$min，则表示在杀菌温度为 105℃下的 F 值为 4.5min。F_0 值与菌种、菌量及环境条件有关，F_0 值越大，表明细菌耐热性越强。

利用热力致死时间曲线，可将各种杀菌温度-时间组合换算成 121.1℃时的杀菌时间，从而可以方便地加以比较：

$$F_0 = t\lg^{-1}\frac{T-121.1}{Z}$$

3. Z 值　Z 值是指热力致死时间变化 10 倍时，所需要相应改变的温度数，单位为℃。在 TDT 曲线上可以清楚地看出 Z 值的意义。对于低酸性食品中的微生物，如肉毒杆菌等，

一般 $Z=10℃$；在酸性食品中的微生物，采取 100℃或 100℃以下杀菌的，通常 $Z=8℃$。

Z 值与微生物的种类和环境因素有关。一般 Z 值越大，说明微生物的耐热性越强。

4. 热力致死速率曲线 热力致死速率曲线表示某一种特定的对象菌在特定的条件和特定的温度下，其总的数量随杀菌时间的延续所发生的变化。如果以热杀菌（恒温）时间为横坐标，以存活微生物数量为纵坐标，可以得到一条对数直线，即热力致死速率曲线（图 5－6），其表示了微生物的残存数量按对数规律变化。

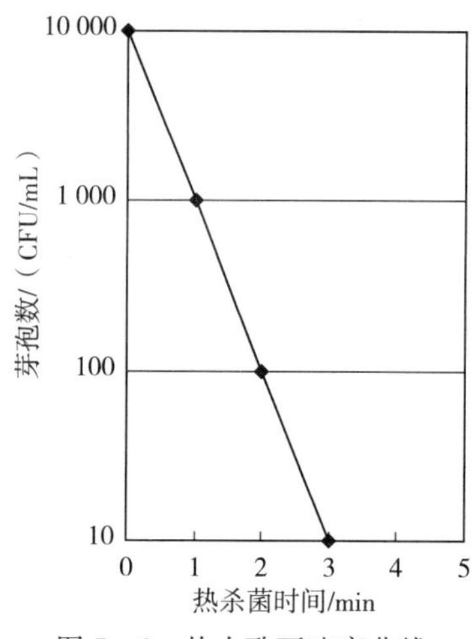

图 5－6　热力致死速率曲线

实验证明，如果有足够多的微生物，则这些微生物并不是同时死亡的，而是随着时间的推移，其死亡量逐步增加。

设原始菌数为 a，经过一段热杀菌时间 t 后，残存菌数为 b，直线的斜率为 k，则：

$$\lg b-\lg a=k\ (t-0)$$

因为 a 总是大于 b，则得

$$t=-\frac{1}{k}\ (\lg a-\lg b)$$

令 $-1/k=D$，则得到热力致死速率曲线方程为：

$$t=D\ (\lg a-\lg b)$$

5. D 值 D 值表示在特定的环境中和特定的温度下，杀灭 90%特定的微生物所需要的时间，单位为 min 或 s。D 值越大，表示杀灭同样百分数微生物所需的时间越长，即说明这种微生物的耐热性越强（表 5－7）。特别注意：D 值的大小不受原始菌数的影响，但随热杀菌温度的变化而变化。温度越高，致死速率越大，D 值越小。为了区别不同热杀菌温度下的 D 值，通常将热杀菌温度标示于 D 的右下标，即 D_T，例如标准温度下的 D 值即用 D_{121} 表示。

表 5－7　部分食品中常见腐败菌的 D 值

腐败菌			腐败特征	耐热性
低酸性食品	嗜热菌	嗜热脂肪芽孢杆菌	平盖酸败	$D_{121}=4.5\sim5.0$ min
		嗜热解糖梭状芽孢杆菌	产酸、产气	$D_{121}=3.0\sim4.0$ min
		致黑梭状芽孢杆菌	致黑、硫臭	$D_{121}=2.0\sim3.0$ min

（续）

腐败菌			腐败特征	耐热性
低酸性食品	嗜温菌	肉毒杆菌 A、肉毒杆菌 B	产酸、产气、产毒	D_{121}=6～12s
		生芽孢梭状芽孢杆菌	产酸、产气	D_{121}=6～40s
酸性食品	嗜温菌	凝结芽孢杆菌	平盖酸败	D_{121}=1～4s
		巴氏固氮梭状芽孢杆菌	产酸、产气	D_{100}=6～30s
		酪酸梭状芽孢杆菌	产酸、产气	D_{100}=6～30s
		多黏芽孢杆菌	产酸、产气	D100=6～30s

6. $F_0=nD$。将杀菌终点的确定与实际的原始菌数和要求的成品合格率相联系，用适当的残存率值代替“彻底杀灭”的概念，这使得杀菌终点（或程度）的选择更科学、更方便，同时强调了环境和管理对杀菌操作的重要性。通过 $F_0=nD$，将热力致死速率曲线和热力致死时间曲线联系在一起，建立了 D 值、Z 值和 F_0 值之间的联系。

设将活菌数降低到 $b=a10^{-n}$ 为热杀菌目标。采用某杀菌温度 T，根据热力致死速率曲线方程，所需时间为：

$$t_T=D_T\left[\lg a-(\lg a10^{-n})\right]$$

即

$$t_T=nD_T$$

式中，a 为原始活菌数（CFU/mL）；b 为杀菌后残存活菌数（CFU/mL）；n 表示递减指数。

在实际杀菌操作中，若 n 足够大，则残存菌数 b 足够小，达到某种可被社会（包括消费者和生产者）接受的安全“杀菌程度”，就可以认为达到了杀菌的目标。这种程度的杀菌操作，常称为商业杀菌；接受过商业杀菌的产品，即处于“商业无菌”状态。

$F_0=nD$ 的意义在于用适当的残存率值代替过去“彻底杀灭”的概念，这使得杀菌终点（或程度）的选择更科学、更方便，同时强调了环境和管理对杀菌操作的重要性。

知识二　高温对酶活性的钝化作用及酶的耐热性

酶是引起食品品质变化的另一个重要因素。不同食品所含的酶种类不同，酶的活力与特性也有差异，故引起食品变质的类型及程度也不同，但是主要体现在食品感官和营养品质的下降。引起食品品质下降的酶主要是氧化酶类和水解酶类，如过氧化物酶、多酚氧化酶、抗坏血酸氧化酶和脂肪氧合酶等（表 5-8）。

表 5-8　与食品品质下降有关的酶类及其作用

酶的种类	酶的作用
过氧化物酶类	导致蔬菜变味、水果褐变
多酚氧化酶	导致蔬菜和水果的变色、变味及维生素的损失
脂肪氧合酶	破坏蔬菜中必需脂肪和维生素 A，导致变味
脂肪酶	导致油、乳及乳制品的水解酸败

（续）

酶的种类	酶的作用
多聚半乳糖醛酸酶类	破坏和分裂果胶物质，导致果汁失稳或果实过度软烂
抗坏血酸氧化酶	破坏蔬菜和水果中的维生素 C
蛋白酶类	影响鲜蛋及干蛋制品贮藏，导致虾、蟹肉组织过度软烂，影响面团质构
硫胺素酶	破坏肉、鱼中的维生素 B_1
叶绿素酶类	破坏叶绿素，导致绿色果蔬褪色

1. 高温对酶活性的钝化作用 酶的活性和稳定性与温度之间有着密切关系。在较低的温度范围内，随着温度的升高，酶活性也增加。通常大多数酶在 30～40℃的范围内显示其最大的活性，而高于此范围的温度将使酶钝化失活。酶活性和酶失活速度与温度之间的关系均可用温度系数（Q_{10}）来表示。酶活性的 Q_{10} 一般为 2～3，而酶失活速度的 Q_{10} 可达 100（临界温度范围内）。因此，随着温度的提高，酶催化反应速度和失活速度同时增大，但是由于二者的 Q_{10} 不同，因此，在某个关键性的温度条件下，酶失活的速度将超过催化的速度，这一关键性温度即为酶活性的最适温度。

绝大多数酶在温度 80℃以上时活性即被钝化，只有部分酶比较耐热，如酸渍食品中的过氧化物酶能经受 85℃的热处理。一般认为食品一旦经过热杀菌处理，其存在的酶也被钝化失活。但是也存在采用 121℃以上的高温短时杀菌时，会出现杀菌强度足够但酶没有被钝化的现象，例如高酸性食品因所需杀菌强度低，有时也存在酶钝化不完全的现象。

2. 酶的耐热性 酶的耐热性因种类不同而有较大的差异。如牛肝的过氧化氢酶在 35℃时就不稳定，而核糖核酸酶在 100℃下，其活力仍可保持几分钟。虽然大多数与食品保藏有关的酶在 80℃以上时逐渐失活，但乳碱性磷酸酶和植物过氧化物酶在 pH 中性条件下非常耐热，在热杀菌时，其他的酶和微生物都在这两种酶失活前就已被破坏。因此，在乳品和果蔬加工保藏中，常根据这两种酶是否失活，作为巴氏杀菌和热烫等热处理是否充分的判断标准。

某些酶类如过氧化物酶、碱性磷酸酶和脂酶等，在热钝化后的一段时间内，其活性可部分再生。这种酶活性的再生是由于酶的活性部分从变性蛋白质中分离出来。为了防止酶活性的再生，可采用更高的加热温度，或延长热处理时间。

知识三　高温对食品品质的影响

高温处理对食品品质的影响具有双重性，既可产生有益的结果，也会造成营养成分损失等不利的影响。

高温可以破坏食品中不需要的成分，如禽类蛋白中的抗生物素蛋白、豆科植物中的胰蛋白粉素，同时高温可改善营养素的可利用率，例如使蛋白质变性而提高其在食用者体内的可消化性。高温能使淀粉糊化，改善食品的感官品质，例如改善组织状态、产生可口的色泽等。

但是高温处理对食品成分产生的不良后果也是很明显的，这主要包括食品中热敏性营养损失和感官品质劣化。例如热处理虽然可以提高蛋白质的可消化性，但变性的蛋白质（如氨基酸）易与还原糖发生美拉德反应而使蛋白质损失，并降低蛋白质的营养特征。某些食品还会因为美拉德反应而变色，甚至有时会产生不良气味或有害物质。高温处理造成的热敏性营养损失主要集中在维生素损失，尤其水溶性维生素，它们较脂溶性维生素对热的稳定性差，例如维生素 C、维生素 B_1、维生素 D 及泛酸对热最不稳定，极易造成损失。

食品营养成分和感官品质对热的耐性还取决于营养素和感官指标的种类、食品的种类，以及 pH、水分、氧气含量、缓冲盐类等一些热处理时的环境条件。

知识四　食品的传热

在实际生产中，必须考虑食品的传热问题。

一、食品的传热方式

热的传递方式有 3 种：对流、传导和辐射。对于罐藏食品而言，不存在辐射传热，只有对流和传导两种方式。根据罐藏食品的特性，其传热方式有以下几种类型：

（1）完全对流型。液体食品，如果汁、蔬菜汁；汁液很多而固形物很少，并且块形很小的食品，如汤类罐头。

（2）完全传导型。罐藏食品全部是固体食品，如午餐肉、烤鹅等。

（3）先传导后对流型。受热后流动性增加的食品，如果酱、巧克力酱、番茄沙司等。

（4）先对流后传导型。受热后会吸水膨胀的食品，如甜玉米等含有丰富淀粉质的食品。

（5）诱发对流型。借助机械力量产生对流的食品，比如对于八宝粥等黏稠性产品使用回转式杀菌器，在杀菌过程中产生强制性对流。

二、食品温度的测定

在食品热杀菌过程中，由于食品的种类、热物理性质不同，其受热的传热方式及传热效果也不同，最终导致在整个热杀菌过程中食品温度不同。通过测定食品温度，以此评价食品热杀菌的效果，并制订合理的热杀菌条件及参数，以保证食品安全，减少食品不必要的损失。

在热杀菌罐藏食品中，罐内各点的食品温度往往是不均一的、多变的。准确评价罐藏食品在热杀菌过程中的受热程度，就必须找出能代表罐内食品温度变化的温度点，一般选择罐内传热最慢的温度点，这一传热最慢温度点被称为冷点，又称为最低加热温度点。食品热杀菌时，若处于冷点的食品达到杀菌的温度要求，则罐内其他各处的食品也一定达到或已超过热杀菌的温度要求。

罐藏食品的冷点位置与食品的传热情况密切有关。一般以传导方式进行传热的罐藏食品（如固态食品等），由于传热过程从容器壁传向罐内的中心处，故罐内食品冷点位置在其几何中心，如图 5 - 7a 所示。而以对流方式进行传热的罐藏食品（如液态食品等），由于罐内食品发生对流，热的食品上升，冷的食品下降，食品的冷点将向下移，通常在罐内的中心轴上，距罐底部的距离为罐高的 10％～15％处，如图 5 - 7（b）所示。以传导-对流结合方式或以对流-传导结合方式进行热传递的罐藏食品，在整个热杀菌过程中冷点的位置是随其传热方式的变化而改变的。一般传导-对流结合型罐藏食品的冷点位于对流和传导两冷点之间，并由两者比值决定，通常取离罐底约为罐高 1/4 的罐内中心点为测定点。

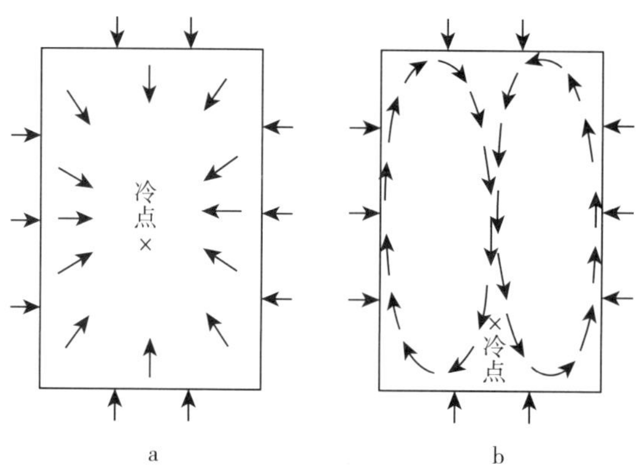

图 5－7　对流与传导传热时的冷点（中心温度）

a. 传导　b. 对流

三、影响罐藏食品传热的因素

罐藏食品的温度才是热杀菌保藏中真正的微生物致死温度，罐内各点的温度是不同的，影响罐藏食品温度变化快慢（即传热速率）的因素概括起来主要有以下几个方面。

1. 罐内食品的物理性质　主要指食品的状态、块形大小、浓度、黏度等，且这几个物理性质之间又存在一定的相关性。例如液态食品，若其浓度和黏度都较低，其传热方式就以对流为主，可在较短的时间内达到杀菌温度（杀菌锅工作温度），而且罐内各点的温度变化基本保持同步。又如半液态食品，浓度和黏度较大，流动性较低，其传热方式可能传导与对流都存在，或者因黏度的变化而偏重某一种方式，或者因加热的变化而中途改变传热方式。又如固态食品，其传热速度显然要小于对流型食品，罐内各点的温度分布极不均衡，取决于该种食品的热导率。再如带汤汁的食品，其固形物的粒度、形状和装罐方式都会对传热速率有影响，小块食品的传热速率要快于大块食品，颗粒状或薄片状的食品要快于粗条状或大块状的，竖条装罐食品要快于层片装罐的。

2. 食品初温　食品初温是指热杀菌操作开始时罐内食品的温度。显然，食品初温越高，杀菌温度与食品温度间的差值越小，罐内温度达到或逼近杀菌温度的时间就越短。因此，食品初温对于传热的影响与食品的物理性质有很大关系。一般对流型传热食品的初温对传热的影响很小，而传导型食品的初温则对传热的影响极大。

3. 罐藏容器　罐藏食品在杀菌时，罐外的热量传到罐内都必须通过罐壁，因此，容器材料的热绝缘系数就是影响热传递的一个重要因素。热绝缘系数的大小既受到材料热导率的影响，也取决于罐壁的厚度。根据热绝缘系数公式（$M=\delta/\lambda$，式中：δ 为罐壁厚；λ 为热导率；M 为热绝缘系数），热导率越大，热绝缘系数越小，而罐壁厚度越大，热绝缘系数越大。通常铝罐的热绝缘系数最小，铁罐的热绝缘系数略大于铝罐的，而玻璃罐的最大。几种常用罐藏容器的壁厚、热导率和热绝缘系数的数据如表 5－9 所示。

表 5-9　几种常用罐藏容器的壁厚、热导率和热绝缘系数

罐藏容器	罐壁厚/m	热导率/[W/(m·K)]	热绝缘系数/(m^2·K/W)
马口铁罐	0.000 3	46.52	6.4×10^{-6}
玻璃罐	0.004	0.58	6.9×10^{-3}
铝罐	0.000 2	203.5	9.8×10^{-7}

另外，罐藏容器的容积和尺寸对传热也有影响。容积越大，所需的加热时间就越长；容积越小，传热越快。

4. 杀菌锅　罐藏食品的杀菌锅通常有静置式杀菌锅与回转式杀菌锅。静置式杀菌锅（尤其是卧式杀菌锅）的锅内温度可能不均匀。罐头在锅内的位置不同，传热效果也不同。因此，杀菌锅内温度分布是否均匀是衡量杀菌锅质量的一个重要指标。此外，静置式杀菌锅若杀菌时没有经充分的排气而存在残留空气，会使锅内的某些气流不顺畅的位置滞留，从而影响锅内均匀传热，杀菌效果极差。

若采用回转式杀菌锅，因为整个锅体在杀菌过程中处于运动状态，所以锅内温度分布均匀，即使罐头所处位置不同，但其受热一致，杀菌效果相同。对黏稠类（如八宝粥罐头）和带汤汁类（如糖水水果罐头）食品，因回转式杀菌锅的运动，对罐内食品起到了一定的搅动作用，可强化传热效果。当然，对于完全固体食品（如午餐肉罐头）则不存在这种搅动强化传热效应。

知识五　食品热杀菌工艺条件的确定

食品热杀菌的主要目的是杀灭在食品保质期内可导致食品腐败变质的微生物，而一般达到热杀菌要求的加热也足以钝化食品中酶的活性，同时热杀菌也会造成食品色、香、味、质地及营养成分等的不良变化。因此，应该确定合理的食品热杀菌工艺条件，既能确保达到杀菌及钝化酶活性的要求，保证食品在保质期内不发生腐败变质，同时又能尽量减少热杀菌对食品品质的影响。

1. 确定食品热杀菌条件参数的步骤　食品热杀菌条件确定步骤如图 5-8 所示。

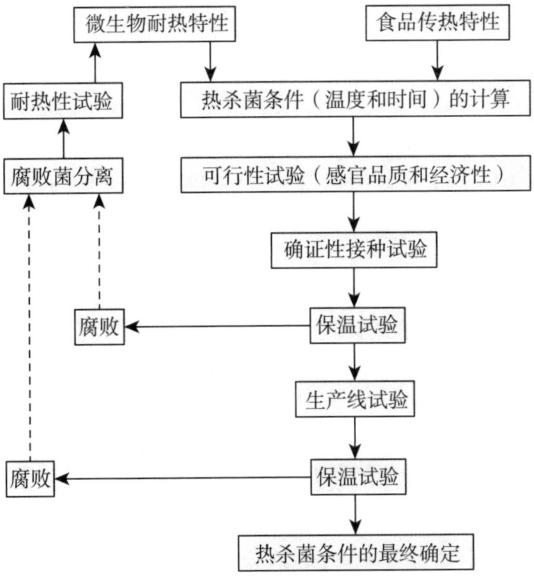

图 5-8　食品热杀菌条件确定步骤

2. 食品热杀菌的对象菌选择 由于罐藏食品的原料种类、来源、处理方法和卫生条件等各不相同，使罐藏食品在杀菌前存在着不同种类和数量的微生物，同时也没有必要对所有微生物进行耐热性试验。通常选择食品中最常见、最耐热并有代表性的腐败菌或引起食品中毒的细菌作为食品热杀菌的主要对象菌。

罐藏食品 pH 性质是热杀菌对象菌选择的重要依据。由于不同 pH 的罐藏食品中，腐败菌及其耐热性各不相同，例如在 $pH<4.6$ 的酸性或高酸性食品中，仅将酶类、霉菌和酵母菌等耐热性低的微生物作为主要热杀菌对象，是比较容易控制和杀灭的。而在 $pH>4.6$ 的低酸性罐藏食品中，热杀菌的主要对象往往是那些在无氧或微氧条件下，仍然能活动且产生芽孢的厌氧性细菌，这类细菌的芽孢抗热力很强。目前，在食品热杀菌罐藏中，一般均将产毒菌中耐热性最强的肉毒梭状芽孢杆菌的芽孢作为热杀菌的对象菌。

3. 热杀菌工艺条件的确定

（1）温度和时间的选用。合理的杀菌条件是确保罐藏食品质量安全的关键，而确定杀菌条件主要是确定杀菌温度和时间，其原则是在保证罐藏食品安全性的基础上，尽可能缩短热杀菌时间，以减少热力对食品品质的影响。

杀菌温度的确定是以对象菌为依据的。一般以对象菌的热力致死温度作为杀菌温度，而杀菌时间的确定则受多种因素的影响，应在综合考虑的基础上，通过计算最终确定。罐藏食品合理的 F 值可以根据对象菌的耐热性、污染情况以及预期贮藏温度加以确定。

同样的 F 值，可以有大量温度一时间组合而成的热杀菌工艺条件可供选用。原则上，尽可能选择高温短时间杀菌工艺，但还要根据酶的残存活性和食品品质的变化做选择。

（2）罐内外压力的平衡。罐藏食品杀菌时，随着罐温升高，其所装内容物的体积也随之膨胀，而罐内顶隙则相应缩小，而罐内顶隙的气压则随之升高。

临界压力差（$\Delta P_{临}$）：杀菌开始形成铁罐变形或玻璃罐跳盖时罐内和杀菌锅间的压力差为临界压力差。罐内和杀菌锅间允许有的压力差又称为允许压力差，而热杀菌时杀菌锅和罐内压力差应低于临界压力差（$\Delta P_{临}$），这样就不会使铁罐变形、玻璃罐跳盖。

为了防止铁罐变形和玻璃罐跳盖，需利用空气或杀菌锅内水所形成的压力来消耗罐内压力，这种压力称为反压力，补充反压力的大小应该使杀菌锅内的压力等于罐内压力和允许压力之差。

4. 热杀菌工艺条件的表示方法 罐藏食品热杀菌的工艺条件通常采用“杀菌公式”来表示。即将实际杀菌过程中，针对具体产品确定的操作工艺参数（如杀菌温度、时间及反压力）排列成公式的形式。一般的杀菌公式为：

$$\frac{t_1-t_2-t_3}{T}\times P$$

式中，t_1 为升温时间，即杀菌锅内加热介质由环境温度升到规定的杀菌温度 T 所需的时间（min）；t_2 为恒温时间，即杀菌锅内介质温度达到 T 后维持的时间（min）；t_3 为冷却时间，即杀菌介质温度由 T 降低到出罐温度所需的时间（min）；T 为规定的杀菌锅温度（℃）；P 为反压，即加热杀菌或冷却过程中杀菌锅内需要施加的压力（kg/m^2）。

如果热杀菌过程中不用反压，则 P 可以省略。一般情况下，冷却速度越快越好，因而冷却时间也往往省略。所以，省略形式的杀菌公式通常表示为：

$$(t_1-t_2)/T$$

知识六　食品热杀菌与罐藏技术

一、典型的食品热杀菌技术

食品热杀菌是以杀灭微生物为主要目的的热处理形式，其处理程度的确定应根据目标产品中对象菌的耐热性而定。而事实上，除了一些特殊的产品（如啤酒），一些采用传统的低温长时间巴氏杀菌的产品如牛乳、果汁等，目前都纷纷转用高温短时间杀菌，这样更有利于产品营养、感官品质特别是维生素、风味和色泽的保持。

通常根据杀灭微生物及酶活性目标的不同，食品热杀菌技术主要包括巴氏杀菌、商业杀菌、超高温瞬时杀菌（UHT）及热烫等。

1. 巴氏杀菌　巴氏杀菌是指在100℃以下的加热介质中的低温杀菌方法，这种方法能杀死致病菌的营养细胞及无芽孢细菌，但无法完全杀灭腐败菌，因此巴氏杀菌产品没有在常温下保存期限的要求。

相对于商业杀菌而言，巴氏杀菌是一种较温和的热杀菌形式，典型的巴氏杀菌条件为62.8℃ 30 min。达到同样的巴氏杀菌效果可以有不同的杀菌温度-时间组合，如表5－10所示。

巴氏杀菌能使食品中的酶失活，并破坏食品中热敏性的微生物和致病菌，其具体的目的及其产品的贮藏期主要取决于杀菌工艺条件、食品成分（如pH）和包装情况。对低酸性食品（pH>4.6），其主要目的是杀灭致病菌，而对于酸性食品，其主要目的还包括杀灭腐败菌和钝化酶。

表5－10　不同食品巴氏杀菌的目的和条件

食品		主要目的	次要目的	作用条件
pH<4.6	果汁	杀灭酶（果胶酶和聚半乳糖醛酸酶）	杀死腐败菌（酵母菌和霉菌）	65℃ 30 min 77℃ 1 min
	啤酒	杀死腐败菌（野生酵母、乳杆菌和残存酵母）		88℃ 15s；65～68℃ 20min；72～75℃ 14 min；900～1 000kPa
pH>4.6	牛乳	杀死致病菌（流产布鲁杆菌、结核杆菌）	杀死腐败菌及灭酶	63℃ 30 min；71.5℃ 15s
	液态蛋	杀死致病菌（沙门氏菌）	杀死腐败菌	64.4℃ 2.5 min；60℃ 3.5 min
	冰激凌	杀死致病菌	杀死腐败菌	65℃ 30min；71℃ 10min；80℃ 15s

2. 商业杀菌　商业杀菌一般又称为高温杀菌，是一种较强烈的热杀菌形式。通常能将病原菌、产毒菌及在食品上造成食品腐败的微生物杀死，罐头内允许残留有微生物或芽孢，不过，在常温无冷藏状况的商业贮运过程中，在一定的保质期内，不会引起食品腐败变质，这种加热处理方法称为商业杀菌。

这种热杀菌形式能钝化酶活性，但同时对食品营养成分的破坏较大。商业杀菌后食品通常也并非达到完全无菌，只是杀菌后食品中不含致病菌，而残存的处于休眠状态的非致病菌，在正常的食品贮藏条件下不能生长繁殖，这种相对无菌程度被称为“商业无菌”。

商业杀菌是以杀死食品中的致病和腐败变质的微生物为准，使杀菌后的食品符合安全卫生要求，具有一定的贮藏期。当然，商业杀菌对食品的保藏效果只有密封在容器内的食品才能获得。从杀菌过程中微生物致死的难易程度看，细菌的芽孢具有更高的耐热性，营养细胞更难被杀死；而专性好氧菌的芽孢较兼性和专性厌氧菌的芽孢容易被杀死。

另外，杀菌后食品所处的密封容器中 O_2 含量通常较低，这在一定程度上能阻止微生物的生长繁殖，防止食品的腐败变质。

3. 超高温瞬时杀菌 超高温瞬时杀菌是指食品在温度为 135～150℃条件下，处理 2～8s，以达到商业无菌要求的杀菌技术。采用超高温瞬时杀菌的食品最大限度地保持了食品原有的风味及品质，其品质优于普通热杀菌的产品。由于微生物对高温的敏感性远大于多数食品成分，故超高温瞬时杀菌能在很短的时间内有效地杀死微生物，并较好地保持食品应有的品质。按照食品与加热介质是否接触，超高温瞬时杀菌可分为直接混合式加热和间接式加热两类。

（1）直接混合式加热是采用高热纯净的蒸汽直接与待杀菌食品混合接触进行热交换，使食品瞬间加热至 135～160℃（图 5－9）。此过程不可避免地有部分蒸汽冷凝进入食品内，同时有部分食品中的水分因受热闪蒸而逸出。由于在食品水分闪蒸过程中，易挥发的风味物质会随之逸出，故该方式不适用于果汁杀菌，而常用于牛乳以及其他需要脱去不良风味食品的杀菌。

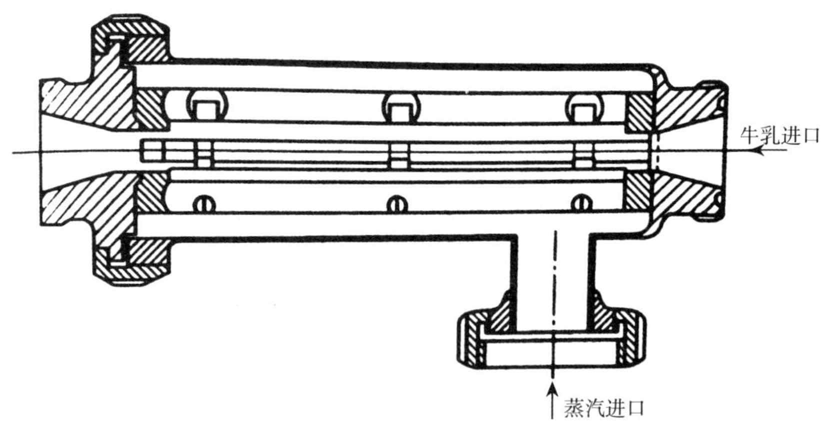

图 5－9　直接超高温瞬时杀菌蒸汽喷射器示意

（2）间接式加热是采用高压蒸汽或高压水为加热介质，热量经固体换热传递给待热杀菌的食品。由于加热介质不直接与食品接触，可较好地保持食品原有的风味，故广泛用于果汁、牛乳等的超高温杀菌，图 5－10 为间接超高温瞬时杀菌装置。

直接混合式加热与间接式加热相比，前者具有加热速度快、热杀菌时间短、食品的色泽、风味和营养成分损失少等优点，但同时也因控制系统复杂和加热蒸汽需要净化而带来产品成本的提高。后者成本较低，生产易于控制，但传热速率较低。在相同的热介

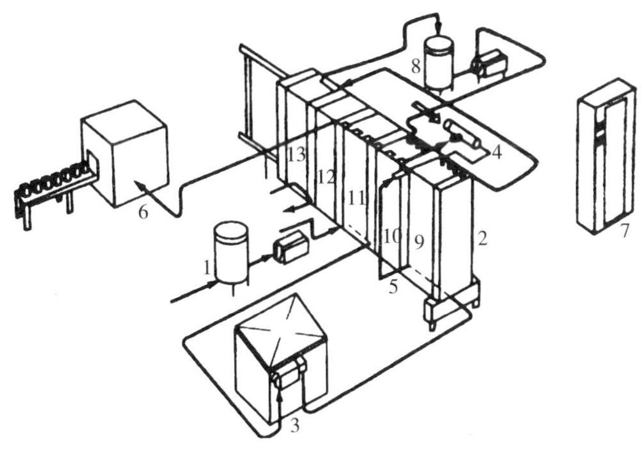

图 5－10　间接超高温瞬时杀菌装置

1. 原料平衡罐　2. 换热器　3. 均质机　4. 蒸汽喷射器　5. 保温管　6. 无菌包装机
7. 控制仪表屏　8. 热水计量槽　9. 加热区　10、11. 交流换热区　12、13. 外加冷却区

质温度下，间接式加热时间较直接混合式加热时间长，使杀菌过程发生不利反应的可能性增加。

4. 热烫　热烫具有使生物酶失活、杀菌、排除食品中的气体，以及软化食品以便于装罐等作用，蔬菜和水果的热烫还可结合去皮、清洗和增硬等处理形式同时进行。根据加热介质和方式的情况，目前常用的热烫处理方法可分为热水热烫和蒸汽热烫。

（1）热水热烫采用热水作为加热和传热的介质，热烫时食品浸没于热水中或将热水喷淋在食品上面。此法传热均匀，热利用率较高，投资小，易操作控制，且对食品有一定的清洗作用，但食品中的水溶性成分（包括维生素、矿物质和糖类等）易大量损失，且耗水量大，产生大量废水。常见的连续式热水热烫设备示意如图 5－11 所示。

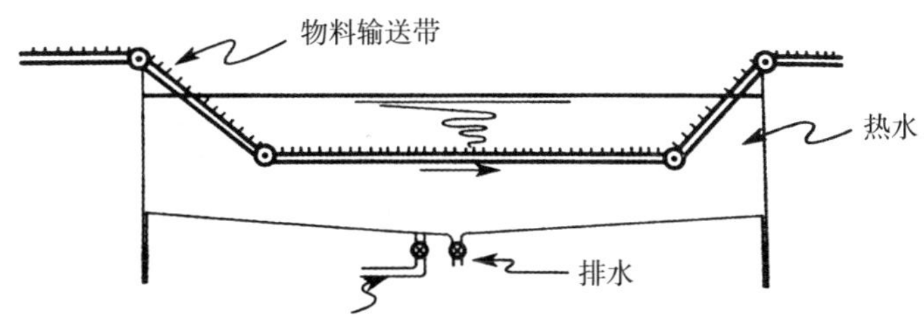

图 5－11　连续式热水热烫设备示意

（2）蒸汽热烫是用蒸汽直接喷向食品，此法克服了热水热烫的一些不足，食品中的水溶性成分损失少，产生的废水少，或基本上无废水，但是设备投资较热水法大，大量处理原料时可能会传热不均，热效率较热水法低，热烫后食品质量有损失。常见的蒸汽热烫设备有带水封入口的热烫机（图 5－12）和螺旋式连续预煮（热烫）机（图 5－13）。

热烫对食品质量的影响与巴氏杀菌相似，同样会影响营养成分的保留。因此，在实际生产中，应根据食品质量的变化特性，选择性地制订食品热杀菌的方法与条件，尽量避免过度热杀菌而造成食品质量不必要的下降。

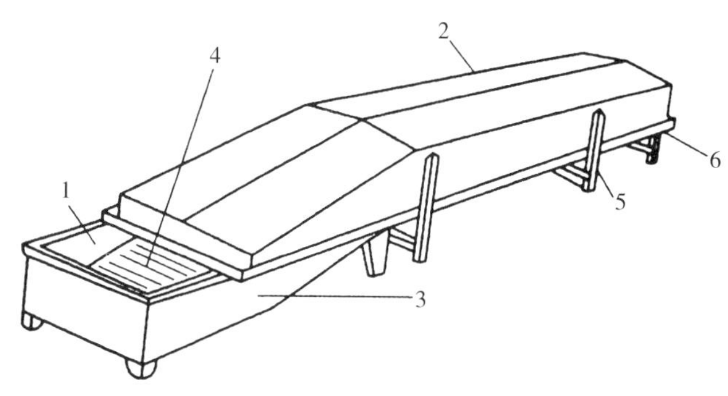

图 5-12　带水封入口的热烫机

1. 水封口　2. 蒸汽室　3. 储水槽　4. 传送带　5. 支架　6. 卸料口

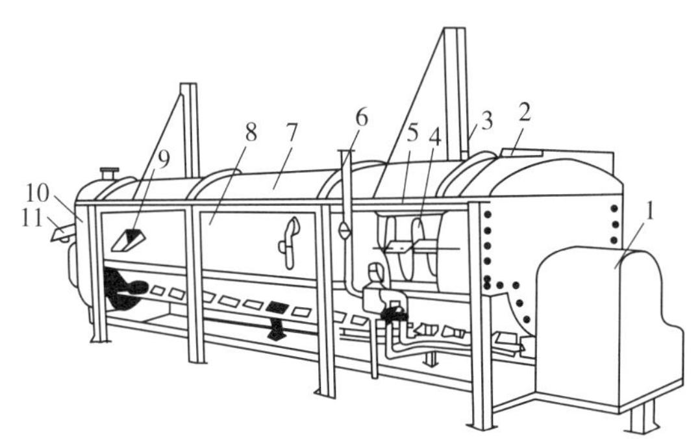

图 5-13　螺旋式连续预煮（热烫）机

1. 变速装置　2. 进料斗　3. 支架　4. 螺旋　5. 筛筒　6. 蒸汽管　7. 盖子　8. 壳体　9. 溢流水出口　10. 出料口　11. 斜槽

二、食品的罐藏技术

食品的罐藏过程通常由预处理（包括拣选、清洗、去皮、修整、预煮、漂洗、分级、切割、调味、抽真空等工序）、装罐、排气、密封、杀菌、冷却和后处理（包括保温、擦罐、贴标、装箱、仓储、运输）等工序组成。预处理的工序组合可根据产品和原料而有不同，但排气、密封和杀菌为食品罐藏必需的和特有的关键工序，任何一道工序都会直接影响到罐藏食品的保藏效果，并且工序之间也互相影响，共同决定罐藏食品的质量安全。

1. 排气　食品装罐后、密封前，将罐内顶隙间的空气尽可能排除，使密封后的罐头顶隙内形成部分真空的工序称为排气。一般罐内真空度在 32.0～40.0kPa。

（1）排气的目的。

①阻止需氧菌和霉菌的发育生长。

②防止或减轻因加热杀菌时空气膨胀而使容器变形或破损，特别是引起卷边受压过大，从而影响其密封性的现象发生。

③控制或减轻罐头食品贮藏中出现的罐内壁腐蚀。

④避免或减轻食品色、香、味的变化。

⑤避免维生素和其他营养素遭受破坏。

⑥有助于避免将假膨胀罐误认为腐败变质性胀罐。

（2）排气方法。

①热灌装排气法。将加热至一定温度的液态或半液态食品趁热装罐并立即密封，或先装固态食品于罐内，再加入热的汤汁并立即密封的方法，称为热罐装法。密封前罐内中心温度一般控制在80℃左右。此法特别适合于流体食品，也适合于块状的但汤汁含量高的食品。

此法装罐和排气在一道工序中完成。因密封后温度较高，易造成食品的不良变化，因此要注意立刻进入杀菌工序。

②加热排气法。预封后的罐头在排气箱内经一定温度和时间的加热，使罐中心温度达到80 ℃左右，立刻密封的方法，称为加热排气法。

排气箱一般采用水或蒸汽加热，排气温度控制在90～100℃。加热时间视原料特点而定，固形物含量高的，或内容物中气体含量高的，排气时间长。

此法特别适合组织中气体含量高的食品，但是密封后应立即进入杀菌工序。

③蒸汽喷射排气法。在专用的封口机内设置蒸汽喷射装置，临封口时喷向罐顶隙处的蒸汽驱除了空气，密封后蒸汽冷凝形成真空的方法，称为蒸汽喷射排气法，如图5－14所示。该法适合于原料组织内空气含量很低的食品。需要有较大的顶隙。

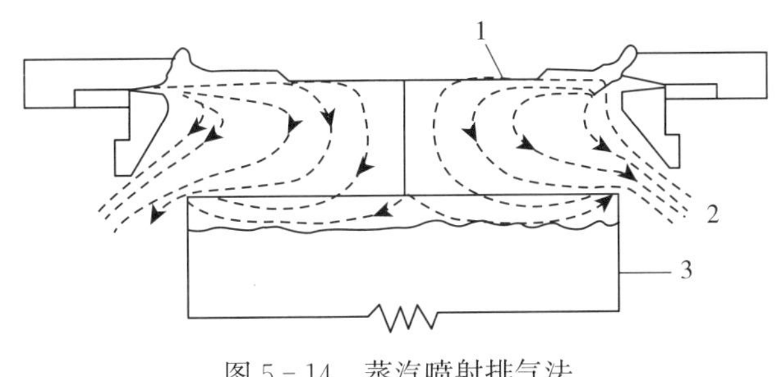

图5－14　蒸汽喷射排气法

1. 罐盖　2. 蒸汽　3. 罐体

热力排气法（热灌装排气法、加热排气法、蒸汽喷射排气法）形成真空的机理：饱和蒸汽压随温度的变化，是形成真空的主要原因；而内容物体积随温度的变化，也是形成真空的原因之一。

④真空排气法。利用机械产生局部的真空环境，并在这个环境中完成封口的方法，称为真空排气法。此法的适用范围很广，尤其适用于固体物料。但对于原料组织中气体含量较高的食品，此法的效果较差，需要辅之以其他措施，如补充加热。罐内必须有顶隙。

（3）影响罐内真空度的因素。

①排气温度及时间。对加热排气而言，排气温度越高，时间越长，最后罐头的真空度也越高。因为温度高，罐头内容物升温快，可以使罐内气体和食品充分受热膨胀，易于排除罐内空气；排气时间长，可以使食品组织内部的气体得以充分地排除。

②密封温度。食品的密封温度即封口时罐头食品的温度。密封温度与罐头真空度的关系为：罐头的真空度随密封温度的升高而增大，密封温度越高，罐头的真空度也越高。

③顶隙大小。顶隙是影响罐头真空度的一个重要因素，对于真空密封排气和喷蒸汽密封

排气来说，罐头的真空度是随顶隙的增大而增加的，顶隙越大，罐头的真空度越高。对加热排气而言，顶隙对于罐头真空度的影响随顶隙的大小而异。

④食品原料。各种食品原料都含有一定的空气，原料种类不同，含气量也不同。同样的条件排气，其排除的程度不一样。尤其是采用真空密封排气和喷蒸汽密封排气时，原料组织内的空气不易排除，杀菌冷却后物料组织中残存的空气在贮藏过程中会逐渐释放出来，而使罐头的真空度下降。原料的含气量越高，真空度下降程度越大。原料的新鲜程度也影响罐头的真空度。因为不新鲜原料的某些组织成分已经发生变化，高温杀菌将促使这些成分分解，因而产生各种气体，例如含蛋白质的食品分解放出 H_2S、NH_3 等，果蔬类食品产生 CO_2，而气体的产生使罐内压力增大，真空度降低。

⑤食品酸度。食品中含酸量的高低也影响罐头的真空度。食品的酸度高时，易与金属罐内壁作用而产生氢气，使罐内压力增加，真空度下降。因此，对于酸度高的食品最好采用涂料罐，以防止酸对罐内壁的腐蚀，保证罐头真空度。

⑥环境温度。罐头的真空度是大气压力与罐内实际压力之差。当外界温度升高时，罐内残存气体受热膨胀，压力提高，真空度降低。因而外界气温越高，罐头真空度越低。

⑦环境气压。罐头的真空度还受大气压力的影响。大气压降低，真空度也降低。而大气压又随海拔高度而异，所以罐头的真空度受海拔高度的影响：海拔越高，气压越低，罐头真空度越低，反之亦然。

2. 密封　密封是罐藏食品长期保存的关键工序之一。它使杀菌后的食品与外界隔绝，不再受到外界空气及微生物的污染而引起腐败。密封主要是靠封罐机的操作过程来完成，封罐的严密性如果不能达到一定要求，即丧失（甚至瞬时间）其应有的密封性，则罐藏食品就不能达到一定要求，就不能达到长期保存食品的目的。

（1）金属罐密封。金属罐的密封由二重卷边构成，二重卷边结构示意见图 5－15，马口铁罐密封二重卷边形成状态见图 5－16。如图 5－15、图 5－16 所示。对卷封的质量要求：

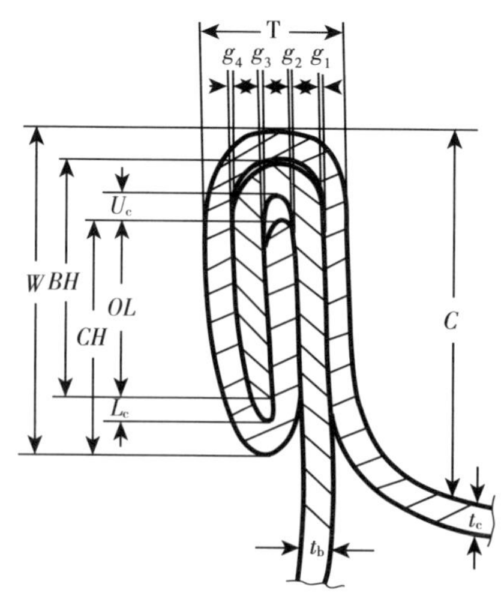

图 5－15　二重卷边结构示意

T. 卷边厚度　W. 卷边宽度　C. 埋头度　BH. 身钩宽度　CH. 盖钩宽度　OL. 叠接长度　U_c. 盖钩空隙　L_c. 身钩空隙　g_1、g_2、g_3、g_4. 卷边内部各层间隙　t_b. 罐身镀锡板厚度　t_c. 罐盖镀锡板厚度

①叠接率（身钩与盖钩的叠接程度）要求不低于50%；②紧密度（盖钩上平伏部分占整个盖钩宽度的比例）要求大于50%；③接缝盖钩完整率（接缝处盖钩宽度占正常盖钩宽度的比例）要求大于50%；④要求二重卷边平伏、光滑，不存在垂唇、牙齿、锐边、快口、跳封、假封等现象。

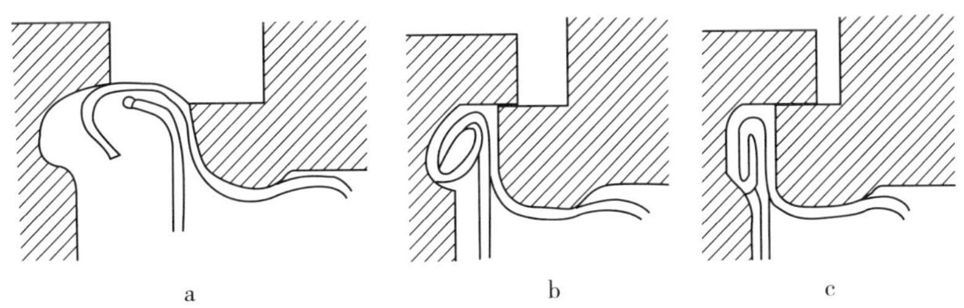

图5-16　马口铁罐密封二重卷边形成状态

a. 卷边开始前状态　b. 头道卷边完成时状态　c. 二道卷边完成时状态

（2）玻璃罐密封。玻璃罐的密封与金属罐不同。玻璃罐本身因罐口边缘造型不同，加之罐盖形式也不同，所以其封口方法也各异。目前普遍采用的有卷封与旋封等形式。

①卷封。卷封是指借助专用机械，将罐盖紧压在玻璃罐口凸缘上，配合密封胶圈和罐内真空起到密封作用（图5-17）。此种密封形式结构简单、密封性能好，适用于高压杀菌食品。但食用时开启不方便，而且可能造成消费者意外受伤。

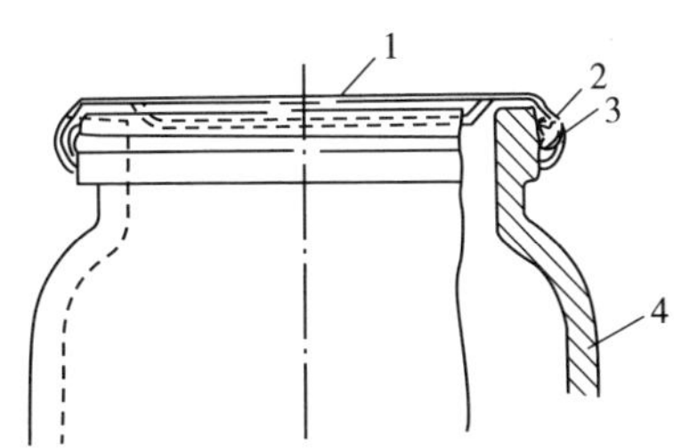

图5-17　卷封式玻璃罐

1. 罐盖　2. 罐口边突缘　3. 胶圈　4. 玻璃罐身

②旋封。旋封是目前玻璃罐的主要密封形式，具有良好的再密封性，因而有利于食用过程中的暂时保藏，并且开启方便。通常有三、四、六旋盖之分，最常见的是四旋盖（图5-18）。封口时，每个盖的凸缘紧扣瓶口螺纹线，再配合密封胶圈和罐内真空，达到密封效果。

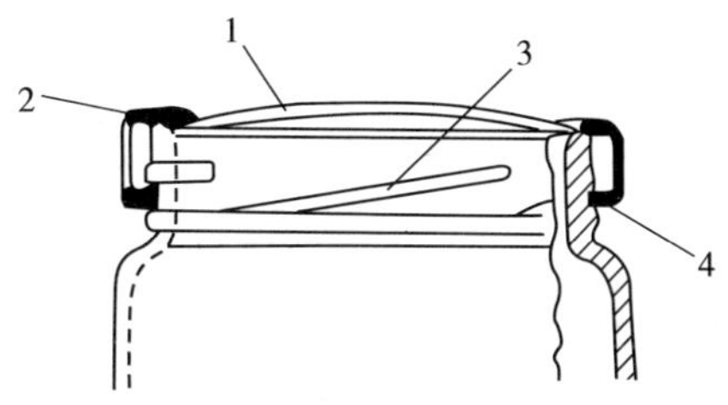

图5-18　四旋盖玻璃罐

1. 罐盖　2. 胶圈　3. 罐口突环　4. 盖爪

(3) 复合薄膜袋密封。复合薄膜袋（软包装袋）可分为带有铝箔的不透明蒸煮袋和不带铝箔的透明蒸煮袋。其密封主要采用热封合，而且有热冲击式封合、热压式封合等形式。高压杀菌复合薄膜袋各层叠合示意见图 5－19。

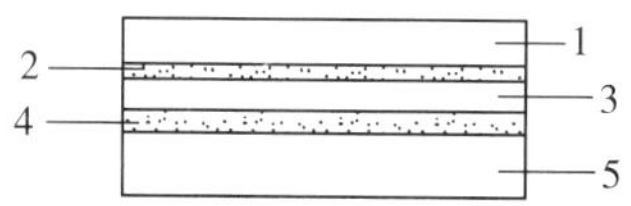

图 5－19　高压杀菌复合薄膜袋各层叠合示意
1. 聚酯薄膜（外层）　2. 外层黏合剂　3. 铝箔　4. 内层黏合剂　5. 聚丙烯薄膜（内层）

3. 商业热杀菌与冷却

(1) 杀菌。对于罐藏食品的热杀菌，凡是加热至 100℃以上的杀菌称为高压杀菌，而 100℃以下的杀菌则称为常压杀菌或巴氏杀菌。

①常压水杀菌。常压水杀菌采用立式开口杀菌锅（槽），杀菌温度不超过 100℃。用于酸性食品。

②高压蒸汽杀菌。在密闭的杀菌锅里用高压蒸汽对低酸性食品进行杀菌。主要用于大多数蔬菜、肉类及水产类罐头杀菌。

③高压水杀菌。在密闭的杀菌锅内用高温高压的水对玻璃瓶装、复合薄膜袋装及扁平状金属罐装的低酸性食品进行杀菌。

罐头杀菌常用设备有立式杀菌锅（图 5－20）和卧式杀菌锅（图 5－21）两种形式。可采用间歇式或静止式杀菌锅、连续式杀菌锅系统、连续回转式杀菌锅、静水压杀菌器等。

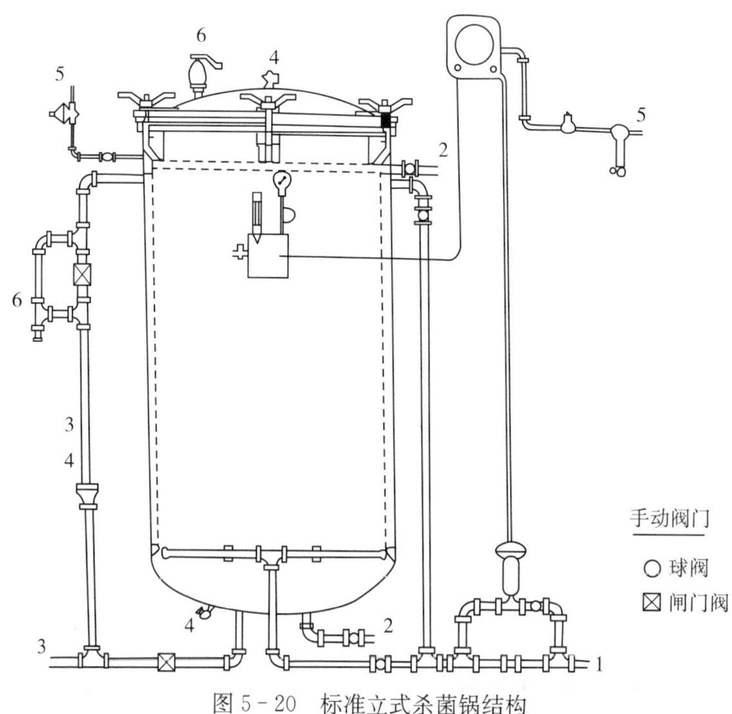

图 5－20　标准立式杀菌锅结构
1. 蒸汽　2. 水　3. 排水孔　4. 排气口　5. 空气　6. 安全阀

（2）冷却。杀菌时间达到后，罐头应迅速冷却。

冷却方法：一般可采用水池冷却、锅内常压冷却、锅内加压冷却和空气冷却。高压杀菌应采用反压冷却。

冷却终点：罐温 38～40℃。罐头冷却保持一定余温，既可防止高温下食品品质的下降，也可避免嗜热菌的生长繁殖，同时能利用余热使罐表面水分蒸发，防止生锈。

高压蒸汽杀菌时，在冷却水进入杀菌锅的瞬间，因为罐内外压力的急剧变化，卷边处可能有瞬时的松动，使微量的水进入罐内，造成裂漏腐败。

冷却用水必须经过消毒处理，一般采用氯消毒。要求排水口处的水中游离氯含量在 1～3mg/kg，正常条件下的加氯量为 5～8mg/kg 。

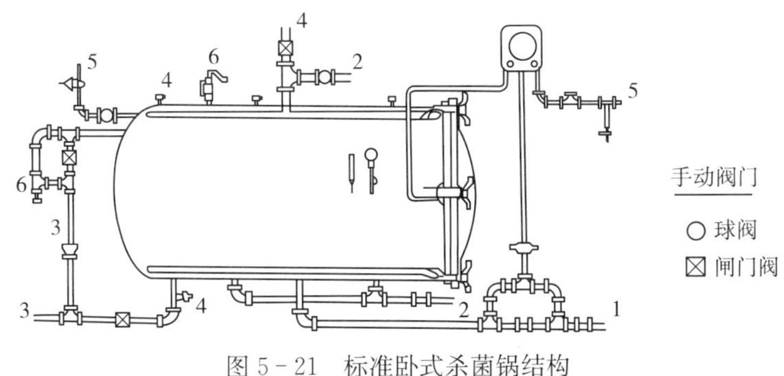

图 5－21　标准卧式杀菌锅结构

1. 蒸汽　2. 水　3. 排水孔　4. 排气口　5. 空气　6. 安全阀

典型工作任务

任务一　巴氏杀菌乳的热杀菌保藏技术

【任务分析】

巴氏杀菌乳是最常见也是历史悠久的乳制品，在欧美至今仍占乳品市场的绝大部分。目前国际上通用的巴氏消毒法，可杀死乳中各种生长型致病菌，灭菌效率可达 97.3%～99.9%，经消毒后残留的只是部分嗜热菌及耐热性菌以及芽孢等，但这些细菌占多数的是乳酸菌，乳酸菌不但对人无害，反而有益健康。同时巴氏杀菌乳需要冷链运送及销售。这里主要介绍牛乳的巴氏杀菌保藏技术。

【任务准备】

1. 技术方案

（1）工艺流程。

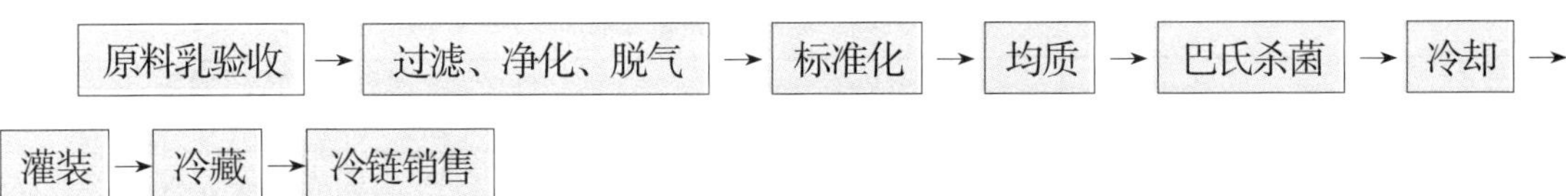

（2）关键技术参数。巴氏杀菌：72～75℃ 15～20s 或 75～85℃ 10～15s；均质：65～70℃，16～18MPa；冷却温度：4℃。

2. 原材料及设备准备 新鲜牛乳；巴氏杀菌乳生产线（图 5－22）等。

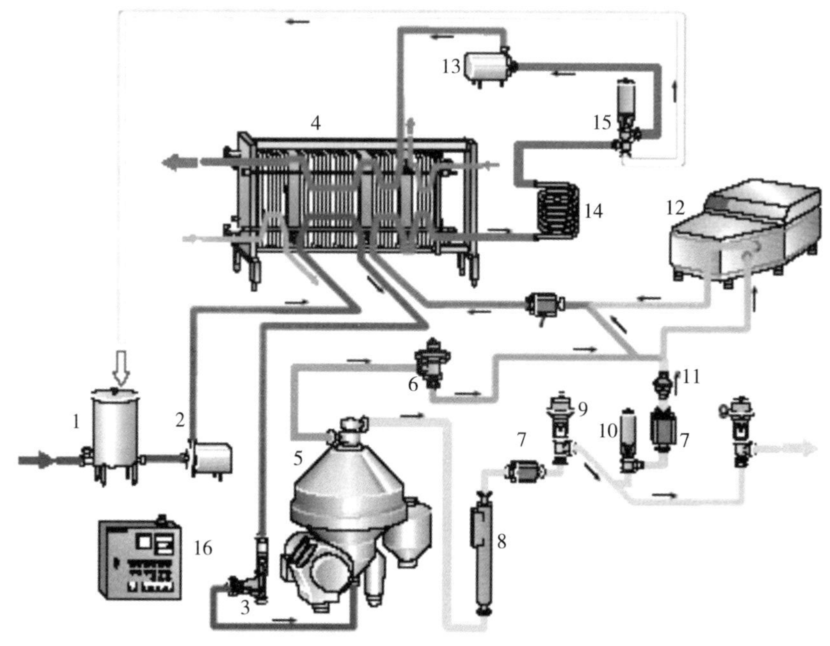

图 5－22 巴氏杀菌乳生产线

1. 平衡槽 2. 进料泵 3. 流量控制器 4. 板式换热器 5. 分离机 6. 稳压阀 7. 流量传感器 8. 密度传感器 9. 调节阀 10. 截止阀 11. 检查阀 12. 均质机 13. 增压泵 14. 保温管 15. 转向阀 16. 控制盘

【任务实施】

1. 原料乳验收 原料乳的质量对产品的质量有很大的影响，乳品厂收购鲜乳时必须选用质量优良的原料乳。需经过感官指标（表 5－11）、理化指标（表 5－12）、微生物限量（表 5－13）的检验。在巴氏杀菌乳的生产中不能用复原乳。

表 5－11 原料乳感官指标

项目	要求	感官特性
色泽	呈乳白色或微黄色	取适量试样置于 50mL 烧杯中，在自然光下观察色泽和组织状态，闻其气味，用温开水漱口，品尝滋味
滋味、气味	具有乳固有的香味，无异味	
组织状态	呈均匀一致液体，无凝块、无沉淀、无正常视力可见异物	

表 5－12 原料乳理化指标

项目	指标	检验方法
冰点[a,b]/℃	−0.500 0.560	GB 5413.38
相对密度/（20℃/4℃）≥	1.027	GB 5413.33
脂肪/（g/100g）≥	3.1	GB 5413.3

（续）

项目	指标	检验方法
蛋白质/（g/100g）≥	2.8	GB 5009.5
杂质度/（mg/kg）≤	4.0	GB 5413.30
非脂乳固体/（g/100g）≥	8.1	GB 5413.39
酸度/（°T）		
牛乳[b]	12～18	GB 5413.34
羊乳	6～13	

a. 挤出 3h 后检测。　b. 仅适用于荷斯坦奶牛。

表 5-13　原料乳微生物限量

项目	限量/（CFU/g 或 CFU/mL）	检验方法
菌落总数≤	2×10^6	GB 4789.2

2. 预处理（过滤、净化、脱气）

（1）过滤、净化。原料乳验收后必须过滤、净化，以去除乳中的机械杂质、上皮细胞等，并减少微生物数量。过滤法是在受乳槽上装过滤网并铺上多层纱布，也可在乳的输送管道中连接两个过滤套或在管路的出口一端安放一布袋进行过滤。进一步过滤使用双筒过滤器或双联过滤器。离心净乳法是利用离心净乳机进行净乳，同时还能除去乳中的乳腺体细胞和某些微生物。此方法可以显著提高净化效果，有利于提高制品质量，净化后的乳应迅速冷却到 2～4℃贮存。

（2）脱气。牛乳刚挤出时每升含有 50～56 cm^3 的气体，经过贮存、运输、计量、泵送后，一般气体含量在 10%以上。这些气体绝大多数是非结合分散存在的，对牛乳加工有不利的影响：影响牛乳计量的准确度，影响分离，影响标准化的准确度，促使发酵乳中的乳清析出。

在牛乳处理的不同阶段进行脱气是非常必要的，而且带有真空脱气罐的牛乳处理工艺是更合理的。工作时，将牛乳预热至 68℃后，泵入真空脱气罐，牛乳温度立即降到 60℃，这时牛乳中的空气和部分水分蒸发到罐顶部，遇到罐冷凝器后，蒸发的水分冷凝回到罐底部，而空气及一些非冷凝气体（异味）由真空泵抽吸排除。脱气后的牛乳在 60℃条件下进行标准化和均质工序。

3. 标准化　原料乳中的脂肪和非脂乳固体的含量随乳牛品种、地区、季节和饲养管理等因素不同而有很大差别。标准化的目的是为了确保巴氏杀菌乳中的脂肪、蛋白质及乳固体的含量，以满足不同消费者的需求。因此，根据原料乳验收数据计算并标准化，使鲜牛乳理化指标符合《食品安全国家标准　巴氏杀菌乳》（GB 19645—2010）的要求。

根据所需巴氏杀菌乳成品的质量要求，需对每批原料乳进行标准化，改善其化学组成，以保证每批成品质量基本一致。食品添加剂和调味辅料必须符合国家卫生标准要求。

标准化的方法常用的有 3 种，即预标准化、后标准化、直接标准化。这 3 种方法的共同点是标准化之前的第一步必须把全脂乳分离成脱脂乳和稀奶油。近年来，人们越来越多地使用直接标准化。即将全脂乳加热到55～65℃后，按预先设定好的脂肪含量分离出脱脂乳和稀奶油，并根据最终产品的脂肪含量，由设备自动控制回流到脱脂乳中的稀奶油流量，从而达到标准化的目的。

4. 均质　均质是巴氏杀菌乳生产中的重要工艺。均质前需采用板式热交换器进行预热，预热温度升至65～70℃，以减少黏化现象。均质机压力通常调至16～18MPa，通过均质可减小脂肪球直径，防止脂肪上浮，便于牛乳中营养成分的吸收。均质工序应注意均质机清洗不彻底造成的微生物污染、均质机清洗剂的残留、均质机泄露造成的机油污染等问题。

5. 巴氏杀菌　巴氏杀菌的主要目的是杀死原料乳中病原性的微生物，确保产品食用过程中的安全性，同时使乳的营养成分破坏程度最小，最大限度地有效保持牛乳的新鲜口感和营养价值，尤其对于有用的赖氨酸、维生素 B_{12}、叶酸和维生素C的平均损害较小。

通常采用72～75℃ 15～20s低温长时间杀菌（LTLT），或75～85℃ 10～15s的高温短时杀菌（HTST）。由于加热温度高、保温时间短而实现连续生产。可依设备条件的不同而实现升温、热交换和冷却一体完成。目前广泛使用的设备是板式热交换器，加热介质是蒸汽或热水。

6. 冷却　虽然杀菌后的牛乳中大部分微生物都已消灭，但在后续的操作中仍有被污染的可能，因此应尽快冷却至4℃，冷却速度越快越好，从而抑制残存细菌的生长繁殖，延长牛乳的保质期。

7. 灌装　冷却后的巴氏乳应立即进入灌装。灌装的目的主要是为了便于销售，防止外界杂质混入成品中，防止微生物再污染，保存风味，防止吸收外界气味而产生异味，防止维生素等成分损失。

灌装应特别注意员工个人卫生，并严格控制车间环境卫生，灌装设备消毒要彻底，严防灌装过程的二次污染。

灌装的包装形式主要有玻璃瓶、塑料瓶、塑料袋、涂塑复合纸袋和纸盒等。

8. 冷藏　巴氏杀菌乳的特点决定了其在贮存和销售过程中必须保持冷链的连续性，尤其是乳品的流通过程和销售过程是巴氏杀菌乳冷链的两个最薄弱环节。灌装后的巴氏杀菌乳，可送入冷库做销售前的暂存，冷库温度一般为2～6℃。巴氏杀菌乳需冷藏流通和销售，其保质期可在1周左右。

【任务小结】

食品巴氏杀菌是目前鲜乳加工保藏较为先进的方法，它既能保全鲜乳中的营养成分，又能杀死牛乳中的绝大多数有害菌，并选择性地保留了一些对人体有益的菌类，使加工过的牛乳鲜美纯正、营养丰富。但此法还会保留其他一些微生物，因此这种牛乳从离开生产线，到运输、销售、存储等各个环节，都要求在4℃左右的环境中冷藏，防止里面的微生物“活跃”起来。

任务二　盐水蘑菇杀菌罐藏技术

【任务分析】

蘑菇是高蛋白、低脂肪、富含多种维生素的菇类食品。在保藏过程中，褐变是蘑菇品质下降的主要原因。褐变不但导致蘑菇色、味等感官性状下降，还会造成营养成分的损失。蘑菇褐变的原因主要有酶促褐变和非酶褐变，控制褐变的方法有加热钝化酶、添加褐变抑制剂护色、改变贮藏环境的条件等。由于蘑菇属低酸性食品，细菌的耐热性强，蘑菇易发生腐败变质，因此护色和高温杀菌是蘑菇罐藏的关键技术。

【任务准备】

1. 技术方案

（1）工艺流程。

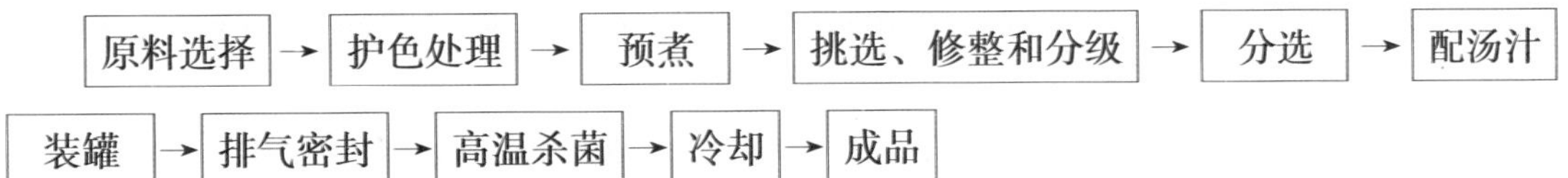

（2）关键技术参数。高温杀菌：10—20—10（min）/121℃；反压冷却：38℃；烫漂：0.1%的柠檬酸液沸煮6～10min；真空封口：0.03～0.04MPa。

2. 原材料及设备准备　新鲜蘑菇；食盐、柠檬酸、亚硫酸钠（或焦亚硫酸钠）；真空封罐机、高压杀菌锅、马口铁空罐等。

【任务实施】

1. 原料选择　罐藏蘑菇应选用蘑菇直径为20～40mm未开伞的新鲜蘑菇。蘑菇在采收、运输和整个加工工艺过程中，必须最大限度地减少露空时间，加工流程越快越好。严格防止蘑菇与铁、铜等金属接触，避免长时间在护色液或水中浸泡。

2. 护色处理　蘑菇采收后，切除带泥根柄，立即浸于清水或0.6%盐水中。采摘和运输过程中严防机械伤；采收后若不能在3 h内快速运回厂加工，则必须用0.6%的盐水浸泡；或者用0.03%焦亚硫酸钠液洗净后，浸泡运输，防止蘑菇露出液面。如果在产地将菇浸在0.1%的焦亚硫酸钠液中5～10min，捞起装入薄膜袋扎口装箱运回厂，则需要漂洗30min后才能投产。

3. 预煮　蘑菇洗净后，放入夹层锅中，以0.1%的柠檬酸液沸煮6～10min，以煮透为准，柠檬酸液与蘑菇之比为1.5∶1。预煮后立即将菇捞起，急速冷却透。

4. 挑选、修整和分级　蘑菇罐头分整菇装及片菇装两种。泥根、菇柄过长或起毛、病虫害、斑点菇等应进行修整。修整后不见菌褶的可作整菇或片菇。凡是开伞（色泽不发黑）脱柄、脱盖、盖不完整及有少量斑点的作碎片菇装用。生产片菇宜用直径为19～45mm的大号菇，分为18～20mm、21～22mm、23～24mm、25～27mm、28mm及以上、17mm及以下6个级别。装罐前必须将菇淘洗干净。

5. 分选　整只装菇：选用颜色淡黄、具有弹性、菌盖形态完整、修削良好的蘑菇。按不同级别分开装罐，同罐中菇的色泽、大小、菇柄长短大致均匀。

片装菇：同一罐中片的厚薄较均匀，片厚为3.5～5.0mm。

碎片：不规则的片块。

6. 配汤汁　盐水浓度为2.3%～2.5%，并在沸盐水中加入0.05%的柠檬酸，过滤。盐液温度不低于90℃。

7. 装罐　空罐清洗后经90℃以上热水消毒，沥干水分。蘑菇装入量：761号罐120～130g，7114号罐235～250g，15173号罐1 850～1 930g（整菇）、2 050～2 150g（碎菇），装完菇后加满汤汁。

8. 排气密封　封口时罐内中心温度80℃以上，以0.03～0.04MPa真空度抽真空封口。

9. 杀菌与冷却　蘑菇罐头宜采用高温短时杀菌，这样开罐后汤汁色较浅，菇色较稳定，组织也好，空罐腐蚀轻。761号、7114号罐的杀菌公式为10—20—10（min）/121℃；杀菌后反压降温，冷却至38℃左右。

【任务小结】

由于低温杀菌不能将微生物全部杀死，特别是芽孢，所以需要低温保藏，但保质期最多也只有3个月。蘑菇为低酸性食品，其罐藏必须采用高温（即121℃）高压杀菌，这样能保存2年以上。对于高温杀菌，要求包装材料要有较高的隔断性和一定的耐蒸煮强度，可用马口铁、铝箔袋、PVDC膜等。此外，新鲜蘑菇原料易发生酶褐变，故罐藏蘑菇应及时进行热烫处理，防止酶褐变。罐藏蘑菇整只装呈淡黄色，片装和碎片蘑菇呈淡黄色或淡灰黄色，汤汁较清晰。

任务三　苹果汁超高温瞬时杀菌罐藏技术

【任务分析】

苹果汁富含营养成分，但由于热杀菌时间太长，果汁的色泽和香味都有较多的损失，且容易产生煮熟味，对一些热敏感性成分（如维生素C等）破坏严重。而超高温瞬时杀菌（UHT）不仅能在很短时间内有效地杀死微生物，使产品达到商业无菌要求，又由于微生物对高温的敏感性远远大于多数食品成分对高温的敏感性，故苹果汁采用超高温瞬时杀菌能最大限度地保持苹果汁的原有风味及营养品质。

【任务准备】

1. 技术方案

（1）工艺流程。

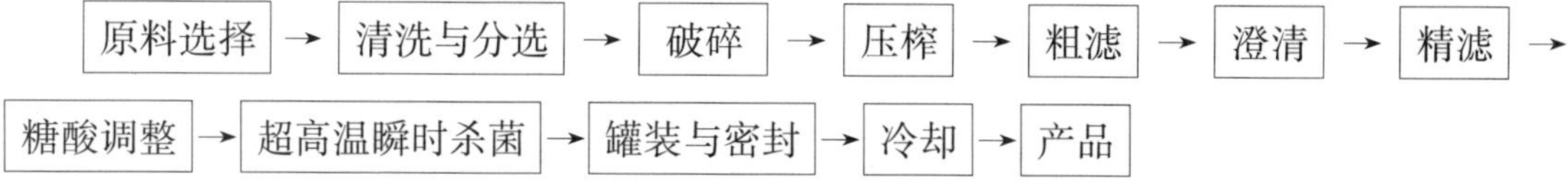

（2）关键技术参数。超高温瞬时杀菌：135℃以上，数秒至15s。

2. 原材料及设备准备　新鲜苹果、柠檬酸、白砂糖、维生素C、水果洗涤剂；压榨机、板式热交换机、果汁灌装机等。

【任务实施】

1. 原料选择　选择成熟适中、新鲜完好的苹果。

2. 清洗和分选　把挑选出来的果实放在流动水槽中冲洗。如表皮有残留农药，则用0.5%～1%的稀盐酸或0.1%～0.2%的水果洗涤剂浸洗，然后再用清水强力喷淋冲洗。清洗的同时进行分选和清除烂果。

3. 破碎　用苹果磨碎机和锤碎机将苹果粉碎，颗粒大小要一致，3～4mm为宜。破碎使颗粒微细，可提高榨汁率。为防止果肉发生褐变，在果实破碎的同时添加一定的护色剂，如维生素C、柠檬酸等。

4. 压榨和粗滤　采用压榨机榨汁，并用孔径为0.5mm的筛网进行粗滤，使不溶性固形物含量下降到20%以下。

5. 澄清和精滤　用明胶单宁法进行处理，将单宁 0.1g/L、明胶 0.2g/L 加入苹果汁后，在 10～15℃下静置 6～12h，取上清液和下部沉淀分别过滤。澄清处理后的苹果汁，采用添加助滤剂的过滤器进行精滤。用硅藻土作滤层还可除去苹果中的土腥味。

6. 糖酸调整　天然苹果汁中的可溶性固形物含量为 12%～15%。可根据具体情况加糖、加酸，使果汁的糖酸比例维持在 18∶1～20∶1，成品的糖度为 12%，酸度为 0.4%。

7. 超高温瞬时杀菌　采用板式热交换机将果汁迅速加热到 135℃以上，维持数秒，以达到高温瞬时杀菌的目的。

8. 灌装与密封　可采取无菌热灌装技术，即将经过热杀菌的果汁迅速装入消毒过的玻璃瓶或马口铁罐内，趁热密封。

9. 冷却　密封后迅速冷却至 38℃，以免破坏果汁的营养成分。

【任务小结】

超高温瞬时杀菌是将食品在封闭的系统中加热到 135～150℃，持续 2～8s 后迅速冷却至室温的一种瞬时商业杀菌方法，并与无菌包装技术结合，将经过超高温瞬时杀菌后达到商业无菌要求的产品，在一个无菌的环境中将产品包装密封起来，有效地控制食品的微生物总量，极大地延长食品的保质期。由于热杀菌持续时间很短，能最大限度地保存产品营养和风味，因此广泛应用于果汁、灭菌乳等液体食品的保藏。

知识拓展

食品非热杀菌技术

食品辐照杀菌技术

食品超高静压杀菌技术

高压脉冲电场杀菌技术

振荡磁场杀菌技术

脉冲光杀菌技术

等离子体杀菌技术

思考与讨论

1. 影响微生物耐热性的因素有哪些？
2. 什么是酸化食品？
3. 微生物的 D 值和 Z 值分别代表什么？在食品热杀菌保藏中的意义是什么？
4. 罐藏食品的传热方式有哪些类型？
5. 试述食品内容物的 pH 对罐头杀菌条件的影响。
6. 商业无菌与灭菌有什么区别？

7. 什么是巴氏杀菌、商业杀菌和超高温瞬时杀菌？它们各自的作用是什么？
8. 热烫的作用及类型有哪些？
9. 选择一种熟悉的食材为原料，设计其罐藏生产的工艺流程及操作要点。

综合训练

<table>
<tr><td>能力领域</td><td colspan="4">食品热杀菌罐藏技术</td></tr>
<tr><td>训练任务</td><td colspan="4">糖水水果（橘子/黄桃）罐头</td></tr>
<tr><td>训练目标</td><td colspan="4">1. 深入理解食品热杀菌罐藏方法及特点
2. 进一步掌握食品的罐藏技术
3. 提高学生语言表达能力、收集信息能力、策划能力和执行能力，并发扬团结协助和敬业精神</td></tr>
<tr><td>任务描述</td><td colspan="4">浙江某食品有限公司拟开发水果（橘子/黄桃）系列罐头新产品，请以小组为单位完成以下任务：
1. 认真学习和查阅有关资料以及相关的社会调查
2. 制订水果（橘子/黄桃）罐头的技术方案，并提出生产过程中应注意的问题
3. 每组派一名代表展示编制的技术方案
4. 在老师的指导下小组内成员之间进行讨论，优化方案
5. 提交技术方案及所需相关材料清单
6. 现场实践操作及保藏效果评价</td></tr>
<tr><td>训练成果</td><td colspan="4">1. 水果（橘子/黄桃）罐头加工技术方案
2. 完成水果（橘子/黄桃）罐头产品</td></tr>
<tr><td rowspan="2">成果评价</td><td colspan="4">评语：</td></tr>
<tr><td>成绩</td><td></td><td>教师签名</td><td></td></tr>
</table>

| 项目六 |

6

食品干燥保藏技术

项目目标

【学习目标】

了解食品中水分存在的形式；掌握水分活度的概念，及其对微生物、酶活性、其他变质因素及食品成分的影响；理解食品干燥的基本原理；熟悉食品干燥过程中的物理与化学变化；熟悉掌握各种食品干燥方法的特点、适用性、工艺和主要设备。

【核心知识】

水分活度，干燥介质，热风干燥，真空冷冻干燥，复原性。

【职业能力】

1. 会根据食品特性选择合适的干燥方法及设备。
2. 能熟练编制各种食品干燥保藏的技术方案。

干燥是人类保藏食品所用的最古老的方法之一，也是应用最广泛的食品保藏方法。谷物、豆类、坚果、某些水果和蔬菜在收获后潮湿情况下放置几天就会变坏，而它们在太阳下暴晒或在通风的地方晒干、风干，经过自然干燥后就能放置很长时间。因此，人们逐渐开始使用烟熏和盐渍配合自然干燥的方法来处理需要保藏的食物。虽然在许多地方仍使用日晒的方法保藏食品，但是日晒的方法强烈地依赖天气，较慢的干燥过程对许多高品质的食物不实用，而且水分含量通常难以降低到足以防止腐败变质的水平，从贮藏稳定性的角度来说，这一水分含量显然太高。此外，食品种类多种多样，如液态、泥状及颗粒状等，采用传统的高温干燥方法进行处理，由于高温干燥时间长，水分迁移引起食品品质发生不良的变化，因此传统热风干燥在食品工业中的应用受到限制。

食品人工干燥技术具有快速、卫生和质量便于控制等优点。经人工干燥的食品，其水分活性较低，有利于在室温条件下长期保藏；干燥后的食品质量减轻、容积缩小，例如橙汁的固形物含量约为12%，制成果汁粉后的重量仅为鲜橙汁质量的1/8，而且容积也大大减少。食品脱水干燥可以显著地节省包装，减少贮藏和运输费用，而且便于携带，有利于商品流通。但是人工干燥技术的能耗和干燥成本仍是一个需要面对的问题。

知识平台

食品中都含有不同程度的水分，水分含量多的食品往往容易腐败变质，但在食品加工及保藏过程中，食品品质和性状并非取决于总的含水量，而是取决于水的性质、状态和可被利用的程度（即水分活度）。水分在生物体内具有特殊重要的生理功能，如微生物的活动需要水分，与产品品质变化相关的许多酶促反应和化学变化也需要水分的参与或作为介质。由此可见，降低食品水分含量，可以有效地控制微生物活动和由不良化学反应引起的食品腐败变质。

知识一　食品中水分状态与水分活度

一、食品中水分存在的状态

根据食品与水分结合力的状况将水分划分为游离水和结合水两类。根据食品所含水分能否用干燥方法干燥除去，将水分划分为平衡水分和自由水分两类。

1. 根据食品与水分结合力的状况分类

（1）游离水。游离水是指食品或原料组织细胞中易流动、容易结冰也能溶解溶质的这部分水，主要包括食品内部毛细管（或孔隙）中保留和吸附着的水分以及表面吸附的湿润水分。

游离水的特点是对溶质起溶剂作用，当游离水含量高时，很容易被微生物活动所利用，而且会引起酶促反应等。因此，游离水含量高的食品易腐败变质。由于游离水流动性大，不被束缚，在干燥过程中很容易被去除。

（2）结合水。结合水是指不易流动、不易结冰（即使在－40℃下也不易结冰），不能作为外加溶质的溶剂，其性质显著不同于纯水的性质，这部分水往往被化学的或物理的结合力所固定，如化学结合水、吸附结合水、结构结合水和渗透压结合水。

结合水的特点与游离水不同，不具有水的特性，不具备溶剂的性质，不易结冰，不易被微生物和酶活动所利用。由于结合力强，其蒸汽压低于同温度下纯水的饱和蒸汽压，致使干燥过程的传质推动力降低，在游离水没有大量蒸发之前不会被蒸发，其去除较困难。

食品中水分被利用的难易程度主要是根据水分结合力或程度的大小而定，游离水最容易被微生物、酶和化学反应所利用，但结合水难以被利用，且结合力或结合程度越大，越难以被利用。

2. 根据食品所含水分能否用干燥方法干燥去除分类

（1）平衡水分。食品中含有不因与空气接触时间的延长而改变的水分，这种恒定的含水量被称为该食品在此干燥条件下的平衡水分，即在一定干燥条件下不能去除的水分。

（2）自由水分。食品超过平衡水分的那一部分水分，称为该食品在此干燥条件下的自由水分，即在一定干燥条件下能用干燥方法脱除的水分。

二、水分活度

水分活度是表示食品中的水分可以被微生物利用的程度，其定义为溶液中水的逸度与纯水逸度之比。在食品中可近似地用食品中水分蒸汽压与同温度下纯水蒸气压（或溶液蒸汽压与溶剂蒸汽压）之比来表示。

$$A_W = P/P_0 = \mathrm{ERH}/100$$

式中，A_W 为水分活度；P 为食品中的水蒸气压；P_0 为纯水的蒸汽压；ERH/100 为平衡相对湿度，即食品达平衡水分时的大气相对湿度。对于含有水分的食品，由于其 A_W 值不同，其保藏期的稳定性也不同。利用水分活度原理控制食品的 A_W 值，从而提高食品品质，延长食品保藏期。

在食品固形物组分一定时，食品中水分含量和 A_W 有着直接的关系。当水分含量增加时，A_W 也增加，在生产中通过对 A_W 的测定可以快速监控水分含量的变化，从而将其作为水分含量监控的重要手段。

图 6-1 表示食品中水分含量与 A_W 之间的关系。在此曲线的低含水量区的线段上可见，极少的水分含量变动即可引起 A_W 极大的变动。现在可以通过水分活度仪比较方便和准确地测定 A_W。A_W 的测定，反映食品的保质期，A_W 已逐渐成为食品脱水干燥、冻结过程的控制以及食品法规标准的重要指标。

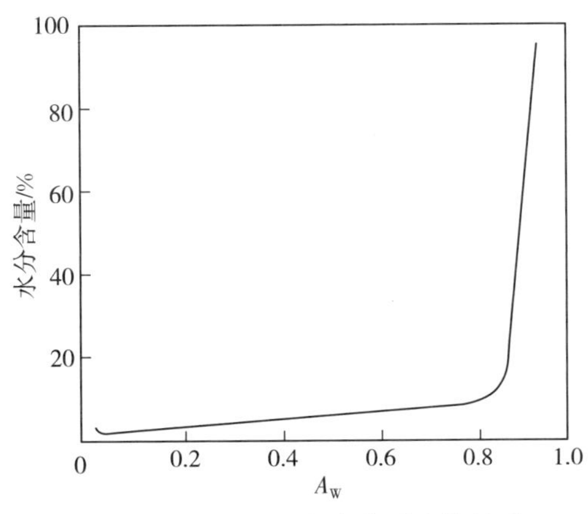

图 6-1 水分含量与水分活度的关系

知识二 水分活度与食品保藏

1. 水分活度与微生物的关系

（1）水分活度与微生物的生长发育。微生物的生长发育在不同的水分活度条件下存在明显差异，各种微生物生长繁殖所需的最低 A_W 值是各不相同的。一般情况下，每种微生物均有其最适的水分活度和最低的水分活度范围，它们具体取决于微生物的种类、食品种类、温度、pH 以及是否存在润湿剂等因素。例如细菌类生长发育的最低水分活度为 0.90，酵母菌类及真菌类的水分活度分别为 0.88 和 0.80。从表 6-1 可知，大多数细菌在 $A_W<0.91$ 时，基本不能生长；而多数霉菌和酵母菌的耐干性强于细菌，在 $A_W<0.80$ 时，才停止生长。大多数耐盐菌在 $A_W<0.75$ 时，生长受到抑制；而一些耐干燥霉菌和耐高渗透压酵母菌，分别在 $A_W<0.65$ 和 $A_W<0.60$ 时，生长受到抑制。为此，普遍认为 $A_W<0.60$ 时，几乎所有微生物的生长都会被完全抑制。

表 6-1 一般微生物生长繁殖的最低 A_W 值

微生物种类	A_W 值
革兰氏阴性杆菌、部分细菌的孢子与部分酵母	0.95～1.00
大多数球菌、乳杆菌、杆菌科的营养体细胞、某些霉菌	0.91～0.95

（续）

微生物种类	A_W 值
大多数酵母菌	0.87～0.91
大多数霉菌、金黄葡萄球菌	0.80～0.87
大多数耐盐细菌	0.75～0.80
耐干燥霉菌	0.65～0.75
耐高渗透压酵母菌	0.60～0.65
任何微生物不能生长	＜0.6

（2）水分活度与致病微生物生长和产生毒素的关系。食品中存在着腐败菌和产毒菌等致病微生物，而产毒菌生长的最低 A_W 与产生毒素的 A_W 不一定相同，通常其产生毒素的 A_W 高于生长的 A_W。如金黄色葡萄球菌，当 $A_W=0.86$ 时能生长，但其产生毒素时需要 $A_W>0.87$。又如黄曲霉菌生长所需最低 A_W 为 0.78，而产生黄曲霉毒素时最低 A_W 为 0.83。同时芽孢菌形成芽孢时的 A_W 一般比营养细胞发育的 A_W 高。

产毒菌的产毒量一般随 A_W 的降低而减少。当 A_W 低于某个值时，尽管它们的生长并没有受到很大影响，但产毒量却急剧下降，甚至不产毒素。此外，如果食品及其原料所污染的产毒菌在干燥前没有产生毒素，那么干燥后也不会产生毒素。但是，如果食品在干燥前已有毒素产生，那么干燥处理将难以破坏这些毒素，食用这种干燥保藏的食品仍可能会导致食物中毒。

（3）水分活度与微生物环境因素的关系。环境因素会影响微生物生长所需的 A_W 值。如营养成分、pH、O_2、CO_2、温度和抑制物等因素。环境因素越不利于生长，微生物生长所需的最低 A_W 值就越高，反之亦然。例如金黄色葡萄球菌在 O_2 充分的条件下抑制生长的 A_W 值为 0.80；在正常条件下抑制生长的 A_W 值低于 0.86；在缺氧气条件下，抑制生长的 A_W 值为 0.90。

另外，A_W 值的高低又可改变微生物对环境因素，如热、光和化学物的敏感性。一般来说，当 A_W 值较高时，微生物对这些因素最敏感，而当 A_W 值中等时（0.4 左右），微生物对这些因素最不敏感。因此，降低 A_W 值既可有效抑制微生物的生长，又可使微生物的耐热性增大。为了有效抑制微生物的生长繁殖，延长干燥食品的保藏期，必须将其 A_W 降到 0.70 以下。这一事实也说明了食品干燥虽然是加热过程，但并不能代替杀菌。

2. 水分活度与酶活性的关系 酶也是引起食品变质的主要因素之一。食品中酶的来源多种多样，有食品的内源性酶、微生物分泌的胞外酶及人为添加的酶。酶活性的高低与很多条件有关，如温度、A_W、pH、底物浓度等。其中，A_W 对酶活性的影响非常显著。当 A_W 降低到单分子吸附水所对应的 A_W 值以下时，酶的基本无活性，而随着 A_W 的增加，酶的活性则缓慢增大。当 A_W 值增加到 0.25～0.30 范围时，酶促褐变就会发生，并引起食品品质恶化。酶反应的速度随 A_W 的提高而增大，通常在 A_W 为 0.75～0.95 的范围内酶活性达到最大。当 $A_W<0.65$ 时，酶的活性降低或减弱，但是要抑制酶活性，A_W 应在 0.15 以下。

A_W 对酶促反应的影响主要通过以下途径：①水作为运动介质促进扩散作用；②稳定酶的结构和构象；③水是水解反应的底物；④破坏极性基团的氢键；⑤从反应复合物中释放产物。由于酶活性中心的反应速度大于底物或产物的扩散速度，故运动性是限制酶促反应的主要因素。脂酶的底物是脂类，故脂解作用能在极低的 A_W 条件下进行。

3. 水分活度与其他变质因素的关系

（1）水分活度与脂肪氧化作用的关系。A_W 是影响食品中脂肪氧化的重要因素之一。A_W 不能完成抑制脂肪氧化反应。A_W 值在很高或很低时，脂肪都容易发生氧化，$A_W<0.1$ 的干燥食品因氧气与油脂结合的机会多，氧化速度非常快。当 $A_W>0.55$ 时，水的存在提高了催化剂的流动性而使油脂氧化的速度增加。当 A_W 在 0.3～0.4 时，食品中水分呈单分子层吸附，在自由基反应中与过氧化物发生氢键结合，减缓了过氧化物分解的初期速率；当这些水与微量的金属离子结合，能降低其催化活性或使其产生不溶性金属水合物，从而失去催化活性，此时食品氧化酸败变化最小。

（2）水分活度与非酶褐变的关系。A_W 不能完全抑制非酶褐变。非酶褐变有一个适宜的 A_W 范围，该范围与干制品的种类、温度、pH 及 Cu^{2+}、Fe^{2+} 等因素有关。如美拉德褐变的最大速度出现在 A_W 为 0.6～0.9。在 $A_W<0.6$ 或 $A_W>0.9$ 时，非酶褐变速度将减小，当 A_W 为 0 或 1 时，非酶褐变即停止。原因是水既作溶剂又作反应产物，低 A_W 下因扩散作用受阻而反应缓慢；在高 A_W 下，由于与褐变有关的物质被稀释，且水分为褐变产物之一，水分增加将使褐变反应受到抑制。

4. 水分活度对食品成分的影响

（1）水分活度对淀粉老化的影响。淀粉老化实质上是已糊化的淀粉分子在放置过程中，分子之间自动排列成序，形成结构致密、高度结晶化及溶解度小的淀粉的过程。淀粉发生老化后，会使食品失去松软性，同时也会影响淀粉的水解。影响淀粉老化的主要因素是温度，但 A_W 对淀粉老化也有很大的影响。食品在 A_W 较高的情况下，淀粉老化的速度最快；如果降低 A_W，淀粉的老化速度就减慢；若含水量降至 10%～15%时，水分基本上以结合水的状态存在，淀粉就不会发生老化。

（2）水分活度对蛋白质变性的影响。蛋白质变性是蛋白质分子多肽链特有的有规律的高级结构被改变了，从而使蛋白质的许多性质发生改变。因为水能使多孔蛋白质膨润，暴露出长链中可能氧化的基团，氧就很容易转移到反应位置。因此，A_W 增大会加速蛋白质的氧化作用，破坏蛋白质的高级结构，导致蛋白质变性。据测定，当水分含量达 4%时，蛋白质变性仍能缓慢进行；若水分含量在 2%以下，则蛋白质不发生变性。

综上所述，A_W 是影响干燥食品保藏稳定性的重要因素，降低食品的 A_W，就可以抑制微生物和非酶褐变的变质现象。当食品的 A_W 为其单分子吸附水所对应值时，干燥食品将获得最佳的保藏质量。

知识三　食品的干燥过程

一、食品干燥的目的

食品干燥是指在自然条件或人工控制条件下使食品中水分蒸发的过程，干燥包括自然干燥（如晒干、风干等）和人工干燥（如热空气干燥、真空干燥、冷冻干燥等）。

人类很早就利用自然干燥来干燥谷类、果蔬、鱼和肉制品，达到延长贮藏期的目的，我国不少传统食品（如干红枣、柿饼、葡萄干、香蕈、金针菜、玉兰片、萝卜干和梅菜等）常用晒干制成，而风干肉、火腿和广式香肠则经风干或阴干后再保存。即使在经济发达国家，自然干燥仍是常用的干燥方法，但自然干燥需要有大面积的晒场，生产效率低，又容易被灰尘、昆虫等污染，被鸟类、啮齿动物等侵袭，这些问题使制品的质量安全性较难获得保证。

经过干燥的食品，其 A_W 较低，有利于在室温条件下长期保藏，以延长食品的市场供给；同时，干燥食品的质量减轻、容积缩小，可显著地节省包装、贮藏和运输费用，并便于携带，有利于商品流通。目前，食品干燥保藏主要应用于果蔬类、粮谷类及畜禽肉等食品的脱水干制，以及粉状或颗粒状食品的生产（如糖、咖啡、乳粉、淀粉、调味粉、速溶茶等）。干燥是方便食品生产的最重要保藏方式。

食品干燥是一个复杂的物理化学变化过程，干燥的目的不仅要将食品中的水分降低到一定水平，达到干燥保藏的水分要求，同时要求食品品质变化最小，有时还要达到改善食品品质的目的。

二、影响食品干燥过程的因素

食品干燥过程就是水分的转移和热量的传递，即湿热传递，这一过程的影响因素主要取决于干燥条件以及干燥食品的性质。

1. 干燥条件的影响

（1）温度。在食品的初温一定时，如果干燥介质温度提高，则介质与食品间温差增大，热量向食品传递的速率加大，水分外逸速率加大。同时，温度提高时，水分扩散速率也加快，使内部干燥加速。但是若以空气作为干燥介质时，温度就不是主要因素了，因为食品内水分以水蒸气的形式外逸时，将在其表面形成饱和水蒸气层，若不及时排除掉，将阻碍食品内水分进一步外逸，从而降低了水分的蒸发速度，温度的影响也将因此而下降。此时空气的相对湿度和流动速度对干燥的影响就非常显著。

（2）空气流速。在以空气为干燥介质时，空气流速加快，食品干燥速率也加速。因为加大空气流速可以将食品表面蒸发聚集的水蒸气及时带走，及时补充未饱和的空气，使食品表面与周围干燥介质始终保持较大的饱和湿度差，促进水分不断蒸发。同时，空气流速加快，还可以促使介质的热量迅速传递给被干燥食品，维持干燥温度。

（3）空气相对湿度。如果用空气作为干燥介质，空气相对湿度越低，食品干燥速率也越快。近于饱和的湿空气进一步吸收水分的能力远比干燥空气差，饱和的湿空气不能再进一步吸收来自食品的蒸发水分。此外，食品干燥时水分下降的程度也是由空气相对湿度所决定的。食品的水分始终要和周围空气的湿度处于平衡状态。

（4）大气压力和真空度。在标准大气压下，水的沸点为 100℃。随着气压降低，水的沸点也随之降低。在恒定的温度下，气压越低，水沸腾的速度就越快。因此，与常压干燥相比，置于热真空室中的食品干燥所需的温度更低，而且在相同温度下，其干燥速度更快。但是，若干制过程受到食品内部水分转移的限制，则真空干燥对食品干燥速率的影响就不大。

2. 食品性质的影响

（1）表面积。因为水分是从食品表面蒸发的，所以食品表面积的大小和切分也与干燥速度直接有关。食品被切成具有更大表面积的小片、小粒状，增大了食品与加热介质接触的表面积及供水分逸出的表面积。同时，食品切分粒度越小或者厚度越薄，热量从食品表面传递到中心的距离就越短，从而加速了水分从食品内部迁移到表面的速度及水分蒸发的速度，而且食品表面积越大，干燥速度越快，干燥效果就越好。因此，几乎所有类型的食品干燥设备都要求所处理的食品具有尽可能大的表面积。

（2）组分定向。食品微结构的定向影响水分从食品内部转移的速度。水分在食品内的转移在不同方向上差别很大，这取决于食品组分的定向。例如芹菜的细胞结构，沿着长度方向比横穿细胞结构的方向干燥要快得多。在肉类蛋白质纤维结构中，也存在类似行为。

（3）细胞结构。在大多数食品中，水分主要分布于细胞内和细胞间隙，而细胞间隙部分的水分比细胞内的水更容易除去。当天然动植物组织存活时，水分被细胞结构（细胞壁和细胞膜）保持在细胞内，水分不会外漏或渗出。但动植物死后，其细胞结构对水分的渗透性就会增强，尤其是当食品被热烫或烘烤时，水分就更易于从细胞中渗出。因此，一般来说，只要烹调不致使组织过分地变硬或皱缩，烹调过的蔬菜、肉或鱼较其新鲜状态时更容易干燥。

（4）溶质的类型和浓度。食品的组成决定了干燥时水分子的流动性，特别是在低水分含量时，食品中的溶质（如糖、淀粉、蛋白质等）与水相互作用，会抑制水分子迁移，降低水分转移速率，影响干燥速度。溶质的存在提高了水的沸点，影响水分汽化。另外，当糖等溶质浓度高时，容易在食品外层形成硬壳而阻碍水分的汽化。因此，食品中溶质浓度越高，维持水分的能力越大，相同条件下干燥速度越慢。

（5）食品的装载量。食品在干燥过程中的装载量要以不妨碍空气流通、便于热量传递和水分蒸发为原则。装载原料的数量与厚薄，对干燥速度有很大影响，装载量多、厚度大，不利于空气流通和水分蒸发。干燥过程中，可随着食品体积的变化，调整其厚度。

三、干燥对食品品质的影响

1. 食品物理性质的变化　食品干燥时经常出现的物理变化有溶质迁移、干缩、表面硬化、热塑性及多孔性形成等。

（1）溶质迁移。在食品所含的水分中，一般都溶入一定的可溶性物质，如糖、有机酸、盐等，在干燥过程中，当水分由内部穿过孔隙和毛细管向表层扩散转移时，可溶性物质也随之向表面迁移。水分达到表面后，汽化逸出，使溶质的浓度逐步增加，就会造成食品中可溶物质分布不均匀，越接近表面，溶质越多。但是，如果干燥速度缓慢，当靠近表层的溶质浓度逐渐增高，且内部溶质浓度仍未变化时，浓度差的推动力使表层的溶质重新向内部扩散，使食品组织中溶质分布趋于均匀化。因此，干燥食品溶质分布是否均匀，最终取决于干燥速度。只要工艺条件控制得当，就可使食品溶质分布均匀。

（2）干缩。食品细胞组织失去活力后，仍能不同程度地保持其原有的弹性。但当受力过大，超过弹性极限时，即使外力消失，食品也难以恢复原来的状态。干缩就是食品失去弹性时出现的一种变化，也是食品干燥保藏时最常见的物理变化之一。弹性完好并呈饱满状态的食品在全面均匀失水时，食品随着水分消失而均衡干缩，即食品大小均匀地按比例缩小。但实际上，均衡干缩在干燥保藏的食品中是难以见到的，这是因为食品的弹性并非是绝对的，并且干燥时整个食品的水分排出也不是均匀的。因此，不同食品在干燥过程中表现出的干缩也各有差异。图 6－2 为块状蔬菜干燥过程中形状的变化。其中，图 6－2a 显示食品未处理时的原始状态；图 6－2b 显示表面收缩造成食品边缘和角落部位的内陷使块状食品逐渐变得浑圆起来；持续的干燥使水分从越来越深的内部直至食品的中心逸出，食品不断地向中心收缩，形成了图 6－2c 所示的凹形立体外观。

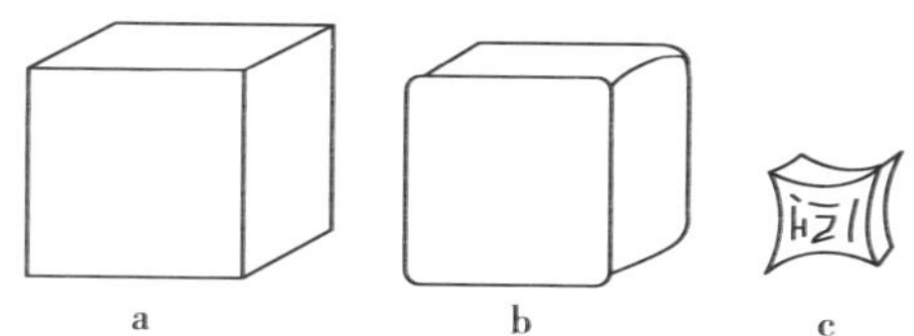

图 6－2　块状蔬菜干燥过程中形状的变化

a. 干燥前的原始形态　b. 干燥初期的形态　c. 干燥后的形态

（3）表面硬化。表面硬化是食品干燥过程中出现的与收缩和密封有关的一个现象。干燥时，如果食品表面温度很高，干燥不均衡，就会在食品内部的绝大部分水分还来不及迁移到表面时，表面快速形成一层硬壳，即发生了表面硬化。这一层透过性能极差的硬壳阻碍了仍处于食品内部的大部分水分进一步向外迁移，因而食品的干燥速度急剧下降。当中心干燥收缩时，会与刚性的表面层发生脱离并导致出现内部裂纹、孔隙和蜂窝状结构等，这种干燥模式的不同会影响干燥食品的松密度，即单位体积食品的质量。

（4）热塑性。许多食品是热塑性的，即受热时会变软。一般的动植物食品即使是处在干燥温度下，也仍然具有结构和一定的刚性。然而，果蔬汁类食品缺乏此类结构，而且还含有高浓度的糖分以及其他在干燥温度下会软化和熔化的物质。因此，用平板或输送带加热干燥橘汁或糖浆时，即使除去了所有的水分，剩下的固形物仍然处于一种热塑性的黏性状态，看上去会有含水感，这些组分会黏附在平板或输送带上，很难除去。然而，冷却会使热塑性的固形物硬化成为晶体或无定形玻璃态，脆性的状态使它们较为容易地从平板或输送带上除去。绝大多数带式干燥设备都在刮刀前设置冷却区，目的就是便于从干燥设备中除去那些热塑性的食品组分。

（5）疏松（多孔性）。在干燥过程中促使食品内部产生蒸汽压可造成产品的多孔结构，外逸的蒸汽有膨化食品的作用，如薯类膨化产品。此外，如果干燥前对液态或浆状食品搅打或采用其他发泡处理形成稳定的且在干燥过程中不会破裂的泡沫，干燥后食品就会呈现多孔结构。在真空干燥设备中，通过使水蒸气快速逃逸到高真空环境里，或是采用其他的一些手段，也可以促成多孔结构的产生。除了对干燥速率的影响外，导致食品多孔结构产生或维持这种结构的处理过程还会由于食品内部大量空隙的存在，而给食品带来许多其他的影响。疏松（多孔性）结构的食品具有易溶解、复水快和外观体积大的优点。然而，疏松（多孔性）结构也具有产品堆积体积大和贮藏稳定性差的缺点。造成贮藏稳定性差的原因是由于其暴露于空气、光以及其他因素中的表面积增大。

（6）透明度。在干燥过程中，食品受热会将细胞间隙中的空气排除，使产品呈半透明状态。空气越少，产品越透明，质量也就越高。因为透明度高的产品不仅外观好，而且由于空气含量少，可减少氧化作用，使产品耐贮藏。

2. 食品化学性质的变化

（1）营养成分损失。

①糖类。糖类含量较多的食品在加热时，糖分极易分解和焦化，特别是葡萄糖和果糖，在高温下干燥易发生大量损耗。水果中含有丰富的糖类，如葡萄糖、果糖和蔗糖等，而果糖和葡萄糖均不稳定，易于分解而损耗。一般来说，糖分的损失随温度的升高和时间的延长而

增加。在温度过高时，糖类含量高的食品容易焦化，还原糖在酸性条件下与氨基酸容易发生褐变反应。由于动物组织内糖类含量低，故糖类的变化不至于成为其干燥过程中的主要问题。

②蛋白质、脂肪。蛋白质对高温很敏感，在食品干燥时蛋白质易发生变性，组成蛋白质的氨基酸与还原糖发生作用，产生羰氨反应（美拉德反应）而褐变。如含蛋白质较多的食品，由于蛋白质的变性导致产品在复水后，其外观、含水量及硬度等均不能恢复到原来的状态。一般干燥温度越高，蛋白质变性速度越快，随着干燥温度的升高，氨基酸的损失也增加。

脂肪氧化与干燥时的温度和含氧量有关。通常高温常压干燥时脂肪的氧化比低温真空干燥时严重得多。因此，为了抑制干燥时脂肪氧化，常常在干燥前给食品添加抗氧化剂。一般情况下，对于脂肪含量高且不饱和度高的食品来说，其贮藏温度、含氧量、紫外线接触以及铜、铁等金属离子都会直接影响脂肪的氧化程度。

③维生素。食品干燥会造成部分水溶性维生素被氧化损失。维生素的损耗程度取决于干燥前食品预处理条件及选用的脱水干燥方法和条件。例如维生素 C 和胡萝卜素易因氧化而遭受损失；维生素 B_1 对热敏感，故干燥处理时常会有所损耗；维生素 B_2 对光极其敏感，无论是太阳光还是荧光都能将其破坏；胡萝卜素长期在光、氧气、高温和碱性环境中也易被破坏。因此，维生素 B_2 和胡萝卜素在日晒干燥时损耗极大，在喷雾干燥时则损耗极小。而维生素 C 的破坏程度与干燥环境中的氧含量、温度、抗坏血酸酶的含量及活性大小有关，在避光、缺氧和酸性环境中稳定。例如水果晒干时维生素 C 损失极大，但升华冷冻干燥却能将维生素 C 和其他营养素大量地保存下来。

（2）挥发性风味成分损失。食品失去部分挥发性风味成分是干燥保藏时常见的一种现象，而采用好的干燥工艺技术可以使其损失量很小。例如牛乳失去极微量的低级脂肪酸，特别是硫化甲基，虽然它的含量仅有亿分之一，但却可使其制品失去鲜乳风味。即使采用低温干燥也会导致风味物质的化学变化，而出现食品变味的问题。

干燥过程中完全避免食品风味成分的损失几乎是不可能的，所以通常采用以下方法来避免：一是芳香物质回收，即从干燥设备中添加冷凝回收装置，回收或冷凝外逸的蒸汽，再加回到干燥食品中，以尽可能保存其原有风味。也可添加香精和从其他途径提取的香味成分，以弥补干燥中风味的损失。二是采用真空冷冻干燥，以减少芳香物质的挥发。三是通过添加包埋物质（如树胶等），把干燥粒子包裹起来，将风味物微胶囊化，为阻止挥发性物质的丢失提供一种物理性保护作用。

（3）色泽的变化。新鲜食品的色泽一般都比较鲜艳，干燥会改变其物理性质和化学性质，使干燥后食品反射、散射、吸收和传递可见光的能力发生变化，从而改变食品的色泽。

干燥过程温度越高，处理时间越长，色素变化也就越多。在湿热条件下叶绿素失去镁原子而转化成脱镁叶绿素，呈橄榄绿色。类胡萝卜素、花青素也会因干燥处理有所破坏。

酶褐变反应是促使干燥食品褐变的原因。酶褐变是因为氧化酶未能彻底失活，由于多酚类（单宁物质、绿原酸等）以及其他敏感化合物（酪氨酸）的酶促氧化而导致。植物组织受损伤后，组织内氧化酶活性能将多酚或其他（如鞣质、酪氨酸等）物质氧化成有色色素，这种酶褐变会给产品品质带来不良后果。为此，干燥前食品需进行酶钝化处理以防止变色。酶钝化处理应在食品干燥前进行，因为干燥过程的受热温度常不足以破坏酶的活性，而且热空气还具有加速酶褐变的作用。

糖的焦糖化或美拉德褐变反应是食品干燥过程中常见的非酶褐变反应。高温会引起焦糖化，而美拉德褐变反应是还原糖的醛基和氨基酸的氨基之间的反应，产生褐变产物，是食品干燥中非常重要的问题。与其他化学反应一样，高温或者在有水的条件下，反应物浓度增大会加速美拉德反应，而干燥过程正是反应基团浓度不断增加的过程。在干燥过程中，当水分含量被降低到15%～20%的范围时，美拉德反应进行得最快，随着水分含量进一步降低，反应的速度反而减慢。正因为如此，水分含量低于1%的干燥产品即使长期贮藏也很难观察到源于美拉德反应的进一步颜色变化。因此，食品干燥过程中采用快速通过15%～20%水分区域，以尽量减少美拉德褐变反应的发生。

3. 组织特性变化　干制品在复水后，其口感、多汁性及凝胶形成能力等组织特性均与生鲜食品存在差异。这是由于干燥降低了食品的持水力，增加了组织纤维的韧性，导致干制品复水性变差，复水后的口感较为老韧，缺乏汁液。

食品干燥过程中组织特性的变化主要取决于干燥方法。通常常压空气干燥的鳕鱼肉复水后，组织呈黏着而紧密的结构，仅有较少的纤维空隙，且分布不均匀，其组织特性与鲜鱼肉的组织特性相差甚大，复水时速度极慢且程度较小，故产品口感干硬。采用真空干燥的鱼肉复水后，纤维的聚集程度较常压干燥的鱼肉低，且纤维间的空隙较大。因此，其组织特性明显优于常压干燥。而采用真空冻干干燥的鳕鱼肉在复水后，基本保持了冻结时所形成的组织结构。与鲜鱼肉的组织结构相比较，冻干鳕鱼肉的组织纤维排列更紧密，纤维间的空隙更大些，但两者的差别并不十分明显。因此，冻干鳕鱼肉的复水速度快而且程度高，口感较为柔软多汁，且有一定的凝胶形成能力。

总之，食品在干燥和干藏过程中的各种各样变化，都是由于干燥工艺条件和干藏条件的不同，导致其变化在程度上会有比较大的不同。因此，合理选择食品干燥方法与工艺条件具有重要意义。

知识四　食品的干燥方法

食品的干燥方法可分为自然干燥和人工干燥两大类。自然干燥主要有晒干与风干两种形式，晒干是利用太阳光的辐射能进行干燥的方法，而风干是利用食品的水蒸气与空气中水蒸气的气压差进行干燥脱水的方法，晒干过程也常包含着风干的作用。在气候环境条件上，我国北方和西北地区的气候具备炎热、干燥和通风良好的特点，较适于自然干燥。自然干燥比较经济，但占用场地多，还需要人工定期翻动食品，干燥时间长，受天气影响较大，尤其遇到不良天气，难以控制干燥过程，故干燥食品的质量不易保证。人工干燥可以避免或减少自然干燥中存在的不足。食品人工干燥按照热交换方式和水分除去方式的不同，主要包括热风干燥、接触干燥、真空干燥、辐射干燥以及冷冻干燥等。

一、热风干燥

热风干燥又称常压空气对流干燥，即以热空气为干燥介质，通过对流方式与食品进行热量与水分交换使食品得以干燥脱水。这类干燥在常压下进行，也是最常见的食品干燥方法。

根据食品与干燥介质接触的方式不同，热风干燥分为固定式热风干燥和悬浮式对流热风干燥两种。

1. 固定式热风干燥　固定式热风干燥的特点是食品被聚集在容器或其他支持器具上进行干燥，如厢式干燥、隧道式干燥及带式干燥等。

（1）厢式干燥。厢式干燥设备示意如图6－3所示，这是一种比较简单的间歇式热风对流干燥方法。把食品放在托盘中，再置于多层框架上，热空气在风机的作用下流过食品，将热量传给食品的同时带走水蒸气，使食品获得干燥。此法操作简单，工艺条件易控制，适于小批量生产。缺点是操作费用较高，产品干燥不均匀，生产效率较低。

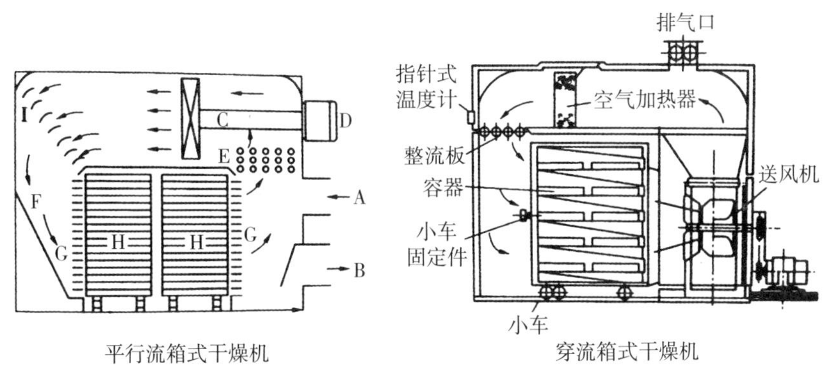

图6－3　厢式干燥设备示意

A. 空气进口　B. 废气出口及调节阀　C. 风扇　D. 风扇电动机　E. 空气加热器通风道　F. 可调空气喷嘴　G. 整流板　H. 料盘及小车

（2）隧道式干燥。隧道式干燥就是在厢式干燥设备的基础上，将干燥室扩大加长呈狭长隧道形式，其长度可达10～15m，可容纳5～15辆装满料盘的小车。通常其干燥过程是将待干燥食品铺放在带网孔的料盘内，并有序地置于小车搁架上，然后在干燥隧道中前行，并与流动中的热空气接触，进行热湿交换，从而实现食品的干燥。大多数操作方式是从一端推进一辆小车，从另一端顶出一辆，车辆的进出可用绞车拉动或用导轨，小车可连续或半连续进出隧道。隧道式干燥操作简便，干燥速度较快，干燥批量大，干燥均匀，适用范围广。

在隧道干燥中将热空气气流方向与料盘小车前进方向相同的干燥称为顺流式干燥，而方向相反的干燥称为逆流式干燥。此外，还有顺流与逆流混流式干燥。不同流程的隧道式干燥机示意见图6－4。

①顺流式干燥。顺流式干燥即热空气与物料车的运动方向相同，食品从高温80～85℃低湿的热空气一端进入，再从低温（55～60℃）高湿另一端出来，如图6－4（a）所示。顺流式干燥的特点是前期干燥速度快，单位热耗低，效率较高，干燥均匀，但后期由于空气温度低且湿度高而干燥缓慢，故干制品最终水分含量比较高。此法适用于含水量较多的蔬菜和切分的水果的干燥脱水。

②逆流式干燥。如图6－4（b）所示，装物料车与热空气运动方向相对，即物料车沿轨道由低温高湿（40～50℃）一端进入，由高温（65～85℃或者更高）低湿的热空气入口一端出来。逆流式干燥的特点是前期干燥缓慢，后期干燥强烈。因此干燥后期的温度不宜过高，

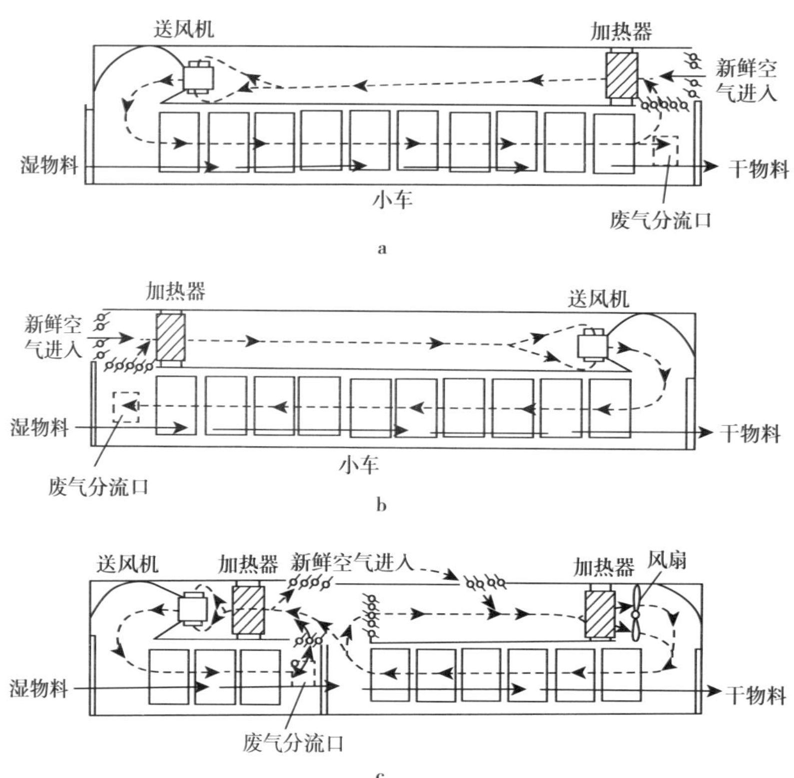

图 6－4　不同流程的隧道式干燥机示意

a. 顺流式干燥器　b. 逆流式干燥器　c. 混流式干燥器

即新鲜热空气温度要严格控制，否则会使原料烤焦，比如桃、李、杏、梨等干制时最高温度不宜超过 72℃，葡萄不宜超过 65℃。此法适用于最终干制品含水量很低，并且能承受较高温度的食品干燥，如含糖量高、汁液黏稠的果蔬。

③混流式干燥。逆流式干燥与顺流式干燥的特点鲜明，优缺点突出，混流式干燥综合两者的优点，克服其缺点，如图 6－4（c）所示。混流式干燥采用两个加热器和两个鼓风机，分别设在隧道的两端，热空气由两端吹向中间，湿热空气从隧道中部集中排出一部分，另一部分回流利用。一般食品原料首先进入顺流隧道，温度较高、风速较大的热风吹向原料，水分迅速蒸发。随着载车向前推进，温度渐低，湿度较高，水分蒸发渐缓，也不会使食品因表面过快失水而结成硬壳。当食品大部分水分干燥后，再被推入逆流隧道，温度渐升，湿度渐降，水分干燥较彻底。应当注意，食品进入逆流隧道后，应控制好空气温度，过高的温度会使食品烤焦和变色。顺流干燥隧道与逆流干燥隧道的长度，是可以根据干燥原料的不同和干燥工艺的需要而灵活设计或选择的。

（3）带式干燥。带式干燥法除载料系统由输送带取代装料盘的小车外，其余部分基本和隧道式干燥设备相同。将待干食品放在输送带上，热空气自下而上或平行吹过食品，进行湿热交换而获得干燥。输送带一般用钢丝网带或多孔板制成，可以是单层，也可以布置成上下多层，或上下循环式，以使干燥介质顺利流通，多层输送带式干燥机示意如图 6－5 所示，双阶段连续输送带式干燥机示意如图 6－6 所示。每种食品的适宜干制工艺条件应事先经试验确定。

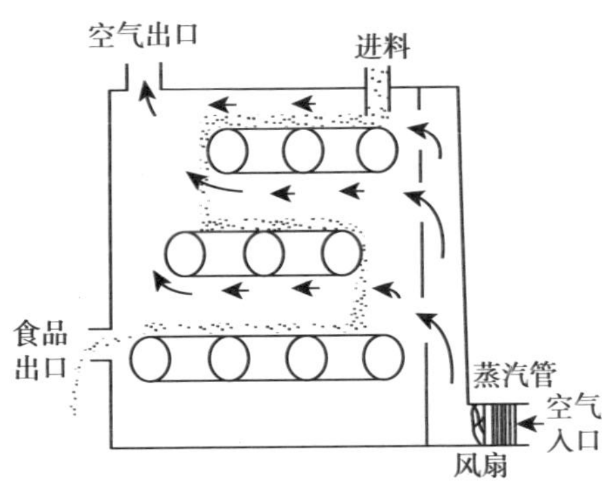

图 6-5　多层输送带式干燥机示意

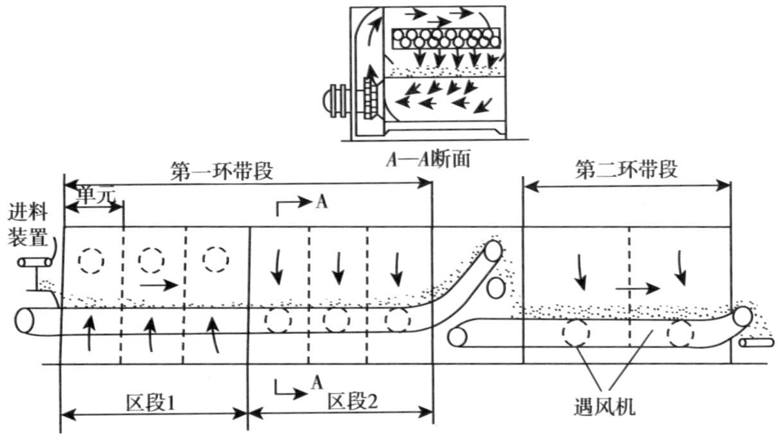

图 6-6　双阶段连续输送带式干燥机示意

带式干燥的特点是可以调节空气量、加热温度、物料停留时间及加料速度，以取得最佳干燥效果；设备配置灵活，可使用网带冲洗系统及物料冷却系统；大部分空气循环利用，高度节省能源；独特的分风装置，使热风分布更加均匀，确保产品品质的一致性。带式干燥生产效率高，干燥速度快，可减轻装卸食品的劳动强度和费用，操作便于连续化、自动化。此法适用于透气性较好的片状、条状、块状或颗粒状食品的干燥，尤其适合含水量高而不耐高温的脱水水果、蔬菜、中药饮片等的干燥，如苹果、胡萝卜、洋葱、马铃薯和甘薯等。

2. 悬浮式对流热风干燥　悬浮式对流热风干燥就是将固体或液体颗粒食品悬浮在干燥热空气流中进行干燥。由于干燥食品以不同程度悬浮在热空气中，故要求食品具有基本一致的悬浮速度，即颗粒要基本上具有一致的大小和容重。目前，常见的悬浮式对流干燥有气流干燥、流化床干燥及喷雾干燥 3 种类型。

(1) 气流干燥。气流干燥是一种连续高效的固体流态干燥方法，利用高速气流将待干燥固体颗粒分散并悬浮于气流体中进行干燥。一般颗粒状或粉末状的食品通过振动加料器进入干燥管的下端，被从下方进入的热空气向上吹起。在两者一起向上运动的过程中，彼此之间充分接触，进行强烈的湿热交换，从而使食品迅速获得干燥。气流干燥流程如图 6-7 所示。

气流干燥的优点是热空气与待干燥食品直接接触，其接触面积大，干燥速度极快，一般仅为数秒钟。但其动力消耗大，干燥过程中高速气流、食品颗粒与管壁间的碰撞和磨损机会增多，难以保持食品完好的结晶形状和结晶光泽。此法适用于在潮湿状态下仍能在气体中自由流动的颗粒食品或粉末状食品，如面粉、淀粉、葡萄糖及鱼粉等的干燥，而且要求原料的含水量不超过35%。

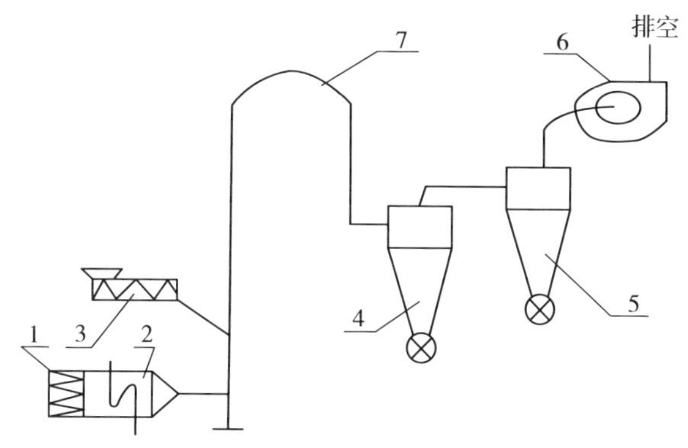

图6-7 气流干燥流程示意

1. 空气过滤器 2. 空气加热器 3. 加料器 4. 旋风分离器 5. 除尘器 6. 排风机 7. 干燥管

（2）流化床干燥。流化床干燥类似于气流干燥，即将颗粒状食品置于干燥床上，使热空气以足够大的速度自下而上吹过干燥床，使食品在流化状态下获得干燥。流化床干燥与气流干燥最大的不同就是流化床干燥食品由多孔板承托，干燥过程中待干燥食品呈流化状态，即保持缓慢沸腾状。同时，流化促使食品向干燥室出口方向推移，调节出口挡板高度，保持干燥食品层深度，就可任意调节颗粒在干燥床内的停留时间。流化床干燥器示意如图6-8所示。

流化床干燥的优点是食品与空气接触面积大，湿热交换十分强烈，干燥速度快。流化床内温度分布较均匀，可采用较高的温度而又不引起食品的损伤。但是热空气的利用率较低，由于风速过高，颗粒食品易被气流带走而损耗，颗粒在干燥器内停留时间不均匀，导致干制品含水量不均匀。此法适用于干燥含水量不高且半干半湿的食品（如谷物类、小颗粒、粉状食品），但不适于易黏结或结块的食品。

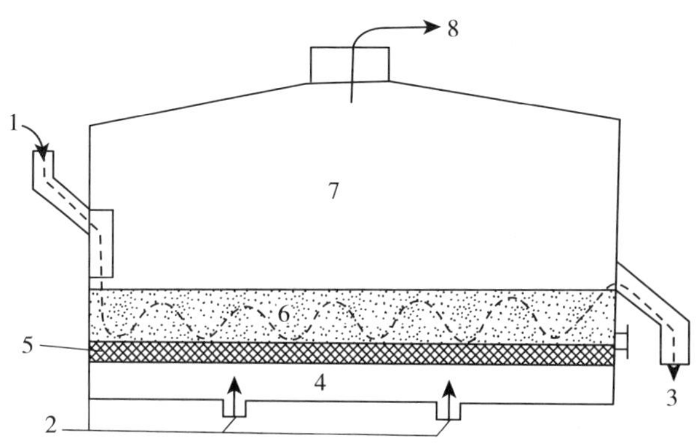

图6-8 流化床干燥器示意

1. 湿物料进口 2. 热风进口 3. 干物料出口 4. 通风室 5. 多孔板 6. 流化床 7. 绝热风罩 8. 排气口

（3）喷雾干燥。喷雾干燥是采用雾化器将液态或浆质态食品分散为雾状液滴，悬浮在热空气中，并用热空气干燥雾滴的干燥方法。待干燥食品既可以是溶液、乳浊液或悬浮液，也可以是熔融液或膏糊液。干燥食品可根据生产要求制成粉状、颗粒状、空心球或团粒状。

喷雾干燥的典型流程（图 6－9）：食品雾化为雾滴，雾滴与空气接触（混合和流动），雾滴干燥（水分蒸发），干燥产品与空气分离。

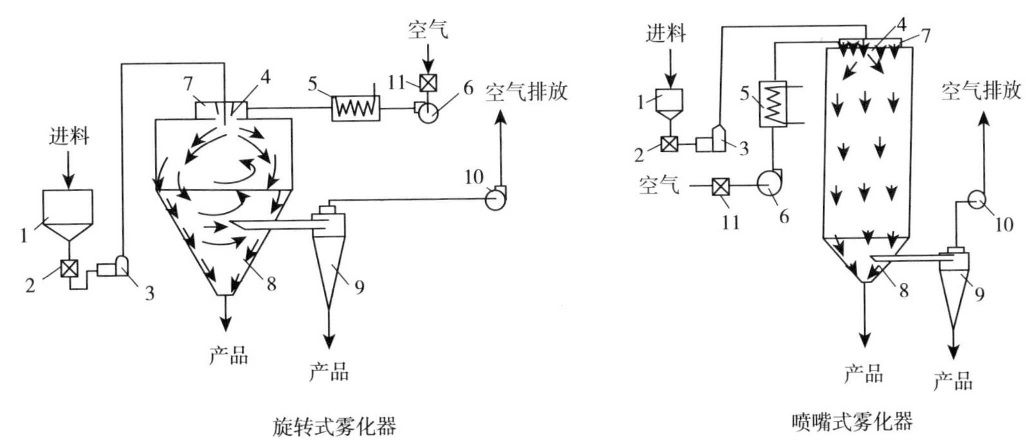

图 6－9 喷雾干燥的典型流程

1. 料罐 2. 过滤器 3. 泵 4. 雾化器 5. 空气加热器 6. 鼓风机 7. 空气分布器 8. 干燥室 9. 旋风分离器 10. 排风机 11. 过滤器

食品雾化的目的是将待干燥食品分散为直径为 20～100μm 的雾滴。在干燥室内，雾滴与空气的接触方式有顺流式、逆流式和混流式 3 种，如图 6－10 所示。由于雾滴细小，表面积极大，与热空气接触时传热传质非常迅速，因此食品干燥时间短（几秒至几十秒）。由于干燥迅速，最终产品温度也不高，较适合于热敏性食品的干燥。在干燥室内可通过调节操作条件来控制产品的质量指标，如粒度分布、最终湿含量等；根据工艺上的要求，产品可制成粉末状、空心球状或疏松团粒状，一般不需要粉碎即成成品，且具有较高的速溶性。喷雾干燥流程简化，操作可在密闭状态下进行，有利于保持食品卫生、减少污染，但其热利用率低，动力消耗大，总的设备投资费用较高。此法主要适用于一些易雾化的食品，如乳粉、速溶咖啡、茶粉、蛋粉、酵母提取物、干酪粉和豆乳粉等。

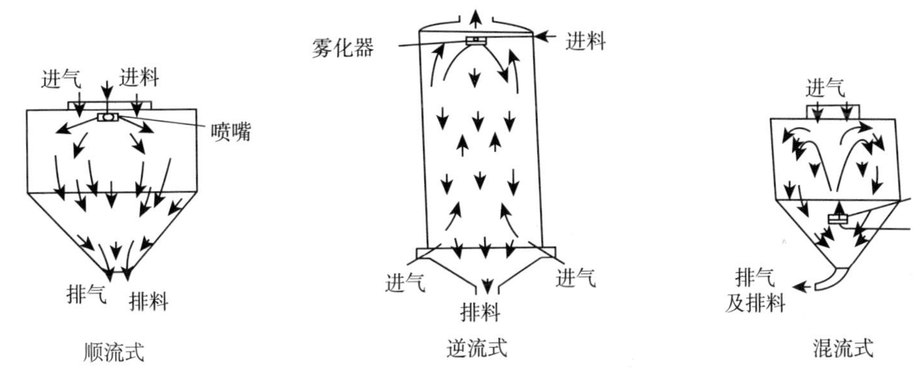

图 6－10 雾滴与热空气的接触方式

二、接触干燥

接触干燥是指被干燥食品与加热面（炉底、铁板及滚筒等）处于直接接触状态，蒸发水分的能量主要以传导的方式进行干燥的方法。在干燥过程中，尽量使食品处于运动（翻动）状态，以加速热传递和水分迁移。这种干燥方法的特点是干燥强度大，相应能量利用率较高。此法可以在常压和真空两种条件下进行。

典型的接触干燥为滚筒干燥，即将黏稠状待干食品涂抹或喷洒在缓慢转动和不断加热的滚筒表面上，随着滚筒转动一周便可完成干燥过程。滚筒干燥常用于液态、浆状或泥浆状食品（如脱脂乳、乳清、番茄汁、肉浆、马铃薯泥、婴儿食品等）的干燥，尤其适用于某些黏稠食品的干燥。经过滚筒转动一周，干燥食品的干物质含量可从3%～30%增加到90%～98%，干燥时间仅需2s到几分钟。

根据进料方式，滚筒干燥设备分为浸泡进料干燥设备、滚筒进料干燥设备和顶部进料干燥设备；根据干燥压力，分为真空滚筒干燥设备和常压滚筒干燥设备；还有单滚筒、双滚筒或对装滚筒等干燥设备。不管是何种形式的滚筒干燥设备，都要用刮刀保证食品在滚筒上形成均匀的薄膜，膜厚为0.3～5mm。滚筒干燥示意如图6-11所示。对于液态食品，是把滚筒的一部分表面浸到料液中，让料液黏在滚筒表面上，这种方式称为浸泡进料（图6-11c）。对于泥状物料，用均料辅助辊把它黏附于滚筒上，这种方式称为滚筒进料（图6-11d）。也可采用喷溅进料（图6-11a）、中央注流进料（图6-11b）、涂抹进料和喷雾进料等其他方式。

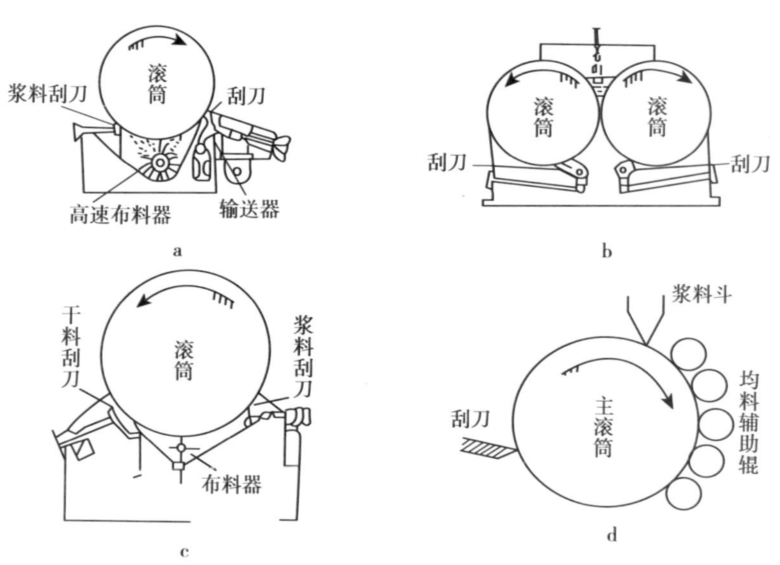

图6-11　滚筒干燥示意
a. 喷溅进料　b. 中央注流进料　c. 浸泡进料　d. 滚筒进料

滚筒干燥的特点是设备结构比较简单，干燥速度快，热量利用率较高。但由于滚筒与食品接触面的温度较高，常压滚筒干燥易引起使制品色泽及风味的劣变，例如产品带有煮熟味等，故不适于热塑性食品（如果汁类）的干燥。同时，在高温状态下的干制品会发黏，呈半熔化状态，难以从滚筒表面刮下，并且还会卷曲或黏附在刮刀上。目前，为了解决卸料黏结问题，可在制品刮下前进行冷却处理，使其成为脆质薄层，便于刮下。不过对于较耐热的食品，滚筒干燥却是一种费用低廉的干燥方法。

三、真空干燥

由于一些食品在温度较高（>85℃）的情况下干燥，易发生褐变、氧化等反应，引起食品风味、色泽和营养成分的损害，但是在较低的温度下干燥，其水分蒸发慢，又影响产品品质，只有在低压条件下，水分的沸点随之相应降低，才能保证较低温时水分蒸发正常。真空干燥就是基于这样的原理，即在低气压（0.3～0.6kPa）、较低温度（37～82℃）条件下进行干燥食品的。因此，真空干燥有利于减少热对食品热敏性成分的破坏和热物理化学反应的发生，制品的色泽、风味较好，孔隙率较高，复水性较好。但真空干燥与常压滚筒干燥或喷雾干燥相比，其设备投资与操作费用很大，成本较高，主要适用于价格较贵或者水分要求非常低且品质易受损的食品。

食品真空干燥过程中，食品的温度和干燥速率取决于真空度、食品状态及受热程度。根据真空干燥的连续性可分为间歇式真空干燥和连续式真空干燥。

箱式真空干燥设备是最常用的间歇式真空干燥设备，也称为搁板式真空干燥设备。常用于各种果蔬制品（如液体、浆状、粉末、散粒、块片等）的干燥，但最广泛使用真空干燥方法的是麦乳精、豆乳精等产品的发泡干燥。为了防止食品黏盘难以脱落，烘盘的内壁经常喷涂聚四氟乙烯。在真空干燥中，麦乳精原料浆的干物质浓度在75%以上，干燥温度60～75℃，干燥时间110～120min，最终水分小于2.5%。浓缩果汁真空干燥温度较低（38℃），真空度较高，常在670Pa压力下干燥，在400Pa以下浓缩果汁失去水蒸气时会引起膨胀，干燥果汁可保持膨胀的海绵体结构。

连续式真空干燥常采用的是连续输送带式真空干燥设备，如图6-12所示。进出干燥室的食品连续不断地由输送带传送通过，为了保证干燥室内的真空度，专门设置具有密封性连续进料和出料的气封装置。

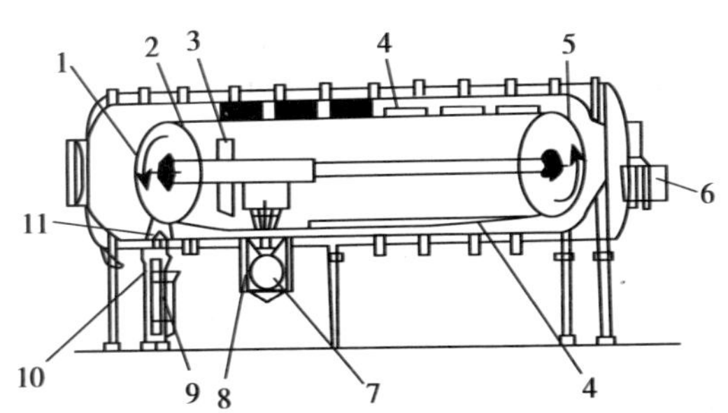

图6-12　连续输送带式真空干燥机示意

1. 冷却滚筒　2. 输送带　3. 脱气器　4. 辐射加热元件　5. 加热滚筒　6. 真空泵接口　7. 检修门　8. 供料滚筒和供料盘　9. 集料器　10. 气封装置　11. 刮板

带式真空干燥机通常由真空干燥室、加热与冷却系统、原料供给、输送和抽气系统等部分组成。其干燥过程是液状或浆状的原料先行预热，经供料泵均匀地置于干燥室内的输送带上，带下有加热和冷却装置，分为蒸汽加热、热水加热和冷却3个区域，加热区域又分为五段，其中第一、二段用蒸汽加热为恒速干燥段，第三、四段为减速干燥，第五段为均质段，都用热水加热。按照食品原料性质和干燥工艺要求，各段的加热温度均可调节。原料在输送带上，边移动边蒸发水分，干燥后形成多孔泡沫片状食品，然后通过冷却区域，再进入粉碎机粉碎成颗粒状产品，并经由集料器通过气封装置排出室外。输送带继续运转，重复上述干燥过程。有的真空干燥设备内还装有多条输送带，食品转换输送带时的翻动，有助于带上颗粒均匀加热干燥。

连续真空干燥机是在对常规的喷雾干燥和冷冻干燥的优缺点进行了反复的比较后，研制开发成功的一种全新概念的高效节能型干燥设备。连续真空干燥的特点是干燥时间短（5～25min），产品含水量低（2%以下），能形成多孔状，可直接干燥高浓度、高黏度的食品，故尤其适合喷雾干燥及真空烘箱难以解决的高黏度、高脂、高糖类等食品的干燥，比如咖啡、果珍、麦乳精、速溶乳粉及速溶茶等食品的干燥。另外，低温连续真空干燥机在真空低温状态下完成干燥工艺，热敏性物料不变性，无染菌机会。不过连续真空干燥机的设备费用却比同容量的间歇式真空干燥设备高得多。

四、辐射干燥

辐射干燥是指以红外线、微波等电磁波为热源，通过辐射方式将热量传递给待干食品进行干燥的方法，可在常压和真空两种条件下进行。根据使用电磁波的频率，用于食品干燥的辐射干燥主要有红外线干燥和微波干燥两种方法。

1. 红外线干燥　红外线干燥就是指将红外线作为热源，直接照射到待干食品上，使其温度升高，引起水分蒸发而干燥的方法。红外线是指波长为 0.72～1 000μm 的电磁波，红外线波长范围介于可见光和微波之间。红外线因波长不同而有近红外线与远红外线之分，近红外线指波长 0.72～2.5μm 的电磁波，远红外线指波长 2.6～1 000μm 的电磁波，它们加热干燥的本质完全相同，都是因为它们被食品吸收后，引起食品分子、原子的振动和转动，使电能转变成热能，使水分吸热而蒸发。红外线干燥的特点是干燥速度快，干燥时间仅为热风干燥的10%～20%，同时红外线穿透力强，使食品表面和内部同时吸收而加热，因而干燥较均匀，干制品质量较好。目前红外线干燥主要在谷物干燥、焙烤制品等方面得到应用。

另外，红外线干燥设备结构较简单，体积较小，成本也较低，远红外干燥示意如图 6－13所示。

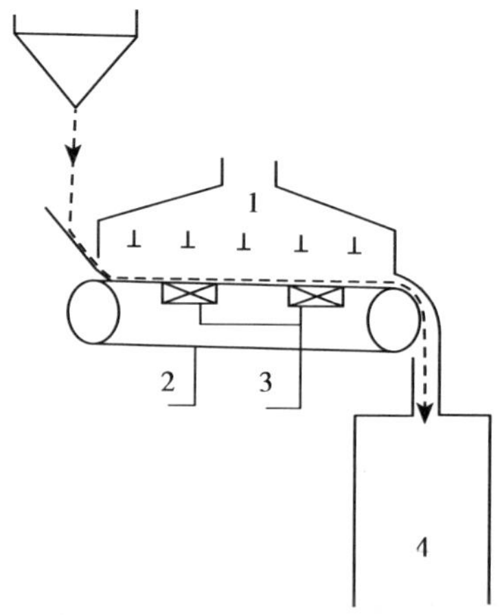

图 6－13　远红外干燥示意

1. 红外加热元件　2. 输送带　3. 振动器　4. 暂贮箱

2. 微波干燥　微波是一种高频电磁波，其频率为 300MHz～300GHz，其波长为 1～1 000mm。微波干燥就是利用微波的电磁波辐射待干食品，通过食品中的极性分子吸收微波的能量而发生频繁且极快的旋转，导致其与周围分子的摩擦而生热，使食品温度升高，促使水分蒸发而完成干燥的方法。

由于微波具备电场所特有的振荡周期短、穿透能力强的特点，它与物质相互作用可产生特定效应。当它穿过物料时，物料中的电介质吸收微波能，并在物料内部转化为热能，使干燥物料本身成为发热体，而且由于物料表层温度向周围介质散失，使物料内部温度高于表面，微波干燥示意如图 6－14 所示。因此，食品微波干燥的干燥速率高，干燥时间短；微波对形状较复杂的食品原料，加热比较均匀且容易控制。食品对微波的吸收与含水量有关，含水量高的食品对微波能的吸收性也高，反之则低。

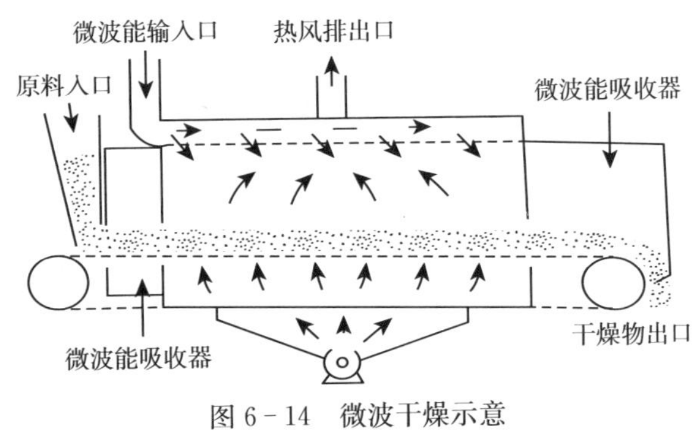

图 6－14　微波干燥示意

微波干燥的特点：①干燥速度极快。微波干燥基本不存在内部传热现象，干燥速度极快，一般只需常规干燥法的 1/100～1/10 的时间。②干燥均匀，制品质量好。避免了常规加热干燥时常出现的表面硬化和内外干燥不匀的现象，制品质量好。③具有自动热平衡特性。在干燥时，微波将自动集中于水分上，而干物质所吸收的微波能极少，避免了已干物质因过热而被烧焦。④容易调节和控制。微波干燥的功率、温度等都可在一定范围内随意调节，自动化程度高。⑤热效率高。微波遇金属会反射，遇空气、玻璃、塑料薄膜等则透过而不被吸收，因此不产生热量，故热损失很少，热效率高达 80%。⑥选择性吸收，某些成分非常容易吸收微波，另一些成分则不易吸收微波，例如食品中水分吸收微波能比其他成分多，温度升高快，有利于水分蒸发，干物质吸收微波能少，温度低，不过热，能够保持色、香、味等。

微波干燥的主要缺点是耗电量较大，干燥成本较高，为此，可采用微波干燥与热风干燥等其他方式相结合的方法，以降低干燥费用。另外，微波加热时，热量易向角及边处集中，产生所谓的尖角效应，这也是其主要缺点之一。

微波干燥可用于诸如通心粉、谷物、水果、海藻类食品等的干燥。

五、冷冻干燥

冷冻干燥又称为真空冷冻干燥或冷冻升华干燥，是利用冰晶升华的原理，在高真空环境下，将已冻结食品的水分直接由冰晶体升华成水蒸气而使食品得到干燥的方法。冷冻干燥是目前食品干燥方法中干燥过程物料温度最低的干燥，用于果蔬、蛋类、速溶咖啡和茶、低脂肉类及制品、香料及有生物活性的食品干燥。近年来冷冻干燥获得了较快发展，已成为最有发展潜力的食品干燥方法之一。

1. 冷冻干燥原理　根据水的相平衡关系，在一定的温度和压力条件下，水的 3 种相态之间可以相互转化，当水的温度和压力与其三相点温度和压力相等时，水就可以同时表现出 3 种不同相态。而当压力低于三相点压力时，或当温度低于三相点温度时，改变温度或压力，就可以使冰直接升华成水蒸气，这就是真空冷冻干燥的原理。

2. 冷冻干燥过程　冷冻干燥时被干燥的物料首先要进行预冻（冻结），然后在高真空状态下进行升华干燥。干燥过程主要包括冻、升华干燥和解析干燥 3 个步骤，其中升华干燥和解析干燥是在真空条件下进行的。

（1）冻结。冻结是指干燥前需将食品在低温下进行冷冻，使食品具有合适的形状与结构，为升华干燥准备。常用的冻结方法有自冻法和预冻法两种。其中自冻法是利用食品在真空下闪蒸吸收汽化潜热，使食品的温度降到冰点以下而自行冻结的方法。如果能迅速造成高真空度，水分就会在瞬间大量蒸发而吸收大量的热量，使食品很快完成冻结过程。但是自冻法常出现食品变形或发泡、沸腾等现象，故不适合外观和形态要求较高的食品，一般仅用于粉末状食品的预冻。而预冻法就是采用常规的冻结方法（如空气冻结法、平板冻结法、浸渍冻结法等），预先将食品冻结成一定形状。由于预冻法可较好地控制食品的形状及冰晶的状态，因此适合大多数食品的冻结。

在预冻阶段中所形成的冰晶体大小对冷冻干燥效果的影响至关重要。而冰晶体大小的形成取决于食品冻结时的冻结速度。若冻结速度快，食品中水分形成的冰晶体体积就细小且分布广，冰晶升华后留下的空隙也小，食品组织损伤较轻，产品质量好；若冻结速度慢，食品中形成的冰晶体体积就大，冰晶升华后留下的空隙也较大，并且食品组织易损伤，产品质量差。一般来说，冷冻速度越快，温度越低，细胞内冰晶体的形成越多，冷冻干燥效果就越好。

（2）升华干燥（初级干燥）。食品在预冻形成冰晶体后，通过控制冷冻干燥机中的真空度和注意补充热量，冰晶快速升华，使食品中形成的全部冰被全部升华完毕，这一过程称为升华干燥或初级干燥。随着升华干燥食品中的冰逐渐减少，在食品中的冻结层和干燥层之间的界面被称为升华界面，即在食品的冻结层和干燥层之间存在一个扩散过渡区。在干燥层中，由于冰升华后水分子外逸留下了原冰晶体大小的孔隙，形成了海绵状多孔性结构，这种结构有利于产品的复水性，但这种结构使传热速度和水分外逸的速度减慢，特别是传热的限制。因此，若采用一些穿透力强的热能如辐射热、红外线、微波等使之直接穿透到升华面（冰层面）上，就能有效地加速干燥速率。

（3）解析干燥（二级干燥）。升华干燥阶段只除去了冻结食品中 80%～90%的非结晶水，还含有 10%～20%的残余非结晶水。为了使干燥产品的含水量达到标准，还需对食品进一步干燥，除去此部分水。此时的干燥常称为解析干燥或二级干燥。由于剩余的水分是未结冰的水分，必须补加热量使之加快运动而克服束缚逸出来。但在二级干燥阶段需要注意热量补加不能太快，以避免食品温度上升快而使原先形成的固态状框架结构发生瘪塌，否则冰晶体升华后的空穴会随食品流动而消失，食品密度减少，复水性变差（疏松多孔结构消失）。因此，解析干燥的温度不能超过食品的最高允许温度，以确保干燥产品的安全。

真空冷冻干燥设备与普通的真空干燥机类似，常被称为冻干机，其种类繁多。由系统功能来看，冻干机主要由制冷系统、真空系统、加热系统和控制系统4个部分组成。从设备结构来看，冻干机主要由冷冻干燥室、冷凝器、真空泵、阀门、电气控制元件等部件组成，如图6－15所示。

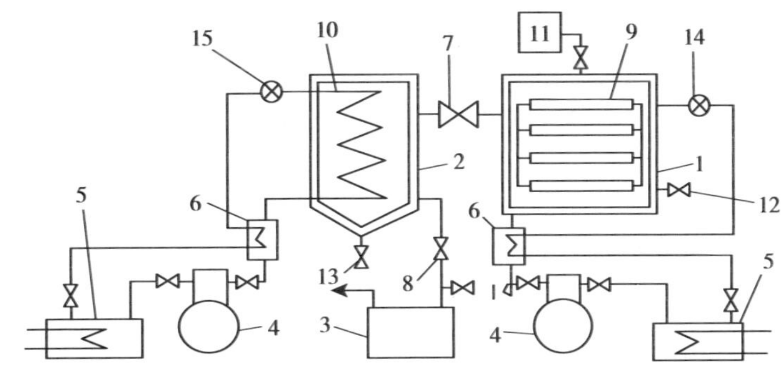

图6－15　真空冷冻干燥器示意

1. 冷冻干燥室　2. 低温冷凝器　3. 真空泵　4. 制冷压缩机　5. 水冷凝器　6. 热交换器　7、8、12、13. 阀门　9. 板温指示　10. 冷凝器温度指示　11. 真空计　14、15. 膨胀阀

3. 冷冻干燥的特点　由于整个冷冻干燥过程处于低温和基本无氧状态下完成，因此，冻干制品的色、香、味及各种营养素的保存率较高，非常适合极热敏和极易氧化的食品干燥。由于升华干燥过程对食品物理结构和分子结构破坏极小，能较好地保持原有体积及形态，具有极佳的速溶性、复水性及多孔结构。由于冻结对食品中的溶质产生固定作用，因此在冰晶升华后，溶质将留在原处，避免了常规干燥出现的因溶质迁移而造成的表面硬化，升华干燥制品的最终水分极低，因此具有极好的贮藏稳定性。但是冷冻干燥系统设备结构复杂，初期投资大，运行操作时能耗高，包装要求高（防潮和低透氧率要求高），干制时间比较长，所以干制成本高，是常规热风干燥的2～5倍。此方法主要适用于高附加值、高品质和要求保持活性物质的食品干燥，如果蔬、菌菇、咖啡、花粉等。

六、食品干燥方法的选择与质量评价

1. 食品干燥方法的选择　干制品的质量主要取决于干燥方法的选择和工艺条件的确定。最佳的干燥工艺条件是指在耗热、耗能最少的情况下获得最好的产品质量，即经济性与食品品质。干燥的经济性与设备选择、干燥方法及干燥过程的能耗、物耗与劳力消耗等有关，也与产品品质要求有关。

干燥方法的合理选择，应根据被干燥食品的种类、产品品质要求及干燥成本，综合考虑物料的状态及其分散性、黏附性、湿态与干态的热敏性、表面张力、含湿量、物料与水分的结合状态及其在干燥过程的主要变化等。食品常用空气对流干燥方法的适用性如表6－2所示。不论用哪种方法，其工艺条件的选择都应尽可能满足最佳工艺条件，即干燥时间最短、能量消耗最少、工艺条件的控制最简便以及干制品质量最好。但是，在实际干燥中，最佳工艺条件几乎是达不到的。为此，应根据保藏食品的实际情况选择相对合理的工艺条件。而合理的干燥工艺条件因食品种类和干燥方法而异，掌握如何选择合理的工艺条件比了解某个食品干燥的工艺条件更重要。

表 6-2 食品常用空气对流干燥方法的适用性

干燥方法	适用食品	典型食品
箱式干燥	果蔬、香料	各种香料
隧道式干燥	脱水蔬菜	脱水洋葱
输送带式干燥	果蔬	苹果、胡萝卜
气流干燥	粉状、小颗粒食品	淀粉、葡萄糖
流化床干燥	颗粒食品	谷物、青豆
喷雾干燥	液体食品	牛乳

2. 干燥食品的品质评价

（1）干制品的复原性和复水性。复原性就是干制品重新吸收水分后在质量、大小、形状、质地、颜色、风味、成分、结构以及其他可见因素等各个方面恢复到原来新鲜状态的程度。在这些衡量品质的要素中，有些可用数量来衡量，而另一些只能用定性方法来表示。而复水性则是指新鲜食品干燥后能重新吸回水分的程度，常用干制品吸水增重的程度来衡量，而且这在一定程度上也是干燥过程中某些品质变化的反映。为此，干制品的复水性也成为干燥过程中控制干制品品质的重要指标。但是干制品的复水并不是干燥过程的简单反复，这是因为干燥过程中所发生的某些变化并非是可逆的，例如胡萝卜干燥时的温度超过 93℃，其复水速度和最高复水量就会下降，且在高温下干燥时间越长，复水性就越差。正是一些不可逆化学变化的发生，使食品干燥后吸水能力降低，改变了食品原有的质地和品质。

干制品复水性根据干燥方法和工艺参数的不同而存在很大差异。一般快速干燥制品的复水性比慢速干燥制品的好，真空冷冻干燥制品的复水性比其他干燥方法制品的复水性好，例如，不同干燥方法对脱水芫荽复水性的影响如图 6-16 所示。

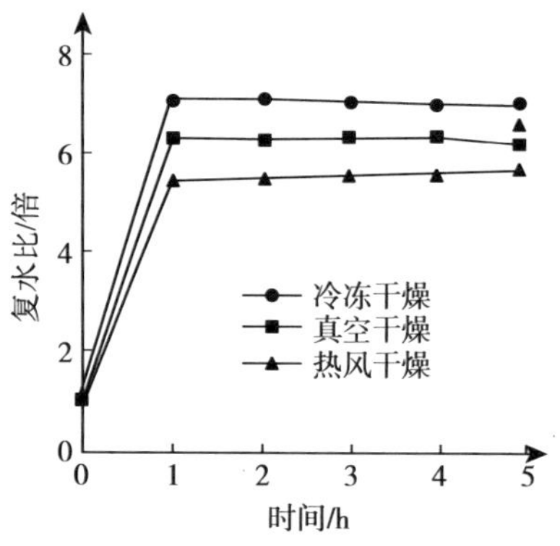

图 6-16 不同干燥方法对脱水芫荽复水性的影响

（2）干制品的速溶性。速溶性是粉末类食品干燥后的一个重要评价指标，具有速溶性的粉末类食品有各类乳粉、果蔬粉、保健固体饮品、咖啡饮品及方便茶饮料等。

衡量干制品的速溶性主要从两个方面进行评价，即粉末在水中形成均匀分散相的时间和粉末在水中形成分散相的量。

通常，影响粉末类食品速溶性的因素主要为粉末的成分和结构。粉末的可溶性成分含量大且粉末微细，易溶；结构疏松且多孔，也易溶。表 6-3 为红茶浸提工艺对速溶茶粉速溶性的影响，由表 6-3 可见，红茶浸提次数对产品溶解性的影响也很大。很明显第一次浸提产品的溶解性好，10℃冷却的在 30s 之内立即全部溶解，25℃冷却的也能在 60s 之内全部溶解；而第二次浸提产品的溶解差，25℃冷却的 5min 之后仍有部分不溶物，10℃冷却的也还有少量不溶物。而提高粉末类食品速溶性的方法在于改进干燥工艺（如采用喷雾干燥造粒的方法，将粉末制成多孔小颗粒）和添加各种促进溶解的成分。

表 6-3　红茶浸提工艺对速溶茶粉速溶性的影响

处理方式	速溶性
第一次浸提 10℃冷却	30s 之内立即全部溶解
第二次浸提 10℃冷却	5min 后有少量不溶物
第一次浸提 25℃冷却	60s 之内全部溶解
第二次浸提 25℃冷却	5min 后仍有部分不溶物

知识五　干制品的包装与贮藏

食品的干燥并不能将微生物全部杀死，更多的只是抑制微生物的活动。而且食品干燥脱水后会留下一定的空间，使得干燥食品中的成分更容易与空气或者氧气接触而吸湿和氧化褐变。因此，为了保持食品干燥后的特性，延长其贮藏期及便于运输，必须对干制品进行包装。

一、干制品包装前处理

1. 筛选分级　在包装前为了保证干制品质量的稳定性，常用振动筛等进行筛选分级，以剔除块片和颗粒大小不符合产品标准的产品及其他碎屑杂质等。尤其是粉状食品（如速溶产品）要求更严。筛下的物质另作他用，碎屑多被列为损耗。此外，大小合格的产品还需进一步在移动速度为 3～7m/min 的输送带上进行人工挑选，剔除过湿、过大、过小、结块、杂质及变色、残缺等不良成品，并经磁铁吸除金属杂质。有些采用自动化生产线，通过色泽、质量等检测识别进行自动分级。

2. 均湿回软　食品在干燥过程中有时因翻动或厚薄不均会造成产品内外水分含量不均匀一致（内部也不均匀），则需要将它们放在密闭室内或容器内短暂贮藏，使水分在制品内部重新扩散和分布，从而达到均匀一致的要求，同时以便产品处理和包装，这一处理称为均湿回软或水分平衡。均湿处理时间依产品不同而不一样，如脱水果蔬一般都需均湿，回软时间少者需 1～3d，多者需 2～3 周。

3. 压块处理　蔬菜干制后，呈蓬松状，体积大，不利于包装和运输，因此，需要经过压缩，一般称为压块。脱水蔬菜的压块，必须同时利用水、热与压力的作用。一般蔬菜在脱水的最后阶段温度为 60～65℃，这时可不经回软立即压块。否则，脱水蔬菜转凉变脆。在压块前，需稍喷蒸汽，以减少破碎率。喷蒸汽的干菜，压块以后的水分可能超过预定的标准，影响耐贮性，所以在压块后还需作最后干燥。可用生石灰作干燥剂，如压块后的脱水蔬菜水分在 6%左右时，可与等重的生石灰贮放一处，经过 2～7d，水分可降低到 5%以下。

4. 灭虫处理　干制品尤其是脱水果蔬常有虫卵混杂其间，一般采用包装密封后，处于低水分干制品中的虫卵很难生长，但若包装破损、泄漏时，昆虫就能自由出入，一旦条件适宜（如产品回潮和温度适宜）还会生长，侵袭干制品，造成损失。因此，为了防止干制品遭受虫害，可用一些方法来防虫。例如使用−15℃以下的低温处理产品，或在不损害干制品品质的高温（75～80℃）下加热数分钟，或用熏蒸剂熏杀害虫，但可能有熏蒸剂残留存在，对制品会产生一些影响并造成污染。

5. 速化复水处理　由于干燥是典型的非稳态不可逆过程，因此完全复原几乎是不可能的。目前已有不少提高脱水果蔬快速复水的预处理或中间处理方法，即所谓的速化复水处理，主要有压片法、刺孔法等。

（1）压片法。即将含水量低于5%的颗粒状果干经过相距为一定距离（0.025～1.5mm）间隙转辊，进行轧制压扁。薄果片复水比颗粒状迅速得多，较适合于具有一定弹性、压轧后不会破坏制品细胞结构的产品。

（2）刺孔法。将水分含量为16%～30%的半干苹果片先行刺孔，再干制到最后水分为5%。此法不仅可以加速复水的速度，同时也加速干燥速度。复水后大部分针眼也早已消失。通常刺孔都在反方向转动的双转辊间进行，其中的一根转辊上按一定的距离装有刺孔用针，而在另一转辊上相应地配上穴眼，供刺孔时容纳针头之用。

二、干制品的包装

干制品的包装能够保持食品的低水分状态，直接影响到干制品的保藏性。通常干制品包装应该在低温、干燥、清洁和通风良好的环境条件下进行，空气相对湿度控制在30%以下，并注意防止包装间外来灰尘和虫害的侵入。

1. 干制品的包装要求　干制品的包装要求为能防止干制品吸湿回潮以免结块和长霉；防止外界空气、灰尘、虫、鼠和微生物以及气味等入侵；能不透外界光线或避光；在贮藏、搬运和销售过程中耐久牢固，能维护容器原有特性，包装容器在30～100cm高处落下120～200次不会破损，在高温、高湿或浸水和雨淋的情况也不会破烂；包装的大小、形状和外观应有利于商品的推销。此外，包装材料应符合食品卫生要求，价格合理，并不会导致食品变性、变质等。

对于防潮或防氧化要求高的干制品，除包装材料符合相关要求外，还应该在包装内外置干燥剂或脱氧剂，采用真空或充氮包装等措施。

对于单独包装的干制品，只要包装材料、容器选择适当，包装工艺合理，储运过程控制温度，避免高温高湿环境，防止包装破坏和机械损伤，其品质就可控制。许多食品物料，干燥后采用的是大包装（非密封包装）或货仓式储存，这类食品的储运条件就显得更为重要。

2. 包装材料与容器　干制品的包装经常分为内包装和外包装。内包装多用具有防潮作用的材料，如聚乙烯聚丙烯、复合薄膜、防潮纸等；外包装多用起支撑保护及遮光功能的材料，如木箱、纸箱、金属罐、玻璃罐等。

纸箱和纸盒是干制品最常用的包装容器。包装时大多数包装容器还衬有防潮包装材料，如涂蜡纸、羊皮纸以及具有热封性的高密度聚乙烯塑料袋，并以后者较为理想。纸质容器便于用能紧密贴盒的彩印纸、蜡纸、纤维膜或铝箔作为外包装，其缺点是储藏搬运时易受害虫侵扰和不防潮（即透湿）。

金属罐也是干制品包装较为理想的容器。它具有密封、防潮、防虫及牢固耐久的特点，而且在真空状态下避免包装发生破裂。比如果蔬粉、蛋粉、乳粉常用能完全密封的铁罐包装，不但防虫、防氧化变质，而且能防止干制品吸潮以致结块。由于这类干粉极易氧化，更宜结合真空包装。

玻璃罐是具有防虫和防湿的容器，有的可真空包装。乳粉、麦乳精及代乳粉一类制品常用玻璃罐包装。其优点在于能看到内容物，大多数还能再次密封。其缺点是质量大和易碎。

目前供零售用的干制品用涂料玻璃纸袋、塑料薄膜袋和复合薄膜（玻璃纸或纸-聚乙烯-铝箔-聚乙烯复合）包装。具体每种干制品适用的包装材料视储藏时间、包装费用和对制品品质的要求而异。用薄膜材料包装所占的体积要比金属罐小，可供真空包装或充惰性气体包装，而且这种包装在输送途中不会被内容物弄破。复合薄膜中的铝箔具有不透光、不透湿和不透氧气的特点。

此外，许多粉末状干制品包装时常附装干燥剂和吸氧剂等。干燥剂（如生石灰、硅胶等）一般装在透湿的纸质容器内以免污染干制品，同时能吸水气，逐渐降低干制品的水分。吸氧剂（又称脱氧剂，如铁粉、葡萄糖酸氧化酶、次亚硫酸铜、氢氧化钙等）是一种除去密封体系中游离氧的物质，能防止干制品在贮藏过程中氧化败坏和发霉。

3. 典型干燥食品的包装

（1）高吸湿性食品的包装。典型食品如速溶咖啡、乳粉等，其水分含量为1%～3%，平衡湿度低于20%，有些产品甚至低于10%。包装要求隔绝水、气、光，一般采用金属罐、玻璃瓶、复合铝塑纸罐、铝箔袋及铝塑复合袋等包装，采用真空或充气，同时外袋内增加干燥剂、吸氧剂。

（2）易吸湿性食品的包装。典型食品如茶叶、脱水汤料、烘烤早餐谷物、饼干等，其水分含量为2%～8%，平衡湿度为10%～30%。包装要求隔绝水、气、光，如茶叶的包装为铁罐、瓷罐、复合铝箔袋，汤料调味包的包装为隔绝性好的玻璃瓶或塑料瓶，饼干的包装为玻璃纸及各种复合材料。

（3）低吸湿性食品的包装。典型食品如坚果、面包等，其水分含量为6%～30%。包装要求中等的防潮性能，多采用PE/PP以及PE/PP/PE共挤薄膜包装袋，并用热封或涂塑的金属丝扎住袋口。

（4）中吸湿性食品的包装。典型食品如蜜饯类食品，其水分含量为25%～40%，平衡湿度为60%～90%。包装要求具有一定的耐热性和低水、气透过性，多采用单体包装、多层包装，热充填（80～85℃）或真空充氮包装。

三、干制品的贮藏

良好的贮藏环境是保证干制品耐藏性的重要因素。贮藏环境因素中的温度、相对湿度和光线对贮运均有一定的影响，尤其是相对湿度，它是主要决定因素。

当干制品水分低于平衡水分时，会吸湿变质。因此，干制品必须贮藏在光线较暗、干燥和低温的地方。贮藏温度越低，保质期越长，以0～2℃为最好，但不宜超过10℃。例如在温度为5℃的充氮包装贮藏葡萄干，能有效地抑制葡萄干可滴定酸、可溶性固形物、维生素C和叶绿素的减少，而且能保证葡萄干良好的外观品质，具有较好的贮藏效果。空气越干燥越好，故贮藏环境的相对湿度最好控制在65%以下。如果干制品采用不透光包装材料包装，则光线不再成为影响干制品耐贮性的重要因素，否则干制品应该贮藏在较暗的地方。此外，干制品贮藏要求库房通风良好、清洁卫生，并注意防潮防雨，防止虫鼠咬啮，这些都是保证干制品品质的重要措施。

典型工作任务

任务一　脱水蒜片热风干燥保藏技术

【任务分析】

脱水蔬菜是采用干燥处理使新鲜蔬菜中大部分水分脱去而得到的一种干燥蔬菜制品。脱水蔬菜能较好地保持蔬菜原有形状、色泽和营养成分，由于脱水蔬菜含水量减少，比新鲜蔬菜具有食用、携带方便等特点，且加水后能够复原，备受消费者的青睐。每年大蒜丰收后的农村，大蒜货多价贱，又不易保存。采用热风干燥技术将其加工成脱水蒜片，不仅可以长期保存，而且还可大大增加其经济效益。目前，脱水蒜片已成为最常见的大宗蔬菜出口产品，国际市场十分走俏。

【任务准备】

1. 技术方案

（1）工艺流程。

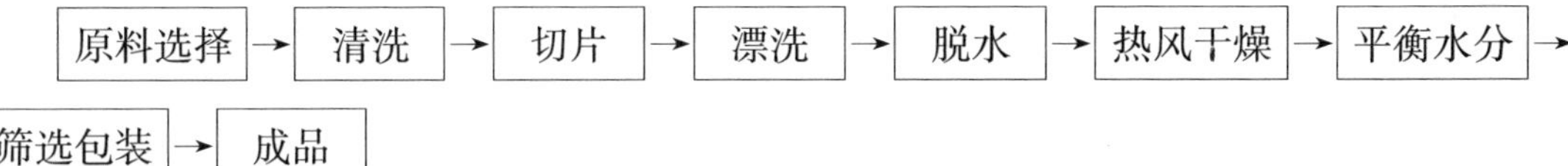

（2）关键技术参数。热风干燥 55℃ 6～7h；成品水分含量 4%～4.5%。

2. 原辅材料及设备　新鲜大蒜、清洗机、切片机、连续预煮机、热风干燥箱等。

【任务实施】

1. 原料选择　选择无腐烂、无病虫害、无严重损伤及疤痕的白皮、瓣大、无干瘪的大蒜头。

2. 清洗　先用清水清除蒜头附着的泥沙、杂质等。然后用不锈钢刀切除蒜蒂，剥出蒜瓣，去净蒜衣膜，剔除瘪瓣及病虫蛀瓣。经清理后的蒜瓣立即装入竹筐中，在流动清水槽中反复漂洗或用高压水冲洗几遍。注意光裸蒜瓣必须在 24h 之内加工完毕，否则将影响干制品的色泽。

3. 切片　一般采用机械切片。切片时，要求刀片锋利，刀盘平稳，速度适中，以保证蒜面平滑、片条厚薄均匀。蒜片厚度以 1.5 mm 为宜。片条过于宽厚，干燥脱水慢，色泽差；片条过于薄窄，色泽虽好，但碎片率高，片形不挺。切片时需不断加水冲洗，以洗去蒜瓣流出的胶质汁液及杂质。

4. 漂洗　切出的蒜片立即装入竹筐内，用流动水清洗。清洗时可用手或竹（木）耙将蒜片自筐底上下翻动，直至将胶汁漂洗净为止。

5. 脱水　将洗净的蒜片装入纱网袋内，采用甩干机甩净蒜片表面所附着水分，随后将纱网袋连同蒜片一起取出，摊铺于烘筛上。甩干时间要严格掌握，转速不宜太快，否则干品碎片增多，影响成品质量。

6. 热风干燥　蒜片甩干表面水分摊铺于烘筛后，即可送入烘房内进行热风干燥，通常在55℃下持续6～7 h。干燥过程中，注意保持烘室内温度、热风量、排湿气量稳定，并严格控制干燥时间及烘干水分。干燥时间过长、温度过高，会使干制品变劣，影响其商品价值。一般将烘干品水分含量控制在4%～4.5%即可。

7. 平衡水分　由于蒜片大小不匀，使其含水量略有差异。因此，烘干后的蒜片，待稍冷却后，应立即装入套有塑料袋的箱内，保持1～2d，使干品内水分相互转移，达到均衡。

8. 筛选包装　将烘干后的大蒜片过筛，筛去碎粒、碎片，根据蒜片完整程度划分等级，采用无毒塑料袋真空密封，然后用纸箱或其他包装材料避光包装。

另外，筛选下的碎片或碎粒可另行包装销售，也可再添加糊精、盐、糖等，经粉碎机粉碎成为大蒜粉。

【任务小结】

脱水蒜片主要采用热风干燥技术，经过干燥脱水后的蒜片外形整齐、色泽微黄、味道纯正，成品的水分控制在6%以下。在整个干燥过程中，应该切忌使用铁、铜容器，但可使用不锈钢器具，以免发生变色。同时，脱水蒜片必须存储在干燥、凉爽的库房内，并且不得与有毒有害物接触。

任务二　全脂乳粉喷雾干燥保藏技术

【任务分析】

牛乳是一种复杂的生物液体，富含脂肪、蛋白质、矿物质、维生素、生物酶、乳糖和水。牛乳不仅是一种高营养食品，也是一种功能性食品。但是牛乳中含有近90%的水分，极易腐败变质，同时鲜液态牛乳难以实现安全运输和保藏。此外，不同地域和不同牛乳的产乳季节性，使乳品生产与消费之间存在一定的不平衡性。采用喷雾干燥保藏技术将新鲜牛乳制成乳粉，不仅能满足乳粉生产的质量要求，调节生产与消费的平衡，而且具有缩小体积、保存营养成分的特点，使牛乳产品耐贮藏，使用更方便。

【任务准备】

1. 技术方案

（1）工艺流程。

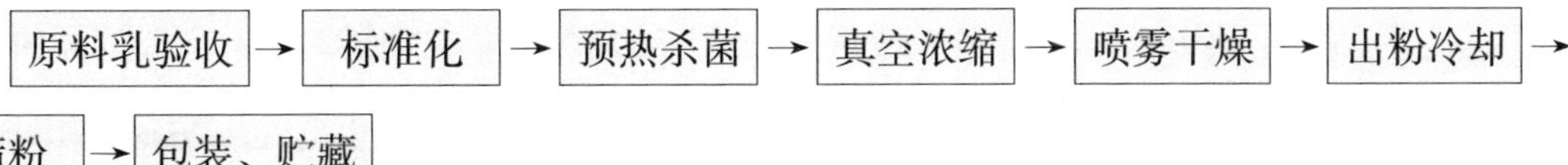

（2）关键技术参数。预热杀菌85℃保持5～10min；真空浓缩乳固形物含量为45%～50%；喷雾干燥时乳滴10～20μm，干燥时间15～30s。

2. 原材料及设备准备　全脂乳、稀奶油、脱脂乳、加热锅、真空浓缩机、喷雾干燥器。

【任务实施】

1. 原料乳验收　只有优质的原料乳才能生产优质的乳粉，原料乳必须符合国家标准规定的各项要求，严格进行感官检验、理化检验和微生物检验，合格者才可使用。

2. 标准化　经检验合格的原料乳，经离心净乳机净化处理，净化后的牛乳送入储乳槽，等待进行标准化。以 1 kg 成品乳粉为基准，采用全脂乳、稀奶油和脱脂乳配制所需的标准化乳，使乳粉的主要成分（如脂肪）含量均一，符合产品规格要求。

3. 预热杀菌　使用加热装置对标准化乳进行预热杀菌，85℃保持 5～10 min。

4. 真空浓缩　标准化乳经杀菌后立即进行真空浓缩。浓缩程度一般浓缩到原乳体积的 1/4，乳固形物含量为 45%～50%，相对密度为 1.089～1.100。经过浓缩再喷雾干燥制成的乳粉，颗粒度致密坚实，粉粒内气泡少，包装有利，保藏性良好，复原性、冲调性、分散性均佳。

5. 喷雾干燥　经浓缩的乳液温度一般为 40～50℃，可立即在这一温度下进行喷雾干燥。通过雾化器将浓缩乳在干燥室内喷成极细小的雾状乳滴（10～20μm），使其表面积大大增加，加速水分蒸发速率。雾状乳滴与同时鼓入的热空气（85℃）一经接触，水分便在瞬间蒸发除去，使细小的乳滴干燥成乳粉颗粒。干燥过程需 15～30s。

6. 出粉冷却　喷雾干燥器室内的乳粉，要求迅速、连续不断地卸出，及时冷却，避免长时间积存在干燥室内，以免因受热过久，使乳粉的游离脂肪增加，严重影响乳粉质量，在保藏中容易引起脂肪氧化变质。因此，在喷雾干燥过程中，出粉和冷却也是一个重要环节，必须采取连续快速出粉和冷却工艺流程。

7. 筛粉　干燥后的乳粉用机械振动筛筛粉，筛底网眼为 40～60 目，过筛的目的是将粗粉和细粉混合均匀，并除去乳粉团块、粉渣，使乳粉均匀、松散，便于冷却，筛粉的同时达到冷却的目的。

8. 包装、贮藏　将已喷雾干燥并静置至室温的乳粉，按产量标准检验合格后，根据质量要求，装袋称重，封口入库。包装时应对包装室内的空气采取调湿降温措施，室温一般控制在 20～25℃，空气相对湿度以 75%为宜。长期贮藏，可采用马口铁真空充氮包装，保藏期可达 3～5 年；短期贮藏，则多采用聚乙烯塑料袋包装，每袋 500g 或 250g，用高频电热器焊接封口。为了防止脂肪氧化和维生素损失，必要时可采用真空充氮包装。

【任务小结】

牛乳喷雾干燥，主要借助于离心力或压力的作用，将需干燥的浓缩乳分散成很细的像雾一样的微粒（这样可增大水分蒸发面积，加速干燥过程），与热空气接触，在瞬间将大部分水分除去，使浓缩乳中的固体物质干燥成乳粉。乳粉的优点在于产品受热时间短，干燥过程中温度低，使乳粉营养价值与新鲜乳几乎完全相同。但是牛乳干燥过程中乳粉的温度只有 50℃左右，属于干热干燥，故喷雾干燥过程中进行的卫生消毒工作是保证乳粉质量的重要措施。

任务三　海参冷冻干燥保藏技术

【任务分析】

海参是一种高蛋白、低脂肪，富含多种生理活性物质的海产品，具有较高的食用和药用价值。然而海参一旦离开海水就很快会发生自溶，因此鲜海参必须尽快加工保藏。目前市场上传统的海参干燥方法，加工时需经过反复煮沸、日晒，干燥时间长，造成水溶性的多糖、皂苷及热敏感性营养成分损失严重，同时海参体积缩小，复水较难，食用不便，还容易发生脂肪氧化、表面变色等质量问题。近年来，真空冷冻干燥技术开始被应用到海参的干燥保藏中。新鲜海参采用真空冷冻干燥技术，能使海参这种具有特殊组织结构的动物体内的水分在冻结状态下直接升华脱水，不仅能有效抑制细菌增殖，更有利于保全海参特有的营养成分和生理活性物质。干燥后的冻干海参含水量极低，可在密闭环境下具有较长的保质期。

【任务准备】

1. 技术方案

(1) 工艺流程。

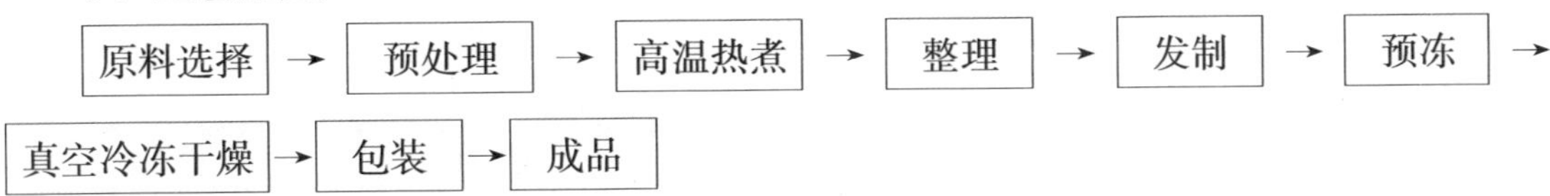

(2) 关键技术参数。热煮温度90～100℃，时间不超过10min；预冻温度－35～－25℃；冷冻升华干燥真空度20Pa以下、时间42～48h；解析干燥温度25～50℃，时间6h以上。

2. 原材料及设备准备　鲜活海参、真空冷冻干燥机、夹层锅、气调包装机等。

【任务实施】

1. 原料选择　选取参龄在3年以上的鲜活海参，要求海参体表无溃烂，否则冻干后表面粗糙，影响质地。

2. 预处理　打捞上来的海参应及时处理，去除全部内脏，并清洗干净。

3. 高温热煮　清洗后的海参应迅速放入夹层锅中热煮，温度控制在90～100℃，时间不超过10min。由于鲜海参体壁含有大量的自溶酶，加热煮沸可以使海参体壁自溶酶失活，有利于保留海参中的营养成分。

4. 整理　海参煮沸后，将参嘴石灰质去除，然后用剪刀沿海参腹部剪开，并将海参体壁的韧带剪成3段，使冻干的海参能快速复水。

5. 发制　海参在冻结前可先进行发制，即在4℃纯净水中浸泡48h左右。

6. 预冻　将新鲜海参在冻干仓内迅速冷冻到－45～－35℃，速冻1h，主要目的是使海参体内的水分快速结冰。

7. 真空冷冻干燥　先将速冻的海参送入真空冷冻干燥机中的真空干燥仓，调整真空度至20Pa以下，－25℃升华干燥42～48h，将冰直接变成蒸汽，并排除仓外，然后开始加热至25～50℃解析干燥6h以上，直至完成干燥。

8. 包装　冷冻干燥结束后立即采用双层PE袋抽真空或充氮包装。冻干海参具有很强的吸湿性，挑选和包装环境要求控制温度＜22℃，相对湿度＜45%。

【任务小结】

真空冷冻干燥作为一种物理干燥方法，是将含水食品在低温状态下冻结，然后在真空条件下使冰晶直接升华为水蒸气并除去，从而脱去食品中的水分使食品干燥的一项新技术，特别适合热敏感性食品以及易氧化食品的干燥，可以保留新鲜食品的色、味、状态及营养成分，比其他干燥方法保藏的食品更接近于新鲜食品。由于整个海参真空冷冻干燥加工过程是在低温和真空的条件下完成的，所以冻干海参具有生物活性物质损失少，含水量低，完好地保存海参色泽、外形、营养成分等特点，而且简单复水后即可食用，口感复原性好。

知识拓展

太阳能干燥技术

低温真空油炸干燥技术

思考与讨论

1. 食品中的水分有哪些存在形式?
2. 水分活度对微生物、酶及其他反应有什么影响?简述干藏原理。
3. 食品的干燥作用受到哪些因素的影响?
4. 在北方生产的紫菜片，运到南方会出现霉变，这是什么原因，如何控制?
5. 干燥时食品会发生哪些物理变化和化学变化?
6. 葡萄、洋葱、牛乳、面粉分别采用何种干燥方法最为适合?试设计其干燥工艺流程及其操作要点。

综合训练

<table>
<tr><td>能力领域</td><td colspan="4">食品干燥保藏技术</td></tr>
<tr><td>训练任务</td><td colspan="4">食用菌（香菇/杏鲍菇/茶树菇）脱水干燥保藏</td></tr>
<tr><td>训练目标</td><td colspan="4">1. 深入理解食品干燥保藏的方法及特点
2. 进一步掌握食品热风干燥与真空冷冻干燥技术
3. 提高学生的语言表达能力、收集信息能力、策划能力和执行能力，并发扬团结协助和敬业精神</td></tr>
<tr><td>任务描述</td><td colspan="4">山西省某食用菌生物有限公司在规范种植的同时，积极进入食用菌加工领域，现拟斥巨资引进热风干燥和冷冻干燥两条生产流水线。请以小组为单位完成以下任务：
1. 认真学习和查阅有关资料以及相关的社会调查
2. 分别制订食用菌（香菇/杏鲍菇/茶树菇）热风干燥与冷冻干燥的技术方案，并提出生产过程中应注意的问题
3. 每组派一名代表展示编制的技术方案
4. 在老师的指导下小组内成员之间进行讨论，优化方案
5. 提交技术方案及所需相关材料清单
6. 现场实践操作及干燥保藏效果评价</td></tr>
<tr><td>训练成果</td><td colspan="4">1. 形成食用菌热风干燥和冷冻干燥技术方案
2. 获得脱水食用菌和冻干食用菌产品</td></tr>
<tr><td rowspan="2">成果评价</td><td colspan="4">评语：</td></tr>
<tr><td>成绩</td><td></td><td>教师签名</td><td></td></tr>
</table>

项目七　7

食品腌渍与烟熏保藏技术

项目目标

【学习目标】

了解食品腌渍保藏、烟熏保藏、发酵保藏的概念及类型；熟悉腌渍、烟熏和发酵对食品风味、色泽、香气及质地等的作用；掌握食品腌渍对微生物的影响与原理；掌握熏烟的主要成分及其保藏原理；熟练掌握腌渍与烟熏保藏的方法。

【核心知识】

高渗透压，腌渍，糖渍，烟熏，发酵。

【职业能力】

1. 能制订食品盐腌、糖渍、烟熏保藏的技术方案。
2. 能对腌渍、烟熏食品的品质进行鉴定与评价。

将食盐或食糖渗透到食品组织内，提高食品的渗透压，降低其水分活性，或通过控制微生物的正常发酵而降低食品的 pH，达到抑制腐败菌和酶的活动，从而延长食品的保质期，这样的保藏方法称为食品腌渍保藏，其制品称为腌渍食品。而烟熏保藏是指利用木材不完全燃烧时产生的熏烟及其干燥、加热等作用，使食品具有较长时间的贮藏性，并使食品具有特殊风味与色泽的食品保藏方法。在古代，一般在阴湿天气不能依靠太阳和风来干燥多余的食物时，人们会借助于火进行露天烘干，在长期的实践中逐渐发现烟熏可以提高食物的防腐能力，延长保藏期，并且还能使食品发出诱人的烟熏味，使人养成了食用烟熏食品的嗜好。通常烟熏与腌渍结合使用，腌肉一般需要再烟熏，烟熏肉则要预先腌渍。有时烟熏也常常和加热干燥一起使用。

腌渍和烟熏都是长期以来行之有效的、经典的传统食品保藏技术，它们不但能够很好地保藏食品，而且还通过保藏处理得到具有独特风味的名特食品。与现代食品保藏方法相比，传统腌渍和烟熏保藏技术具有操作简单、经济实用等特点，因此，它们仍然是当今食品加工与保藏的重要方法与技术。

知识平台

腌渍与烟熏的保藏原理都在于造成一个不适合微生物生长繁殖的环境，对微生物仅起到抑制作用，不像热杀菌罐藏技术是通过加热杀死微生物及其孢子从而达到食品保藏的目的。

一旦受到外界环境水分、温度等影响，微生物仍然会使腌渍或烟熏食品发生腐败变质，故食品腌渍与烟熏的保藏作用是有一定局限性的，而且所处理的时间要比其他保藏方法如热杀菌、化学保藏长得多。传统腌渍和烟熏保藏在工业化生产时，仍会出现难以保持原有特色，难以保持相同质量以及食品安全等问题。因此，对于传统的食品腌渍与烟熏保藏来说，需要不断对保藏过程进行改进与控制，以适应现代食品与工业化生产的需求。

知识一　食品腌渍保藏

食品腌渍保藏的传统概念是加食盐的称为腌渍（如制作腌菜、腌肉），加糖的称为糖渍（如制作蜜饯、果酱），加调味酸的称为酸渍（如制作酸白菜）以及混合腌渍等。在食品腌渍时，如果食盐用量较低，则腌渍过程中会有明显的乳酸发酵，此时腌渍就成为控制食品发酵的重要手段，因此根据食品腌渍中的用盐量、腌渍过程和产品的状态，将食品腌渍分为非发酵性腌渍和发酵性腌渍两大类。通常非发酵性腌渍是指在腌渍时食盐用量较高，使乳酸发酵完全受到抑制或只能极其轻微地进行，期间还加用香料，如腌菜（干态、半干态和湿态的腌渍品）、酱菜（加用甜酱或咸酱的腌渍品）。发酵性腌渍品是在腌渍时食盐用量较低，同时有显著的乳酸发酵，并用醋液或糖醋香料液浸渍而成的，如四川泡菜、酸黄瓜等皆属此类产品。但是传统食品腌渍保藏都基于重盐重糖，以提高食品的保藏性，这不符合现代的健康饮食理念。因此，随着现代食品安全学的进展以及消费者口味的变化，今后食品腌渍保藏的发展趋势是腌渍品将趋于低盐和低糖；酸渍品要求减少水的渗出量以提高成品率；对于腌肉制品的硝盐酸用量，除了按要求严格控制外，还将努力寻找其他替代品。

一、食品腌渍与微生物

1. 高浓度溶液与微生物　食品在腌渍过程中，不论采用干腌还是湿腌的方法，加入食盐或食糖形成溶液后，此溶液扩散渗透进入食品组织内，从而降低了其游离水分，提高了结合水分及其渗透压，然而正是这种渗透压的作用抑制了微生物的活动，达到防止食品腐败变质的目的。

微生物细胞是由细胞壁保护和原生质膜包围的胶体状原生浆质体。细胞壁由平行的双层磷脂构成，中间嵌入蛋白质，细胞壁上有很多微小的孔，可允许直径 1 mm 大小的可溶性物质通过，具有全透性（可透过水、无机盐、非离子化有机分子和各种营养素）。细胞质膜则具有半透性，使水和小分子透过，也能使电解质透过，但由于活细胞有较高的电阻，因此离子进出细胞就很困难，或渗透速度极慢。

当微生物细胞处在浓度不同的溶液中时，会出现以下 3 种不同的对微生物活动有影响的情况：

（1）等渗溶液。$c_{外}=c_{内}$，$P_{外}=P_{内}$，微生物生长最适宜的环境。

（2）低渗溶液。$c_{外}<c_{内}$，$P_{外}<P_{内}$，微生物细胞吸水发生膨胀。

（3）高渗溶液。$c_{外}>c_{内}$；$P_{外}>P_{内}$，微生物原生质脱水紧缩，导致细胞质壁分离。

其中第一种溶液是内外浓度相等，即等渗溶液，是微生物最适宜生存的环境，如 0.9% NaCl。第二种溶液是胞外浓度小于胞内浓度，在低渗溶液中，细胞吸水膨胀。第三种溶液是胞外浓度大于胞内浓度，即微生物细胞处在高浓度溶液中时，水分就不再向细胞内渗透，而周围介质的吸水力却大于细胞，原生质内的水分向原生质外转移，于是原生质紧缩，形成质壁分离现象。质壁分离后微生物就停止生长活动，这种溶液就称为高渗溶液。食品腌渍就是利用这种原理来延长食品保藏期的。

在高渗溶液中微生物的稳定性由微生物的种类、菌龄、细胞内成分、温度、pH、表面张力的性质和大小决定。

2. 食盐与食品保藏

（1）食盐对微生物的影响。

①高渗透压作用。1%食盐溶液可以产生 61.7kN/m² 的渗透压，而大多数微生物细胞的渗透压为 30.7～61.5kN/m²。当微生物处于高渗的食盐溶液（浓度>1%）中，细胞内水分就会透过原生质膜向外渗透，造成细胞原生质因脱水与质膜发生质膜分离，并最终使细胞变形，微生物的生长繁殖受到抑制，达到防腐的目的。

②离子水化影响。食盐溶于水后会离解为钠离子和氯离子，并在周围聚集一群水分子，形成水合离子。食盐浓度越高，所吸引的水分子也就越多，这些水分子就由自由水变成了结合水，导致自由水减少，A_W 下降。在饱和的食盐溶液（浓度为 26.5%）中，由于水分子被离子吸引，没有自由水，供微生物利用，不管是细菌，还是霉菌或酵母菌都不能生长。

③生理毒害作用。食盐溶液中还有 Na^+、Mg^{2+}、K^+、Cl^-，这些离子在高浓度时能对微生物产生毒害作用。温斯洛（Winslow）和福乐克（Falk）发现少量的 Na^+ 对微生物有刺激生长的作用，当其达到足够高的浓度时，就会产生毒害作用，这主要是由于 Na^+ 能和原生质中的阴离子结合产生毒害作用。pH 能加强 Na^+ 对微生物的毒害作用。一般情况下，酵母在 20%的食盐溶液中才会被抑制，但是在酸性条件下，14%的食盐溶液就能抑制其生长。氯化钠对微生物的毒害作用也可能来自 Cl^-，因为 Cl^- 也会与细胞原生质结合，从而促使细胞死亡。目前，K^+ 毒性作用的研究还不是很多。

④对酶活力的影响。食品中溶于水的大分子营养物质，微生物难以直接吸收，必须先在微生物分泌的酶作用下，降解成小分子物质之后才能利用。有些不溶于水的物质，更需要先经微生物酶的作用，转变为可溶性的小分子物质。微生物分泌出来的酶活性常在低浓度盐液中就遭到破坏。例如盐液浓度仅为 3%时，变形菌就会失去分解血清的能力。这是因为 Na^+ 和 Cl^- 可分别与酶蛋白的肽键和氨离子相结合，从而使酶失去催化活力。

⑤盐液中缺氧的影响。食品腌渍时使用的盐水或者渗入食品组织内形成的盐溶液，其浓度很大，使氧气的溶解度下降，就会形成一个缺氧的环境，在此环境中好氧性微生物难以生长而受到抑制。

（2）食盐浓度与微生物的关系。一般来说，盐液浓度在 1%以下时，不论选用哪种浓度，微生物的生长都不会受到任何影响，在这些浓度下存在各种各样的微生物。当盐液浓度为 1%～3%时，大多数微生物就会受到暂时性抑制，能够在 2%左右甚至 2%以上盐液浓度生长的微生物称为耐盐微生物；当盐液浓度高达 10%～15%时，大多数微生物就完全停止生长，而有些耐盐性差的微生物，在盐液浓度低于 10%时即已停止生长。例如，大肠杆菌、沙门氏杆菌、肉毒杆菌等在 6%～8%的盐液浓度时生长已处于抑制状态。抑制球菌生长的盐液浓度为 15%，抑制霉菌生长的盐液浓度为 20%～25%。当盐液浓度达到 20%～25%时，几乎所有的微生物都停止生长。表 7－1 列出几种常见微生物能耐受食盐的最高浓度。

表 7-1 几种常见微生物能耐受食盐的最高浓度

微生物名称	食盐最高浓度/%	微生物名称	食盐最高浓度/%
乳酸杆菌	13	肉毒杆菌	6
大肠杆菌	6	霉菌	20
丁酸菌	8	酵母菌	25
变形杆菌	10		

（3）食盐的质量和腌渍食品之间的关系。我国食盐资源极为丰富，根据其来源不同可分为海盐、岩盐、池盐、井盐、矿盐等。食盐的主要成分为 NaCl，纯 NaCl 的相对密度为 2.0～2.1。食盐的产地不同，所含的成分也不同，其相对密度也不同，相对密度范围在2.0～2.6。

除含有的主要成分外，食盐中还常含有一些杂质（如化学性质活泼的可溶性物质 $CaCl_2$、$MgCl_2$、$FeCl_3$、$MgSO_4$ 及 KCl 等）、不溶性物质（主要是指沙土等无机物及一些有机物，也包括 $CaSO_4$ 和 $CaCO_3$ 等）。由于食盐中含有某些化学性质活泼的成分，所以其溶解度比较大。由表 7-2 可以看出，$CaCl_2$ 和 $MgCl_2$ 的溶解度远远超过 NaCl 的溶解度，而随着温度的升高，其溶解度增加较多，因此，若食盐中含有这两种成分，会大大降低其溶解度。

若食盐中 $CaCl_2$ 和 $MgCl_2$ 等杂质含量高，腌渍品就具有苦味。当 Ca^{2+} 和 Mg^{2+} 含量在水中达到 0.15%～0.18%，就可察觉到有苦味。此外，Ca^{2+} 和 Mg^{2+} 的存在会影响 NaCl 向食品内的扩散速度。如精制盐腌渍鱼，5 天半就可达到平衡；若用含 1%的 $CaCl_2$ 的食盐则需 7d，用含 4.7%的 $MgCl_2$ 则需 23d。

表 7-2 几种盐成分在不同温度下的溶解度/（g/100g H_2O）

温度/℃	NaCl	$CaCl_2$	$MgCl_2$	$MgSO_4$
0	35.5	49.6	52.8	26.9
5	35.6	54.0	—	29.3
10	35.7	60.0	53.5	31.5
20	35.9	74.0	54.5	36.2

铜、铁、铬离子的存在易引起脂肪氧化酸败。铁离子与果蔬中的鞣质反应后黑变，如酸黄瓜罐头的黑变。钾离子含量高，会产生刺激咽喉的味道，严重时会引起恶心和头痛。

除此之外，食盐具有迅速大量吸水的特性，食盐中的水分含量变化较大。因此，在腌渍过程中需考虑水分的变化。食盐的水分含量高时其用量就应相应的增加。食盐的水分含量与其晶粒大小也有关系，晶粒大的要比晶粒小的含水量少。食盐水分含量达到 8%～10%时，用手握食盐可黏成块状。应该注意，在食品腌渍中使用的盐水常常混杂有嗜盐细菌、霉菌和酵母。而食盐在制盐和存放过程中常会受到微生物的污染，特别是低质盐（如晒盐），其微生物污染极为严重，腌渍品变质止是由微生物引起的。精制盐经过高温处理，微生物的含量要低得多。因此在腌渍时，尽量选用污染较小的高质量盐。

3. 糖与食品保藏 糖对微生物是无毒害作用的，高浓度的糖液降低介质的 A_W，减少了微生物生长活动所能利用的自由水分，并借渗透压导致细胞质壁分离，得以抑制微生物的生长活动。糖渍时可以直接在食品中加入糖，也可以用各种浓度的糖溶液加入食品中。

（1）糖的种类、浓度与微生物的关系。糖的种类和浓度对微生物的耐受性有重要的影响。浓度为1%～10%的糖液会促进某些微生物的生长，浓度为50%的糖液会阻止大多数酵母的生长。通常浓度为60%～85%的糖液，才能抑制细菌和霉菌的生长。在高浓度的糖液中，霉菌和酵母菌的生存能力较细菌的强，因此用糖渍方法保藏食品，主要是起防止霉菌和酵母菌生存的作用。当然，在高浓度的糖液中也会存在一些解糖细菌。

由于糖的种类不同，它们对微生物的作用也不一样。例如，35%～40%的葡萄糖或50%～60%的蔗糖可抑制引起食物中毒的金黄色葡萄球菌的生长，由此可见，相同浓度的葡萄糖比蔗糖的抑制作用大。

（2）糖对微生物的影响。

①高渗透压作用。与食盐保藏同样的道理，高浓度的糖液会产生高渗透压，致使微生物脱水，从而抑制微生物的生长繁殖，达到防腐的目的。

②降低水分活度。食品的水分活度表示食品中游离水分的含量。大多数微生物的$A_W>0.9$。而蔗糖在水中的溶解度很大，其饱和溶液能使$A_W<0.85$，抑制了微生物的繁殖。食盐和糖液的浓度与A_W、渗透压的关系见表7-3。

表7-3　食盐和糖液的浓度与水分活度、渗透压的关系

溶液浓度		A_W	渗透压/MPa
NaCl/%	蔗糖/%		
8	44	0.95	10
14	59	0.90	20
19	65（饱和）	0.85	—
23	—	0.80	40
26.5（饱和）	—	0.75	—

③抗氧化作用。O_2在糖液中的溶解度小于水中的溶解度，糖液浓度越高，O_2的溶解度越低。如浓度为60%的蔗糖溶液，在20℃时，O_2的溶解度仅为纯水含氧量的1/6。在这样的条件下，不仅好氧型微生物得到有效抑制，还可防止维生素的氧化。

二、腌渍剂及其保藏作用

1. 咸味料　采用食盐腌渍食品时，食盐溶液使渗透压增高，微生物细胞发生质壁分离，微生物难以维持生命；食盐在水溶液中离解为离子，而氯离子直接有害于微生物；食盐使食品脱水，降低A_W，不利于微生物的生长；食盐使水中的溶解氧减少，好气型微生物不能生长；食盐降低酶活性，起到防腐作用。但是摄入食盐过多会导致心血管疾病，因此每天应摄入适当含量的盐。提倡饮食"增钾低钠"，能有效降低高血压发病率，但会影响腌渍品的风味。

2. 甜味料　食糖（砂糖、饴糖、淀粉糖浆、蜂蜜等）主要用于食品的糖渍，其与食盐一样，都是利用增加食品的渗透压，降低A_W，从而抑制酶活性和微生物的生长。

3. 酸味料　醋（米醋、熏醋、糖醋、白醋等）的主要成分是醋酸，醋酸是一种有机酸，具有良好的抑菌作用，通常醋酸浓度达到0.2%时便能发挥抑菌效果。当保藏液中的醋酸浓度为0.4%时，就能对各种细菌和部分霉菌起到良好的抑制效果；当浓度达0.6%时，就能对各种霉菌及酵母菌发挥优良的抑菌防腐效果。食醋中除了醋酸外，还有氨基酸、醇类、芳香物质等，它们不但具有保藏作用，而且还赋予食品良好的风味。

4. 肉类发色剂和发色助剂

（1）硝酸盐、亚硝酸盐。硝酸盐、亚硝酸盐具有抑菌作用，主要抑制肉毒梭状芽孢杆菌的生长，也会抑制其他类型腐败菌的生长，同时它们还具有呈色和抗氧化作用。硝酸盐、亚硝酸盐本身具有还原性，能延缓腌肉的腐败，并对腌肉的风味有极大的影响。按《中华人民共和国食品安全法》《食品安全国家标准　食品添加剂使用标准》规定，硝酸钠在肉类腌渍品的最大使用量为0.5g/kg，亚硝酸钠在肉类罐头和肉类制品中的最大使用量为0.15g/kg；残留量以亚硝酸钠计，肉类罐头中不得超过0.05g/kg，肉制品中不得超过0.03g/kg。

（2）抗坏血酸盐。抗坏血酸盐可以将高铁肌红蛋白还原为亚铁肌红蛋白，从而加速食品腌渍的速度；也可同亚硝酸发生化学反应，增加一氧化氮的形成。抗坏血酸盐具有抗氧化作用，可稳定腌肉的颜色和风味。更重要的是抗坏血酸盐可减少亚硝胺的形成。因此，抗坏血酸盐被广泛使用于肉制品腌渍中，使用量为0.02%～0.05%。

5. 品质改良剂　在肉类食品腌渍中使用的磷酸盐，主要有聚磷酸钠、焦磷酸钠、偏磷酸钠、正磷酸钠及特制的复合磷酸盐等。磷酸盐可提高肌肉的离子强度，改变肌肉的pH，螯合金属离子，解离肌动球蛋白。

三、影响食品腌渍的因素

食品腌渍的目的是防止食品腐败变质，并给消费者提供具有特别风味的腌渍食品。为了达到这些目的，就应对腌渍过程进行合理的控制。食品腌渍过程中主要注意以下相关因素：

1. 食盐的纯度　食盐作为食品腌渍时的主要腌渍剂，其成分除氯化钠外尚含有其他杂质。如前所述，食盐中还含有镁盐、钙盐等，在腌渍过程中，它们会降低食盐向食品内扩散的速度。经研究表明，用纯度不同的食盐对相同的鱼类食品进行腌渍时，食盐纯度越高，腌渍的时间就越短；食盐中含有的镁盐、钙盐越多，腌渍所需的时间就越长。因此，为了保证食盐能迅速地渗入到食品内，食品腌渍保存中应选用纯度较高的食盐，以防止食品在腌渍过程中腐败变质。过多的镁盐和钙盐还会使腌渍品具有苦味。

此外，食盐中不应有铜、铁、铬离子的存在，若有则容易引起脂肪氧化酸败。例如铁离子与果蔬、香料中的鞣质和醋反应后会使腌渍品变黑。因此，在选用食盐时应遵循国家标准。一般腌渍用盐选用的感官指标为白色晶状颗粒，味咸，无异味，无明显与盐无关的外来物，并在生产中不得添加抗结剂。

2. 食盐用量与盐液浓度　食盐扩散渗透的速度因盐液浓度的不同而异。盐液浓度越大，渗透速度就越快。腌渍不同的食品需要的盐液浓度也不一样，以便较好地控制食品内的盐分。可预先用计算方法粗略推算盐液浓度，其公式如下：

$$D=\frac{S}{W+S}\times 100\%$$

式中，B为盐液浓度（%）；W为食品水分含量（%）；S为腌渍后食品内盐分含量（%）。

食品腌渍时，食盐用量需根据腌渍目的、环境条件（如气温）、腌渍对象、腌渍品种和消费者口味而有所不同。为了达到防腐的目的，完全意义上的腌渍保存要求食品内盐分浓度至少在17%以上，而所用盐液浓度至少应在25%以上。不管是腌渍肉类还是腌渍蔬菜，腌渍的季节不同，食盐的使用量就有所差异。腌渍时气温低，用盐量可减少些；气温高，用盐量宜多些。

在腌渍肉类时，因肉类食品本身在腌渍过程中易发生腐败变质，必要时需添加硝酸盐才能完全防止腐败变质。目前，我国在冬季腌渍咸肉时的用盐量为每100kg鲜肉的加盐量为14～15kg，其他季节腌渍咸肉时的加盐量为12～20kg，而金华火腿各次覆盐后总用盐量甚至高达每100kg鲜肉加盐量为31kg左右。正是这些腌肉制品的高盐含量，才确保食品能耐久藏，但是腌渍品盐分过高，就难以食用，同时高盐分也会使腌渍品缺少风味和香气。

从国内消费者能接受的腌渍品咸度来看，一般盐分以2%～3%为宜。现在国外腌渍品都已趋向于采用低浓度盐水进行腌渍。如洋火腿干腌时的用盐量，一般为鲜腿重的3%以下，并分次擦盐，每次隔5d，共覆盐2～3次。若在2～4℃时，腌渍40d后火腿中心的盐分可达1%，而表层则为5%～7%，需冷藏约30d，以便盐分浓度分布均匀化。

另外，蔬菜腌渍时，盐水浓度一般在5%～15%范围内，有时可低至2%～3%，需视发酵程度而异。腌渍品盐分在7%以上时，一般有害细菌就难以生长；在10%以上时，就不易"生花"。但盐分到10%以上时，乳酸菌的活动能力就大为减弱，减少了乳酸的生成。因此，发酵性蔬菜腌渍品就应该采用低浓度盐分。例如腌渍泡菜所用盐水浓度虽然有时高达15%，但加入蔬菜后经过平衡，其浓度一般就维持在5%～6%，使乳酸发酵能迅速进行，这样在酸和盐的互补作用下，泡菜中的有害微生物就能迅速受到抑制。若单靠食盐保藏，则盐的浓度需为15%～20%。

3. 温度　食品腌渍时的温度直接影响腌渍效果及其安全性。低温影响食盐的渗透速度，高温可加快渗透速度，但对腌渍品品质有一定影响。控制适当的腌渍时间和温度，可提高腌渍食品的品质。表7-4为腌渍温度和时间对鳜鱼品质的影响。结果表明，在腌渍温度为10℃，时间为48h时，腌渍的鳜鱼感官评分最高，而在腌渍温度为20℃时，由于鳜鱼体内营养物质发生分解，且微生物数量快速增加，其品质开始劣变。腌渍时间取决于盐水的渗透速度，而盐水的渗透速度主要受盐水和环境温度的影响，因此，腌渍温度越高，盐水渗透的速度越快。但温度越高，微生物生长繁殖也就越迅速，故必须选取适宜的腌渍温度和时间。

表7-4　腌渍温度和时间对鳜鱼品质的影响

实验组	腌渍温度/℃	腌渍时间/h	感官评分
1	10	24	83
2	15	24	84
3	20	24	82
4	10	36	92
5	15	36	94
6	20	36	88

（续）

实验组	腌渍温度/℃	腌渍时间/h	感官评分
7	10	48	96
8	15	48	95
9	20	48	90

鱼、肉类食品在腌渍时，因其在高温下极易腐败变质，为了防止在食盐渗入鱼、肉内部之前食品就出现腐败变质的现象，腌渍应在低温条件下（如一般在10℃以下）进行。为此，我国肉类的腌渍通常都在立冬后到立春前的冬季里进行。若有冷藏库条件时，肉类宜在2～4℃条件下进行腌渍，且鲜肉和盐液都应遇冷到2～4℃时才能腌渍。同样，鱼的腌渍也要在低温下进行，最适宜的腌渍温度为5～7℃，但小型鱼类由于食盐内渗的速度较腐败变质速度快，可适当采用较高的温度腌渍。

对于蔬菜的腌渍，不同的腌渍方法对温度的要求有所不同。有些蔬菜需要乳酸发酵，适宜乳酸菌活动的温度为26～30℃，在此温度范围内，乳酸发酵快，需时短，低于或高于此温度范围，需时就长。例如腌渍泡菜时，25℃时仅需6～8d，而温度为10～14℃时则需5～10d，酸分的积累量和温度也有关系。一般腌渍发酵性蔬菜制品时不采用纯培养的乳酸菌接种，最初腌渍温度不宜过高（不宜在30℃以上），以免出现丁酸菌。当发酵高潮过后，就应将温度降低下来，以防止其他有害菌生长。但腌渍非发酵性蔬菜制品只需轻微发酵，温度影响不大，稍低一些好。

4. 空气 对于蔬菜的腌渍，缺氧条件是腌渍过程中必须控制的一个重要问题。由于乳酸菌是厌氧菌，只有在缺氧环境条件下才能使蔬菜腌渍时进行乳酸发酵，同时缺氧环境还能减少因氧化而造成的维生素C损耗。例如，快速发酵腌渍的酸泡菜中维生素C的保存量可达90%以上，而发酵比较慢时仅为50%～80%。若没有将蔬菜淹没，没有形成缺氧环境，不仅露出部分的蔬菜极易腐败，而且所含的维生素C在24h内完全丧失殆尽。为此，蔬菜腌渍时必须装满容器并压紧，将蔬菜浸没在液面以下，同时密封腌渍容器，这样不但减少容器中存在的空气，而且避免腌渍蔬菜和空气的接触。

肉类腌渍时，保持缺氧环境将有利于避免腌肉制品褪色。当肉类无还原物质存在时，暴露于空气中的肉表面的色素就会氧化变色，并出现褪色现象。

四、腌渍食品的成熟

1. 成熟与品质 腌渍过程中，除腌渍剂扩散渗透外，还存在着化学和生化变化过程，这个过程就称为成熟。只有经历成熟过程后的腌渍品，才具有特有的色泽、风味和质地。腌渍品的成熟与温度、盐分以及腌渍品成分有很大的关系。温度越高，腌渍品成熟的速度也越快；食盐含量分布越均匀，腌渍品质量也越佳；腌渍品腌渍的时间越长，质量越佳。

腌渍品成熟过程中的化学和生物化学变化，主要是微生物和动物组织本身酶的活动引起的。不仅有蛋白质和脂肪的分解过程，也有食盐、硝酸盐、亚硝酸盐、抗坏血酸盐及糖分等的均匀扩散过程，以及与食品成分进行着一系列反应的过程。如食品中的可溶性蛋白质可分解为微生物可利用的营养物质，成为一些有益微生物生长活动的基础，其分解物也形成腌渍品特有的风味。

2. 成熟过程色泽和风味的变化

（1）腌渍品色泽的形成。腌肉制品在腌渍过程中形成的腌肉颜色主要是加入的发色剂和肉中色素物质作用的结果。动物体内肉的颜色主要是由肌红蛋白和血红蛋白产生的，而屠宰后，肌红蛋白就是主要的色素。血红蛋白存在于血内，担负向组织传送氧气的任务；而肌红蛋白存在于肌肉组织内，为贮氧机构，并和含有铁的非蛋白部分——血红蛋白络合。

在有生命活动的动物组织内，呈还原态的暗紫红色的肌红蛋白和血红蛋白与呈充氧态的鲜红色氧合肌红蛋白和氧合血红蛋白处于平衡状态。屠宰后胴体组织因缺氧而失去呼吸活动，但酶仍有活性，以至于肌肉组织还保持还原状态，此时肉内的色素为呈暗紫红色的肌红蛋白，与氧的反应呈可逆性。由于肌红蛋白和血红蛋白中的铁都呈亚铁状态，氧化后其色素为高铁肌红蛋白，呈棕红色或深褐色。若暴露在空气中，鲜肉表面因有氧合肌红蛋白的存在而成鲜红色，在肉的深处，肌红蛋白处于还原状态，以致呈紫红色。只要肉内有还原物质存在，那么肌红蛋白就可以始终保持还原状态。如果还原物质完全消失，就会有呈棕色的高铁肌红蛋白出现，肉的颜色就呈现棕红色或深褐色。肌红蛋白及其衍生物变化如图 7－1 所示。

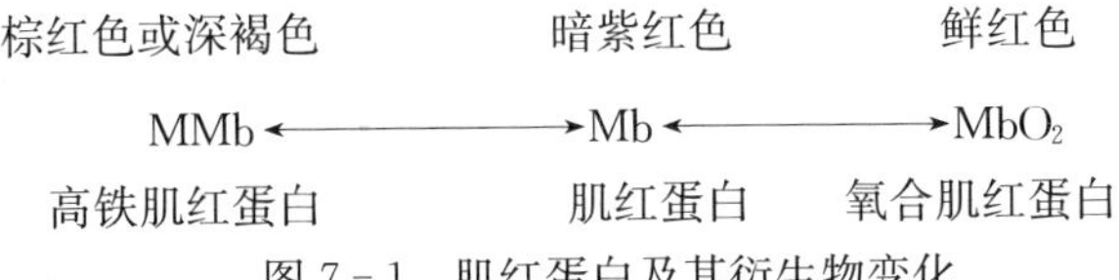

图 7－1　肌红蛋白及其衍生物变化

为此，在腌肉时常添加亚硝酸盐或者硝酸盐作为发色剂，以改善盐对肉色产生的不良影响。肉经腌渍后，肌肉中的色素蛋白和亚硝酸盐发生化学反应，形成鲜艳的亮红色，在后续过程中形成稳定的粉红色。这些色素是大多数腌肉制品受消费者喜爱的重要因素。腌肉过程中硝酸盐和亚硝酸盐变化的途径如图 7－2 所示，硝酸盐必须先由硝酸盐还原细菌还原成亚硝酸后才能参与发色反应。固定色素时，亚硝酸盐用量小，反应迅速，因而能在腌肉时取代硝酸盐，单独得到应用。当然，在实际应用时常将两者混合作为腌渍剂，因为腌渍中当亚硝酸盐消耗殆尽时，还有可能从硝酸盐缓慢分解中继续补充一氧化氮。但是，使用硝酸盐时必须促使腌肉用盐水内有还原硝酸盐的细菌生长，同时使用盐水时还有可能会遭到各类细菌的污染，对腌肉产生不良影响。而单独使用亚硝酸盐固定色素，完全是化学反应。目前工业上腌肉时硝酸盐的使用量正在减少并被加以限制。

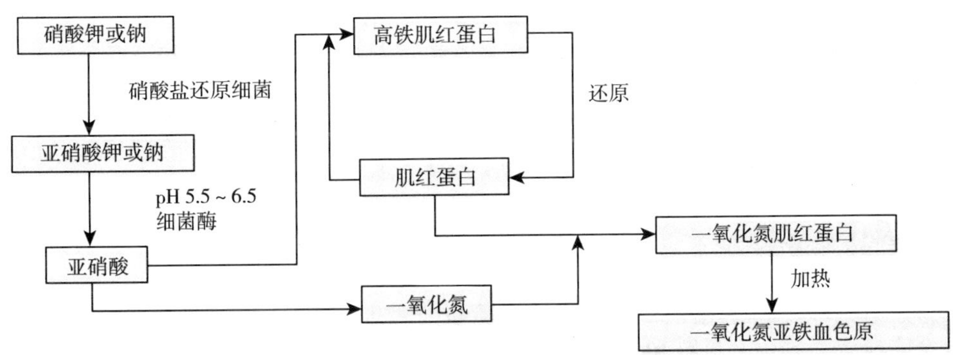

图 7－2　腌肉过程中硝酸盐和亚硝酸盐变化的途径

根据上述途径，普遍认为硝酸盐形成的一氧化氮取代了血红蛋白中与铁相连的水分子，形成等分子的高铁肌红蛋白和一氧化氮肌红蛋白，一氧化氮肌红蛋白形成的速度和亚硝酸盐浓度成正比，直到达 5∶1 为止。一氧化氮肌红蛋白再与盐在加热条件下因珠蛋白变性而转变而成一氧化氮亚铁血色原，成为比较稳定的色素。

综上所述，腌渍肉色泽形成的过程大致分为以下 3 个阶段：

$$\underset{\text{一氧化氮}}{NO}+\underset{\text{肌红蛋白}}{Mb}\xrightarrow{\text{适宜条件}}\underset{\text{一氧化氮高铁肌红蛋白}}{NOMMb}$$

$$\underset{\text{一氧化氮高铁肌红蛋白}}{NOMMb}\xrightarrow{\text{适宜条件}}\underset{\text{一氧化氮肌红蛋白}}{NOMb}$$

$$\underset{\text{一氧化氮肌红蛋白}}{NOMb}\xrightarrow{\text{加热+烟熏}}\underset{\text{一氧化氮亚铁血原色（稳定的粉红色）}}{NO\text{-血色原}(Fe^{2+})}$$

但是亚硝酸盐添加过量就会出现亚硝酸盐烧伤现象，尤其在酸性条件下这种现象极其严重，例如在酸渍腌肉制品中的发酵肠制品和酸渍猪爪中经常出现此现象，即出现绿变或褐变等现象，而一般腌肉中比较少见。

除此之外，若肉中有含硫氢基的还原剂存在，肌红蛋白还能形成绿色的硫肌红蛋白。

（2）腌渍品风味的形成。腌渍品成熟过程中，除上述肉色变化外，还存在着能促使腌渍品产生特殊风味的一系列化学与生物化学变化。例如肉在腌渍过程中，亚硝酸盐与腌肉的风味密切相关。同时，在腌渍过程中形成的羰基化合物也是腌渍品特殊风味的来源之一，其中，4-甲基-2-戊酮、2，2，4-三甲基乙烷和 1，3-二甲苯在形成腌肉香味时直接作为单独的成分，或间接作为增效剂。

食品在腌渍过程中，其蛋白质在水解酶的作用下，分解成一些带甜味、酸味和鲜味的氨基酸。腌肉的特殊风味就是由蛋白质的水解产物组氨酸、谷氨酸、丙氨酸、丝氨酸、蛋氨酸等氨基酸和一氧化氮肌红蛋白等的浸出液，还有脂肪、糖和其他挥发性羧基化合物等少量挥发性物质，以及在特殊微生物作用下糖类的分解物等组合而成的。

对于发酵性腌渍品，腌渍过程中总是伴随有不同程度的微生物发酵作用，并且参与发酵的菌种多种多样，其产生的风味物质也是多样的。如乳酸发酵产生的乳酸以及醋酸、琥珀酸、乙醇等。这些发酵产物不仅本身能赋予腌渍品一定的风味，同时在发酵产物之间，发酵产物与原料成分之间，均会发生各种各样的反应，并生成一系列的风味物质。

此外，在食品腌渍过程中常添加一些调味料，它们通过扩散和吸附作用也使腌渍品获得一定的风味。

五、食品腌渍的方法

1. 食品的腌渍（盐腌） 食品的腌渍方法很多，大致可归纳为干腌、湿腌、注射腌渍以及混合腌渍等。其中，干腌和湿腌是基本的腌渍方法，而注射腌渍仅使用于肉类食品的腌渍中。不论采用何种方法，食品腌渍时都要求使腌渍剂充分渗入到食品内部深处，并均匀地分布在其中，这样腌渍过程才基本完成。因此，腌渍时间主要取决于腌渍剂在食品内进行均匀分布所需要的时间。

通常在腌肉时，除食盐外，还需添加一定的硝酸钠、亚硝酸钠，以及磷酸盐、抗坏血酸盐或异构抗坏血酸盐等混合制成的混合盐，以改善腌渍肉品的色泽、持水性和风味等。食品腌渍提高了它的耐藏性，同时也可以改善食品质地、色泽和风味。

（1）干腌法。干腌法是将食盐或混合盐，先在食品表面擦透，即有汁液外渗现象（一般腌鱼时不一定先擦透），然后将食品堆在腌渍架上或层装在腌渍容器内，各层间均匀地撒上盐，依次压实，并在外加压力或不加压力的条件下，依靠外渗汁液形成盐液进行腌渍的方法。在食盐的渗透压和吸湿性的作用下，食品组织液渗出水分并溶解于其中，形成食盐溶液，称为卤水。腌渍过程中，盐水形成缓慢，盐分向食品内部渗透较慢，腌渍时间较长，但渗入比较均匀，使腌渍品有独特的风味和质地，这是一种缓慢的腌渍方法。我国名产火腿、咸肉、烟熏肋肉以及鱼类、萝卜干等常采用此法腌渍。各类腌渍菜也常用干腌法腌渍。在国外，虽然干腌法现已不是主要的腌渍方法，但仍应用于某些特种腌渍品，如乡村腌腿、干腌烟熏肋肉，并将它们作为优质产品供应市场。

干腌时采用的容器有一定的差别。一般腌渍在水泥池、缸或坛内进行。由于食品外渗汁液和食盐形成卤水聚积于容器的底部，为此，在腌肉时有时需加用假底，以免出现上下层腌渍不均匀现象。在腌渍过程中常需定期将上下层食品依次翻装，即翻缸。翻缸同时要加盐复腌，每次复腌时的用盐量为开始腌渍时用盐量的一部分，一般需覆盐 2～4 次，具体视产品种类而定，以便保证食品始终能浸没在卤水中。

干腌也经常将食品层堆在腌渍架上进行。堆在架上的腌渍品不再和卤水接触，我国的特产火腿就是在腌渍架上腌渍的，腌渍过程中常需翻腿 7 次，至少覆盐 4 次。腌渍架一般可用硬木制造，但不能渗水，采用腌渍架的主要优点是卫生清洁。

腌渍过程中食盐的用量因原料和季节而异。腌肉时食盐用量通常为 17%～20%，冬季其用量可减少为 14%～15%；芥菜、雪里蕻等的食盐用量通常为 7%～10%，夏季其用量为 14%～15%。

食品用干腌法腌渍后质量减少，并损失一定量（15%～20%）的营养物质。损失的质量取决于脱水的程度、原料的大小等，例如原料肉越瘦、温度越高，损失质量越大。由于腌渍时间长，特别对带骨火腿，表面污染的微生物易沿着骨骼进入深层肌肉，而食盐进入深层的速度缓慢，很容易造成肉的内部变质。干腌法的优点是简单易行，用盐量较少，腌渍品含油量低，耐贮藏，营养成分流失较少（腌肉时蛋白质流失量为 0.3%～0.5%）。其缺点是盐分分布不均匀，失重大，味太咸，色泽较差（腌肉时加硝酸钠可改善），而且由于原料暴露在空气中，使肉、禽、鱼腌渍品易发生油烧现象，蔬菜则会出现酦和发酵等劣变问题。

（2）湿腌法。湿腌法即盐水腌渍法，即将腌渍剂（食盐）溶解，煮沸杀菌，冷却后将预先准备好的食品原料浸没在腌渍剂溶液中，使腌渍剂渗入食品组织内部，并获得比较均匀的分布，最终使食品组织内盐浓度与腌渍液浓度相同的一种腌渍方法。此法常用于腌渍分割肉、肋部肉、鱼和水果（仅作为盐坯料贮藏之用）等。

湿腌法的腌渍操作因食品原料而异。肉类多采用混合盐液腌渍，盐液中食盐含量与其他腌渍剂的比值对腌渍品的风味影响较大，常用肉类盐腌液配方如表 7－5 所示。

表 7-5 常用肉类盐腌液配方

材料	浸渍用料		肌肉注射用/kg
	甜味式/kg	咸味式/kg	
水	100	100	100
食盐	15～20	21～25	24
砂糖	2～7	0.5～1.0	2.5
硝石	0.1～0.5	0.1～0.5	0.1
亚硝酸盐	0.05～0.08	0.05～0.08	0.1
香辛料	0.3～1.0	0.3～1.0	0.3～1.0
化学调味剂	—	—	0.2～0.5

果蔬原料在湿腌时可采用浮腌法、泡腌法、暴腌法及低盐发酵法等，但盐腌果蔬后，需进一步精加工，因盐坯过咸需先进行脱盐处理。由于湿腌时盐的浓度很高，例如腌肉时，食盐向肉内渗入，而水分向外扩散，其扩散速度决定于盐液的温度和浓度。一般高浓度热盐液的扩散速度大于低浓度冷盐液。同时硝酸盐也向肉内扩散，但速度比食盐要慢。而瘦肉中可溶性物质逐渐向盐液中扩散，其中包括可溶性蛋白质和各种无机盐类。因此，为了减缓营养物质及食品风味的损失，湿腌时常可采用老卤水腌渍，即在老卤水中添加食盐和硝酸盐，调整好浓度后再将其用于腌渍新鲜肉，每次腌渍肉时总有蛋白质和其他物质扩散出来，最后老卤水内的浓度增加，因此再次重复使用时，腌渍肉的蛋白质和其他物质损耗量要比用新盐液时的损耗少得多。卤水越来越陈，也会出现各种变化，并有微生物生长。比如糖液和水为酵母的生长提供了适宜的环境，可导致卤水变稠并使产品产生异味。

湿腌法的腌制时间基本上和干腌法相近，但主要取决于盐液浓度和腌渍温度。

湿腌的优点是食品原料完全浸没在一定浓度的盐溶液中，既能保证原料组织中的盐分分布均匀，又能避免原料与空气接触而出现油烧等现象。其缺点是腌渍品的色泽和风味不及干腌法，腌渍时间跟干腌法一样，比较长；所需劳动量比干腌法大；在腌肉时肉质柔软，并且蛋白质流失较大（0.8%～0.9%），湿腌的腌肉又因含水分多而不易保藏。

（3）注射腌渍法。注射腌渍法是进一步改善湿腌法的一种措施，为了加速腌渍时的扩散过程，缩短腌渍时间，最先出现了动脉注射腌渍法，其后又发展了肌肉注射腌渍法。动脉注射腌制法和肌肉注射法目前在生产西式火腿、腌渍分割肉时使用较广。

①动脉注射腌渍法。动脉注射是用泵通过针头将盐水和腌渍液经动脉系统压送入畜类腿内各部位或分割肉内的腌渍方法，是散布盐液的最好方法。但是，一般分割胴体的方法并不考虑原来的动脉系统的完整性，故此法只能用于腌渍前腿和后腿。

动脉注射腌制法是将注射用的单一针头插入前后腿上股动脉的切口内，然后将盐水和腌渍液用注射泵压入腿内各部位上，使其质量增加8%～10%，有的增至20%左右。为了控制腿内含盐量，还应根据腿重和盐水浓度，预先确定腿内应增加的质量，以便获得规格统一的产品。有时肉厚处需再补充注射，其盐液或腌渍液需适当增加，以免该部分腌渍不足而腐败变质。因腌渍液或盐液同时通过动脉和静脉向各处分布，故动脉注射腌渍也被称为脉管注射腌渍。

动脉注射腌渍的腌液和干腌法大致相同，除水外，淹液还包含食盐、糖和硝酸钠或亚硝酸钠（后两者可同时采用）等，有时为了提高肉的持水性和产量，还可增用磷酸盐。若腌渍后不久即烟熏，硝酸盐完全可以改用亚硝酸盐，这是因为亚硝酸盐发色迅速。以前腌液注射后需用湿腌法或干腌法继续腌渍 7～14d 后才送去烟熏，而现在腌液注射后继续腌渍的时间很短。很多处理仅需静置数小时，也有的处理不再静置而直接送去烟熏，还有的再继续腌渍 1～3d，再送去烟熏。动脉注射腌渍法用湿腌法或干腌法皆可，采用湿腌法者为多。

注射盐水的浓度一般为 16%～17%，注射量占原料肉质量的 8%～12%。

动脉注射的优点是腌渍速度快，出货迅速，而且得率较高。其缺点是只能用于腌渍前腿、后腿，而且胴体分割时还要注意保证动脉的完整性；腌渍品水分含量较多，腌渍过程容易发生腐败变质，故需要低温冷链运输。

②肌肉注射腌渍法。肌肉注射腌渍法可用于各种肉块制品的腌渍，无论是带骨的还是不带骨的，自然形成的还是分割下的肉块均可采用此法。此法具体又分为单针头注射和多针头注射两种方法。目前，多针头注射法使用较广，主要用于生产西式火腿和腌渍分割肉。肌肉注射法的操作与动脉注射法基本相似，区别主要在于肌肉注射不需经动脉而是直接将腌渍液或盐水通过注射针头注入肌肉中即可。采用肌肉注射法时，盐液经常会过多地聚积在注射部位的四周，且短时间内又难以扩散开，因此肉类在进行肌肉注射后，有些还需采用嫩化机、真空滚揉机等对肌肉组织进行滚揉，以加速腌渍液的渗透与发色和提取蛋白。

注射腌渍法的优点：可预先计算出各种添加剂的添加量；可以制造出添加剂更加均匀分布的制品；可以利用多种添加剂；可提高制品的出品率；可以节省人力。

（4）混合腌渍法。混合腌渍法是由两种或两种以上的腌渍方法相结合的食品腌渍技术。干腌法和湿腌法相结合常用于鱼类，特别适用于多脂鱼。若用于肉类腌渍则可先进行干腌，而后入容器内堆放 3d，再加 15%～18%的盐水（硝酸钠用量 1%）湿腌半个月。此法具有色泽好、营养成分流失少（蛋白质流失量 0.6%）、咸度适中的特点。干腌与湿腌混合腌渍法可以避免湿腌法因食品水分外渗而降低腌渍液浓度，而且腌渍时不像干腌法那样促进食品表面发生脱水现象，腌渍过程比单纯干腌开始得早，同时还能有效地阻止食品内部发酵或腐败等现象的发生。

此外，注射腌渍法也常和干腌或湿腌结合进行。即盐液注射进入鲜肉后，再逐层擦盐，逐层堆放于腌渍架上，或装入容器内加食盐或腌渍剂进行湿腌，盐水浓度应低于注射用的盐水浓度，以便肉类吸收水分。然而混合腌渍法也存在生产工艺较复杂、周期长等不足。

无论是何种腌渍方法，在某种程度上都需要一定的时间，为此，腌渍要求满足以下两个条件：第一要求有清洁卫生的环境；第二需保持低温（2～4℃），环境温度不宜低于 2℃，低于 2℃将显著延缓腌渍速度。这两个条件无论在什么情况下都不可忽视。

2. 食品的糖渍　食品的糖渍，是利用高浓度（60%～65%）糖液作为高渗溶液来抑制微生物的生长繁殖。糖渍过程是食品原料排水吸糖的过程，糖液中糖分依赖扩散作用进入组织细胞间隙，再通过渗透作用进入细胞内，最终达到要求的含糖量。此类食品必须在密封和干燥条件下保存，这是因为糖极易吸收空气中的水分，使其保藏性有所降低。糖渍保藏的食品可称为糖渍品，常见的糖渍品主要有蜜饯、果脯、果冻和果酱等。

用于糖渍的果蔬原料应选择适于糖渍加工的品种，且具备适宜的成熟度，加工用水应符合饮用水标准。糖渍前还要对原料进行各种预处理，糖渍剂砂糖要求蔗糖含量高，水分及非蔗糖成分含量低，符合砂糖国家标准规定。

食品糖渍法按照产品的形态不同可分为两类：保持原料组织形态的糖渍法和破碎原料组织形态的糖渍法。

（1）保持原料组织形态的糖渍法。采用这种方法糖渍的食品原料，虽经洗涤、去皮、去核、去心、切分、烫漂、浸硫或熏硫以及盐腌、保脆等预处理，但在加工中仍在一定程度上保持着原料的组织结构和形态。果脯、蜜饯和凉果均属于这种糖渍法产品。

果脯、蜜饯的糖渍，在原料经预处理后，还需经糖渍、烘晒、上糖衣、整理和包装等工序方能制成产品。其中糖渍是生产中的关键工序。糖渍可分为糖腌和糖煮两种操作方法。

①糖腌法（又称蜜制）。糖腌是指果蔬原料用一定浓度的冷糖液进行糖渍，使制品达到要求的糖度而使产品得以保藏。一般适合于肉质柔软而不耐糖煮的原料，如糖青梅、糖杨梅、樱桃蜜饯、无花果蜜饯等，都是采用糖腌法制成的。此法的特点在于分次加糖，不对果实加热，能很好地保持水果的原色、原味、原形以及营养价值（维生素 C 损失较少）。

在未加热的糖腌过程中，原料组织保持一定的膨压，当其与糖液接触时，由于细胞内外渗透压存在差异而发生内外渗透，使组织中水分向外扩散排出，糖分向内扩散渗入。但糖度过高时，会出现失水过快、过多现象，使组织膨压下降而收缩，影响制品饱满度和产量。为了加快扩散并保持一定的饱满形态，可采用下列 4 种糖腌方法。

A. 分次加糖法：在糖腌过程中，将需要加入的食糖分 3～4 次加入，逐次提高糖腌的糖浓度。具体方法如图 7－3 所示。

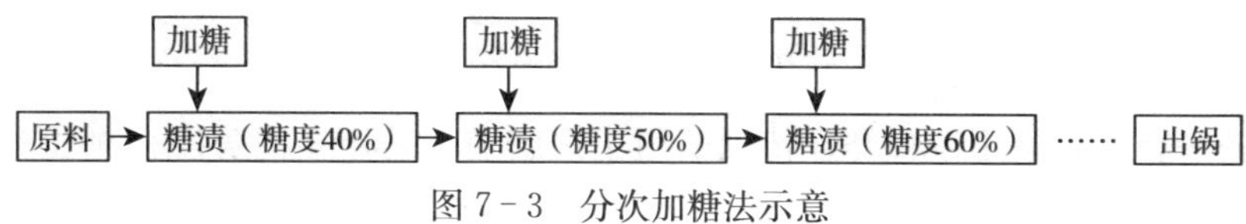

图 7－3　分次加糖法示意

B. 一次加糖多次浓缩法：在糖腌过程中，分期将糖液倒出、加热浓缩，以提高糖浓度，再将热糖液回加到原料中继续糖渍，冷果与热糖液接触，利用温差和糖浓度差的双重作用，加速糖分的扩散渗入（图 7－4）。此法效果优于分次加糖法。

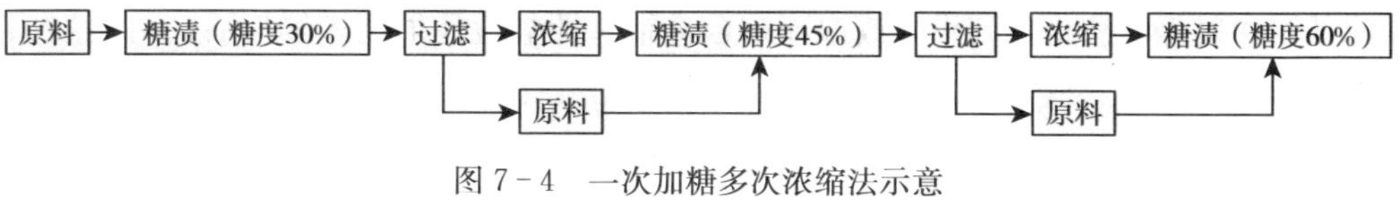

图 7－4　一次加糖多次浓缩法示意

C. 减压糖腌法：将果蔬在减压锅内抽真空，使果蔬内部蒸气压降低，当放入空气时，外压大，可促进糖分渗入果内。具体方法如图 7－5 所示。

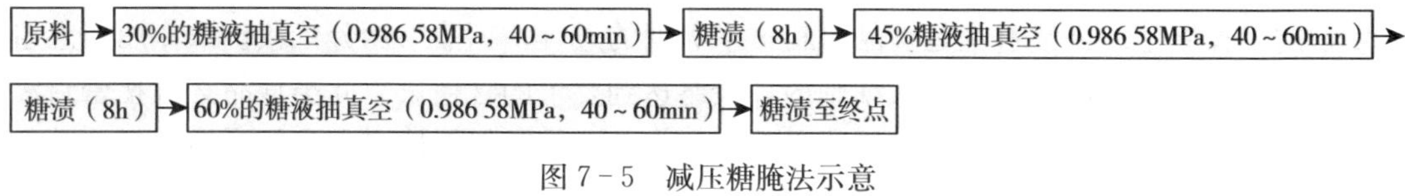

图 7－5　减压糖腌法示意

D. 糖腌干燥法，凉果的糖腌多数采用此法。在糖腌后期，取出半成品暴晒，使之失去 20％～30％的水分后再进行糖腌至终点。此法可减少糖的用量，降低成本，缩短蜜制时间。

②糖煮法。糖煮法是将果蔬原料加糖煮制和浸渍的操作方法，大多适用于肉质致密的原

料。加糖煮制有利于糖分迅速渗入原料，缩短加工周期，但此法的成品色、香、味较差，维生素损失多。糖煮法分为常压煮制法和减压煮制法两种。常压煮制法又分为一次煮制法、多次煮制法和快速煮制法三种。减压煮制法分为真空煮制法和扩散煮制法。

A. 一次煮制法：将处理好的原料在加糖后一次性煮制成功。如苹果脯、蜜枣等。首先配好40%的糖液入锅，倒入处理好的果实，加大火使糖液沸腾，果实内水分外渗，糖液浓度渐稀，然后分次加糖使糖浓度缓慢增高至60%～65%，停火。

此法快速省工，但持续加热时间太长，原料易烂，色、香、味差，维生素破坏严重，糖分难以达到内外平衡，致使原料失水过多而出现干缩现象。此法在生产上较少使用。

B. 多次煮制法：此法经3～5次煮制完成。原料先用30%～40%的糖溶液煮制，直到原料稍软时，放冷糖渍24h。然后，每次煮制增加糖浓度10%，煮沸2～3min，直到糖浓度达到60%以上。

此法每次加热时间短，辅以放冷糖渍，逐步提高糖浓度，因而获得较满意的产品质量。此法适用于细胞壁较厚，难以渗糖（易发生干缩）和易煮烂的柔软原料，或含水量高的原料。但此法加热时间长，煮制过程不能连续化，费工、费时，占容器。

C. 快速煮制法：让原料在糖液中交替进行加热糖煮和放冷糖渍，使果蔬内部的水气压迅速消除，糖分快速渗入，达到平衡。将原料装入网袋中，先在30%热糖液中煮4～8 min，取出，立即浸入等浓度的15℃糖液中冷却。如此交替进行4～5次，每次提高糖浓度10%，最后完成煮制过程。此法可连续进行，时间短，产品质量高，但需具备足够的冷糖液。

D. 真空煮制法：将原料在真空和较低温度下煮沸，由于组织中不存在大量空气，糖分能迅速渗入，达到平衡。此法制作温度低，时间短，制品色、香、味都优于常压煮制。具体方法如图7-6所示。

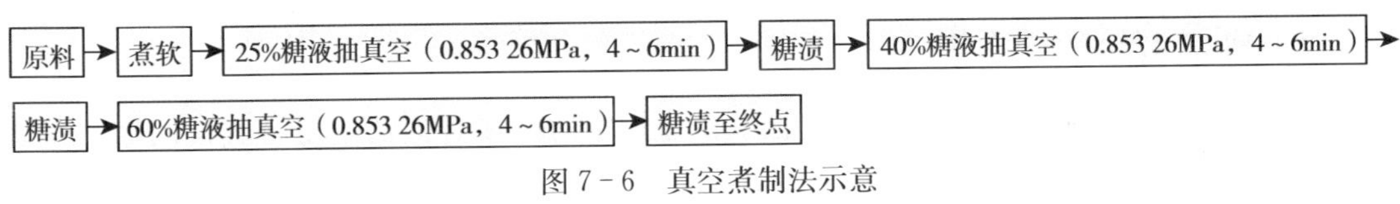

图7-6　真空煮制法示意

E. 扩散煮制法：将原料装在一组真空扩散器内，用由稀到浓的几种糖液对一组扩散器的原料连续多次进行浸渍，逐步提高糖浓度。操作时，先将原料密闭在真空扩散器内，抽真空排除原料组织中的空气，然后加入95℃的热糖液，待糖分扩散渗透后，将糖液顺序转入另一个扩散器内，再在原来的扩散器内加入较高浓度的热糖液，如此连续进行几次，制品即达要求的糖浓度。这种方法是真空处理，煮制效果好，可连续化操作。

③凉果腌渍法。凉果又称为香料果干或果香，它是以梅、橄榄、李子等果品为原料，先腌成盐胚储藏，再将果胚脱盐，添加多种辅助原料，如甘草、精盐、食用有机酸及天然香料（如丁香、肉桂、豆蔻、茴香、陈皮、山柰、降香、杜松、厚朴、排草、檀香、蜜桂花和蜜玫瑰花等），采用拌砂糖或糖液蜜制而成的半干态产品。凉果主要产于我国广东、广西和福建等地。

凉果类的产品种类繁多，具有甜、咸、酸和香料的特殊风味，代表性产品有话梅、橄榄、酥李等。

（2）破碎原料组织形态的糖渍法。采用这种糖渍法，食品原料组织形态被破碎，并通过添加果胶，加糖熬煮浓缩，使之形成黏稠状或胶冻状的高糖高酸食品。此法的产品可分为果酱、果冻、果泥3类，它们统称为果酱类食品。

果酱是果肉加糖煮制成的产品，其可溶性固形物含量为65%～70%，果酱中糖分约占85%。果冻是先将果汁加糖浓缩至可溶性固形物含量为65%～70%，再冷却凝结成的胶冻产品。果泥是采用打碎的果肉，经筛过滤取其浆液，再加糖、果汁或香料，熬煮成的可溶性固形物含量为65%～68%的半固态产品。

糖煮及浓缩是果酱类产品糖渍加工的关键工序。首先要求果品原料含有1%左右的果胶质和1%以上的果酸。糖煮时还要根据产品种类掌握原料与砂糖的用量比例。通常果酱的原料与砂糖比例为1∶1，果泥为1∶1.5，果冻中果汁与砂糖的比例则要以果汁中果胶含量及其凝胶能力而定，一般为1∶（0.8～1）。浓缩程度可采用终点温度法或用折光仪实测可溶性固形物含量来确定。

知识二　食品烟熏保藏

食品烟熏保藏历史悠久，可追溯到公元前，是当时一些游牧民族发现将肉悬挂在树枝燃烧的火焰上能获得诱人的风味，而逐渐形成了现在的烟熏食品。腌渍和烟熏经常相互紧密地结合在一起，在生产中先后相继进行，即腌肉常需烟熏，烟熏肉必须预先腌渍。烟熏和加热一般都同时进行，也可依据温度的控制而分别进行。因此，烟熏有冷熏和热熏之分。然而，冷熏时肉温仍难免会有一定程度的上升。

食品烟熏同腌渍一样，也具有防止肉类腐败变质的作用。由于冷冻保藏技术的发展，烟熏防腐已不是最主要的防腐技术了，但是烟熏味轻淡的腌渍品却已成为消费者在膳食中增添的花色品种。现在，烟熏已成为生产具有特种风味制品的加工方法。

一、烟熏的目的及作用

1. 形成特有的烟熏风味　在烟熏过程中，熏烟中的许多有机化合物附着在制品上，赋予制品特有的烟熏风味。其中，酚类化合物是使制品形成烟熏风味的主要成分，特别是其中的愈创木酚和4-甲基愈创木酚是两种最重要的风味物质，当然，烟熏制品的烟熏味是多种化合物综合形成的，这些物质不仅自身显示烟熏味，还能与肉的成分反应，生成新的呈味物质，综合构成制品的烟熏风味。

2. 脱水干燥，防止腐败变质，使制品耐贮藏　熏烟中的有机酸、醛和酚类物质的杀菌作用较强。有机酸与肉中氨、胺类等碱性物质中和，且由于其本身的酸性而使制品酸性增强，从而抑制腐败菌的生长繁殖；醛类物质一般具有防腐性，而且还与蛋白质或氨基酸的游离氨基结合，使碱性减弱，酸性增强，进而增加防腐作用；酚类物质也具有很强的防腐能力。烟熏的防腐作用还表现在脱水干燥赋予制品良好的储藏性能。

3. 使制品外观产生特有的烟熏色　熏烟中的羰基化合物与肉中的氨基发生美拉德反应，使其外表形成独特的金黄色或棕色，此外，加热能促进NO-血原色的形成，而且加热有助于脂肪外渗，起到润色作用，从而提高制品的外观美感。

4. 熏烟成分渗入制品内部预防脂肪氧化　熏烟中抗氧化作用最强的是酚类及其衍生物，其中以邻苯二酚和邻苯三酚及其衍生物的作用尤为显著。

除此之外，烟熏对细菌的影响也很大。温度为30℃时浓度较低的熏烟对细菌影响很大；

温度为13℃时浓度较高的熏烟能显著地降低微生物的数量；温度为60℃时，不论是浓度低的熏烟还是浓度高的熏烟，都能将微生物数量下降到原数的0.01%。烟熏使制品表面干燥，即制品失去部分水分，能延缓细菌生长，降低细菌数。然而，烟熏难以防止霉菌生长，因此烟熏制品仍存在长霉的问题。

二、熏烟主要成分及其对食品的影响

熏烟是由水蒸气、其他气体、液体（树脂）和微粒固体组合而成的混合物，现已从木材发生的熏烟中分离出200多种化合物。熏烟的成分常因燃烧温度、燃烧室的条件、形成化合物的氧化变化以及其他因素的变化而有差异，而且熏烟中有不少成分对制品的风味和防腐无关。目前，人们认为熏烟中最重要的成分为酚、醇、有机酸、羰基化合物和烃类等物质。

1. 酚　从木材熏烟中分离出来并经过鉴定的酚类达20多种，其中有愈创木酚、4-甲基愈创木酚、4-乙基愈创木酚、邻甲苯、对甲苯、4-丙基愈创木酚、香兰素、2，5-二甲基-4-丙基酚、2，5-二甲氧基-4-甲（乙）基酚等。熏制品特有的风味主要与存在于气相中的酚有关，如愈创木酚、4-甲基愈创木酚、2，5-二甲氧基酚等。

在鱼、肉等烟熏食品中，酚类物质有三重作用：①抗氧化作用；②形成特有的烟熏味，多数研究者都认为酚是烟熏食品中特有的烟熏味形成者；③抑菌防腐作用（石炭酸系数或酚杀菌系数常被用作衡量与酚相比时的各种杀菌剂相对有效值的标准），高沸点的酚的杀菌作用较强。

大部分熏烟都集中在烟熏肉的表面层内，也有部分熏烟内渗，内渗的深度和浓度有时可用不同深处的总酚浓度进行估测。各种酚所呈现的色泽和风味并不一样，总酚量并不能反映各种酚的组成，因而用总酚量衡量风味不一定能和感官鉴定完全一致。

2. 醇　木材熏烟中醇的种类很多，其中最常见的是甲醇，它是木材分解蒸馏中的主要产物之一，故甲醇又称为木醇，熏烟中还有伯醇、仲醇、叔醇等，但它们极易被氧化，形成相应的酸。醇类对色、香、味几乎不起作用，仅是挥发性物质的载体，其杀菌作用也很弱，因此，醇类可能是熏烟中最不重要的物质。

3. 有机酸　熏烟中的有机酸主要是含1～10个碳原子的简单有机酸，存在于熏烟气相内的为含1～4个碳原子的酸，如甲酸、醋酸、丙酸、丁酸和异丁酸等，而含5～10个碳原子的有机酸主要附着在熏烟的固体微粒上，如戊酸、异戊酸、己酸、庚酸、辛酸、壬酸和癸酸等。有机酸对烟熏制品的风味影响很小，但可聚集在制品表面，具有微弱的杀菌防腐作用。酸有促进烟熏制品表面蛋白质凝固的作用，对加工去肠衣的肠制品尤为重要，有助于改善肠衣的剥除。虽然加热会促使表面蛋白质凝固，但酸对形成良好的外皮也颇有好处。用酸液浸渍或喷涂能迅速达到这样的目的，然而，若用烟熏取得同样的最终效果速度就缓慢得多。形成外皮时最有用的组分显然是挥发性有机酸和蒸汽蒸馏所得到的有机酸。

4. 羰基化合物　熏烟中存在大量的羰基化合物（即酮和醛类），同有机酸一样，羰基化合物既存在于蒸汽蒸馏组分内，也存在于熏烟内的颗粒上，虽然绝大部分羰基化合物为非蒸汽蒸馏的，但蒸汽蒸馏组分内有着非常典型的烟熏风味，而且影响色泽的成分也在其中。因此，对熏烟的色泽、风味、芳香味来说，简单短链混合物最为重要。熏烟的风味和芳香味可能来自某些羰基化合物，而且有可能来自熏烟中浓度特别高的羰基化合物。常见的羰基化合物有丙酮、丁醛、丙醛、乙醛、异戊醛、丙烯醛、异丁醛、丁二酮（双乙酰）、丁烯酮、糠醛、异丁烯醛、丙酮醛等。

5. 烃类　虽然从烟熏食品中能分离出许多的多环烃类，但它们对烟熏制品来说，既无防腐作用，也不能产生特有风味。这些多环烃类包括苯并蒽、二苯并蒽、苯并芘、芘以及4-甲基芘等。在这些化合物中，至少有两种化合物——苯并芘和二苯并蒽，是致癌物质。这两种化合物经过动物试验已证实能致癌。这些多环烃类化合物，主要附着在熏烟的颗粒上，采用过滤的方法可将其清除。液体烟熏液中的烃类物质大大减少。

此外，熏烟中还会产生一些气体物质，如CO_2、CO、O_2、N_2、NO等，但它们大多数与烟熏食品的风味和防腐无关。

三、影响烟熏质量的因素

1. 熏烟成分的种类和浓度　工业上大规模用于熏制食品的熏烟，主要是由硬木不完全燃烧得到的，熏烟是由空气和没有完全燃烧的产物——气体、液体、固体颗粒所形成的混合物。烟熏的作用取决于熏烟中成分的种类和浓度等，而熏烟质量的高低与燃料种类、燃烧温度、供氧量、生产条件等有关。

（1）燃料种类。熏烟可由植物性材料如不含树脂的阔叶树木材、竹叶或柏枝等缓慢燃烧或不完全氧化产生；较低的燃烧温度和适当空气的供应是缓慢燃烧的必要条件。

一般来说，硬木、竹类的熏制产品风味较佳，而软木、松叶类因树脂含量高，燃烧时会产生大量黑烟，使制品表面发黑，并有多萜烯类的不良气味。木材中一般含有40%～60%的纤维素，20%～30%的半纤维素和20%～30%的木质素。软木和硬木的主要区别在于木质素的结构不同，软木木质素中的甲氧基含量较少。

（2）燃烧温度。燃烧温度在340～400℃以及氧化温度在200～250℃时所产生的熏烟质量最好。但是实际条件下很难办到，这是由于烟熏为放热过程。400℃时最适宜于形成最高量的酚，然而此温度也有利于致癌物苯并芘及其他环芳烃的形成，而且燃烧温度超过400℃时，酸和酚的比例就会下降。因此，以400℃为界，高于或低于该温度，所产生的熏烟成分就有显著的区别。但是若将致癌物苯并芘形成量降低到最低程度，实际燃烧温度以控制在343℃左右为宜。

（3）供氧量。正常熏烟情况下，木材的燃烧温度为100～400℃，此时，燃烧和氧化同时进行，当然产生熏烟需要适量的氧气。当供氧量增加时，酸和酚的量增加，若供氧量超过完全氧化时需氧量的8倍左右时，酸和酚的形成量可达到最高值。

2. 烟熏温度　烟熏时，温度过低，不会得到预期的烟熏效果，但温度过高，会由于脂肪融化、肉的收缩，达不到制品的质量要求。适宜的烟熏温度为35～50℃，烟熏时间为12～48h。

通常，烟熏和干燥一起进行，或者在干燥后进行。烟熏过程中，干燥的时间和温度根据制品的种类和烟熏方法是不同的。在干燥和烟熏过程中使用的热源有炭火、电、管道煤气、液化气等。

3. 水分含量　烟熏食品中存在的大多数烟熏成分是被食品表面和食品组织间隙的水分所吸收的，所以食品要保持一定的水分，这对烟熏质量很重要。相对湿度不仅对沉积速度有影响，而且对沉积的性质也有影响，相对湿度有利于加速沉积，但不利于色泽的形成。若食品表面缺少水分，也会影响熏烟的吸收，潮湿有利于熏烟的吸收，干燥则延缓熏烟的吸收。

四、烟熏对食品品质的影响

1. 对食品色泽的影响　烟熏对食品的色泽有显著的影响，这种影响不仅是由于熏烟颗粒在食品表面的沉积，也是由于熏烟成分与食品组分的相互作用。烟熏所给予的食品颜色是由于熏烟中的羰基化合物与肉中的氨基发生美拉德反应所致，它与熏烟中羰基基团数量的减少密切相关。烟熏食品的色泽与木材种类、熏烟浓度、树脂的含量、烟熏的温度以及食品表面的水分等因素有关。例如，熏肉以山毛榉为燃料，肉呈金黄色；以赤杨、栎树为燃料，肉呈深黄色或棕色；若肉原料的表面干燥，且烟熏温度较低，则熏肉色淡；若肉原料表面潮湿，温度较高，则熏肉色深。又如肠制品先用高温加热，再进行烟熏，其表面颜色就会均匀而且鲜明，熏烟时脂肪外渗还可使烟熏制品带有光泽。

2. 对食品风味的影响　人们对熏烟中的一些主要成分对烟熏食品风味的影响已经有一些研究。值得注意的是，尽管人们从熏烟中分离出了大量的化合物，并且对其中的一些成分的风味特征和口味极限做了相关鉴别和验证，但是这些化合物是否在烟熏食品中体现出一样的风味需进一步研究。

在烟熏制品的烟熏过程中，由于风味的形成不仅与原料本身、配料、工艺条件、熏烟的组成有关，还和这些化合物与食品成分的作用、化合物之间的相互作用及反应后生成的新化合物是否呈现强烈风味等有关。

3. 对食品质构的影响　影响食品质构的因素很多，比如烟熏肉肠制品的质构就不仅仅受到烟熏操作的影响，原料的品质、斩拌和肉糜的形成阶段对肌肉的作用、乳状体系形成程度、肌肉中自身的蛋白酶的作用、外面侵入的微生物产生的蛋白酶的作用、烟熏过程温度和湿度的作用以及烟熏成分与食品组分之间的相互作用等都会影响最终烟熏肉肠制品的质构。另外，食品 pH 也将与上述因素相互作用并直接影响产品的质构。

烟熏操作会显著降低猪肉肌纤维和肌浆蛋白的含量，提高基质蛋白的含量。这种变化导致了制品质构向硬和韧的方向转变，这也是烟熏制品表面韧而内部柔软的原因之一。

烟熏方法和冷藏时间对制品的嫩度有明显的影响，这些嫩度的变化可能与蛋白质的溶解性有关。

4. 对食品营养品质的影响　关于烟熏对食品营养品质影响的报道相对比较少。每种加工方法都会对最终产品的营养成分产生影响，这种影响既可能是正面的，也可能是反面的。比如熏制对动物性食品营养价值的影响主要体现在降低其蛋白质的生物利用率上。

在烟熏加工产品中，蛋白质含量由于变动不大，并不是需要关注的重点。但是必须考虑的是一些必需氨基酸在烟熏操作中的稳定性，比如烟熏时间、烟熏温度、贮藏时间和贮藏过程中的 A_w 都会影响赖氨酸的损失状况，这是由于赖氨酸在很多食品中的含量比较低，同时它也容易参与食品中容易发生的一些化学反应。烟熏操作还会影响制品的消化性。大部分研究者认为，烟熏操作能提高制品蛋白质的消化性，但是对提高制品蛋白质消化性的原因并不十分清楚。一些研究者认为其原因是熏烟成分中有一些酸性物质，这些物质将在贮藏过程中促进蛋白质的降解，从而促进蛋白质的可消化性，也有一些研究者认为是熏烟成分起到酶激活的效果，从而促进蛋白质的消化。

烟熏操作除了对蛋白质和氨基酸有影响外，对维生素也有影响。特别是对 B 族维生素有影响。例如，在鱼的腌渍、烟熏、杀菌操作过程中，维生素 B_2、烟酸、维生素 B_5 和维生素 B_6 损失率为 50%左右，而在之后的热加工操作中还有 10%的损失。

5. 对食品抗氧化性的影响　众所周知，烟熏可以提高食品的抗氧化性。由于熏烟中的一些抗氧化有效成分具有特殊的风味，因而其应用受到限制。

将熏烟成分分成中性、酸性和碱性三类。中性成分由于包含了大部分的酚类组分而具有最强的抗氧化能力，酸性成分几乎没有抗氧化性，而碱性成分甚至还有促进氧化的可能。研究表明：在酚类成分中，高沸点的酚类是最主要的抗氧化成分，而低沸点的酚类的抗氧化能力相对比较弱。

五、食品的烟熏方法

1. 冷熏法　制品周围熏烟和空气混合物气体的温度不超过 22℃的烟熏过程称为冷熏。

冷熏法的特点：冷熏时间长，需要 4～7d，最长 20～35d，为此，熏烟成分在制品中渗透较均匀且较深。冷熏时制品干燥虽然比较均匀，但程度较大，水分损失量大，制品含水量低，有干缩现象，同时由于干缩提高了制品内盐含量和熏烟成分的聚集量，制品内脂肪熔化不显著或基本没有，因此冷熏制品的耐藏性比其他烟熏法稳定，较适用于烟熏香肠。

2. 热熏法　制品周围熏烟和空气混合气体的温度超过 22℃的热熏过程称为热熏，常用的热熏温度在 35～50℃，因温度较高，一般烟熏时间短，为 12～48h。在肉类制品或肠制品中，有时烟熏和加热蒸煮步骤同时进行，因此，生产烟熏熟制品时，常用 60～110℃温度，甚至高达 120℃，时间一般为 2～12h。

采用热熏法的烟熏食品，由于生产温度高，表层蛋白质迅速凝固，制品表面很快形成干膜，妨碍了制品内的水分外渗，延缓了干燥过程，同时也阻碍了熏烟成分向制品内部渗透。因此制品含水量高（50%～60%），盐分及熏烟成分含量低，且脂肪因受热容易融化，不利于储藏，一般只能存放 4～5d，不过热熏食品的色、香、味优于冷熏食品。此法特别适用于烟熏肠制品（灌肠）和熟腌渍品等。

无论是冷熏还是热熏，都必须借助一定的烟熏装置。简单的烟熏装置如图 7－7 所示，是从最下面一层发烟，需要强熏的培根等放在最下层，需要淡熏的香肠等放在上层，这种烟熏设备，一次可以熏制好几种制品。由于是依靠空气自然对流的方式使烟在烟熏室内流动和分散的，此种装置存在温度控制差、烟流不均、原料利用率低、操作方法复杂等缺陷，目前，只有一些小型企业仍在使用。目前，连续化生产系统中，已有专供生产香肠制品用的连续烟熏房设备（图 7－8），该系统的生产能力通常可达到 1.5～5.0t/h，温度和相对湿度可专门控制，烟熏部分是另外配置的，熏烟发生器可在不停产的情况下清理和检修，能连续生产，并能较好地控制香肠制品的干缩度。该装置的优点是占地面积比生产量相同的烟熏房要小，节省劳动力，生产效率高，但设备投资费用较大。

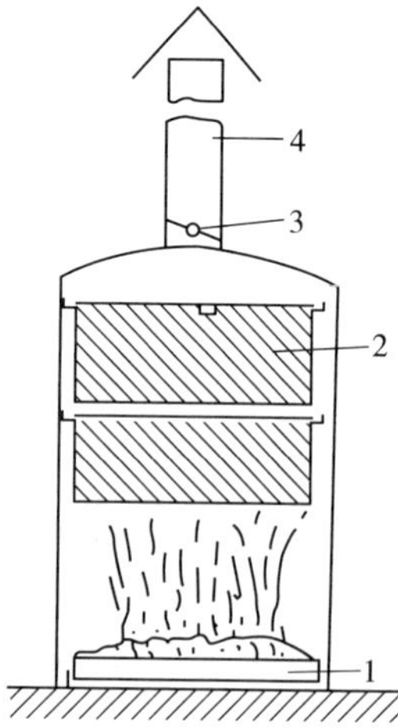

图 7－7　简单的烟熏装置
1. 熏烟发生器　2. 食品挂架
3. 调节阀门　4. 烟囱

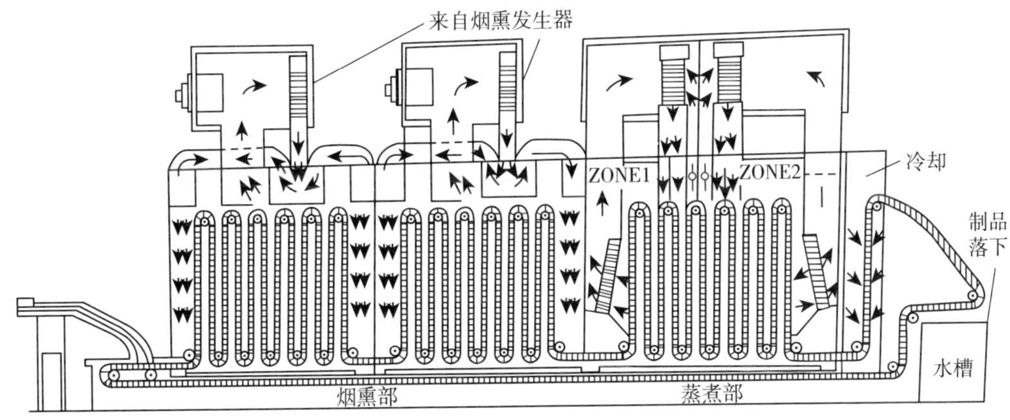

图 7-8　连续式烟熏装置示意

3. 电熏法　电熏法是在烟熏室内配置电线，电线上吊挂原料后，给电线通 10～20kV 的高压直流电或交流电进行电晕放电（图 7-9），熏烟由于放电而带电荷，可以更深入地进入制品内，从而使烟熏制品风味提高，贮藏期延长的熏制方法。电熏法的优点是使烟熏制品贮藏期延长，不易生霉，还能缩短烟熏的时间，只需热熏法的 1/2。但由于用电熏法时，熏烟在熏制品的尖端部分沉积较多，造成烟熏不均匀，再加上成本较高等原因，目前电熏法还未能普及。

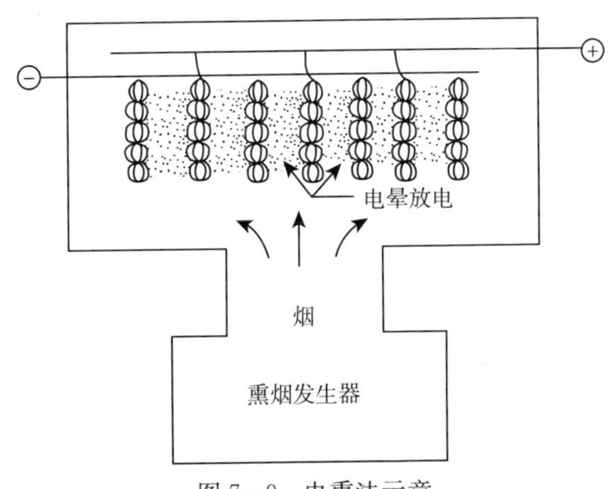

图 7-9　电熏法示意

4. 液熏法　液熏法又称为湿熏法或无烟熏法，它是将木材干馏生成的烟气成分利用一定的方法液化或者再加工，形成烟熏液，将此烟熏液用于浸泡食品或喷涂于食品表面，以代替传统的烟熏方法。

液熏法具有以下优点：

第一，它不再需要熏烟发生装置，节省了大量的设备投资费用。

第二，由于烟熏剂成分比较稳定，便于实现熏制过程的机械化和连续化，可大大缩短熏制时间。

第三，用于熏制食品的液态烟熏制剂已除去固相物质，无致癌的危险。

第四，此法工艺简单，操作方便，熏制时间短，劳动强度降低，不污染环境。

第五，通过后续加工，使产品具有不同的风味，并能控制烟熏成品的色泽，这在常规的气态烟熏方法中是无法实现的。

第六，加工者能够在加工的不同步骤中，在各种配方里添加烟熏调味料，使产品的使用范围大大增加。

液重法的缺点是风味、色泽和保藏性能不及传统烟熏制品。

在液熏时所用的烟熏剂被称为液态烟熏剂，简称液熏剂。一般由硬木屑热解制成。将产生的烟雾引入吸收塔的水中，熏烟不断产生并反复循环被水吸收，直到达到理想的浓度。经过一段时间后，溶液中的有关成分经过相互反应、聚合、焦油沉淀、过滤除去溶液中不溶性的烃类物质后，液态烟熏剂就基本制成了。这种液熏剂主要含有熏烟中的蒸汽相成分，包括酚、有机酸、醇和羰基化合物。

利用上述原始的液态烟熏剂，可通过调节其中的酸浓度，或者调节其中的成分，以生产出各种不同的烟熏剂产品。比如以植物油为原料萃取上述液态烟熏剂，可提取出酚类，使产品不具备形成颜色的性质，这种方法已经被广泛应用于肉的加工中。再如采用表面活性剂溶液萃取液态烟熏剂，可能得到能水溶的烟熏香味料，在美国，培根肉就用这种产品作为添加剂。

液态烟熏剂以及其衍生产物在使用时可以采用直接混合法和表面添加法两种。

（1）直接混合法。将熏液按配方直接与食品混合均匀，称为直接混合法。此法适用于肉糜、鱼糜型、液体型、粉末型或尺寸较小的食品的熏制。对于大尺寸的食品，可通过成排的针，将熏液或稀释液注入食品中，食品再经按摩，使熏液分散均匀。

（2）表面添加法。将熏液或稀释液施于食品的表面而实现熏制目的的方法称为表面添加法。此法适用于尺寸较大食品的熏制，基本原理类似于烟作用于食品的表面。熏液或稀释液的浓度、作用时间、食品表面的湿度和温度等，对最终熏制结果都有重要影响。浓度高，作用时间短；浓度低，作用时间长。表面添加法分为浸渍法、喷淋法、涂抹法、雾化法和汽化法等。

①浸渍法。将食品浸泡于熏液或稀释液中，经一定时间后取出，沥干或风干即成。浸渍液可重复使用。

②喷淋法。将熏液或稀释液喷淋于食品表面，经一定时间后停止喷淋，风干或烘干即成。

③涂抹法。将熏液或稀释液涂抹于食品表面，多次涂抹可获得更好的效果。

④雾化法。将熏液或稀释液用高压喷嘴喷成雾状，在熏房中完成熏制。

⑤汽化法。将熏液滴在高热的金属板上汽化成烟雾，在熏房中完成熏制。

目前，包括我国在内的一些国家已配制成烟熏液的系列产品，用于腊肉、火腿、家禽肉制品、鱼类制品、干酪及点心类食品的熏制。美国约 90％的烟熏食品采用该方法加工，烟熏液用量每年达 1 000t。日本烟熏液用量也达到每年 700t。我国烟熏液的生产研究始于 1984 年，1987 年全国食品添加剂标准化技术委员会审定其为允许使用。目前国内潜在需求量在每年 200t 左右。

知识三　食品发酵保藏

在人类的周围环境中，总是有各种各样的微生物存在，只要环境和营养物质适宜，它们就会迅猛繁殖，导致食品腐败变质。然而发酵并不是完全有害的，有些发酵是有益的。于是人们逐渐学会了在有效控制下让食品自然发酵，使发酵向着有利于改善风味和耐藏的方向发展，并出现了一种食品保藏方法——发酵保藏。这种方法的特点是利用各种能促使某些有益微生物生长的因素，从而建立起不利于有害微生物生长的环境，预防食品腐败变质，同时还能保持甚至改善食品原有的营养成分和风味。发酵技术是生物技术中最早发展和应用的食品保藏技术之一。

发酵保藏相对于食品中的其他保藏方法（如罐藏、干藏、冻藏）而言，是一种相对较弱的保藏方法，通常需要与其他方法（如冷藏、巴氏消毒等）结合，才能有效地延长发酵产品的保藏时间。

一、食品发酵保藏的原理

食品发酵保藏的原理是利用促进食品保藏的有益微生物生长，来抑制其他有害微生物的生长。发酵食品中控制微生物生长的主要因素有营养物供应、底物 pH、培养温度、水分含量、氧化还原电位、微生物的生长阶段、竞争性微生物。通过控制微生物的生长筛选出有益微生物。有益微生物一旦大量生长繁殖，在它们所产生的酒精和酸的影响下，原来有可能被腐败菌所利用的营养成分被发酵菌所利用。有益微生物的产物如酸和酒精等对有害菌有抑制作用，因而保持食品不腐败。有益微生物一般能适度耐酸，而大部分腐败菌不耐酸。

二、食品发酵类型

实际上，微生物可以通过多种途径如完全氧化、部分氧化、酒精发酵、乳酸发酵、丁酸发酵以及其他次要的发酵进行糖分发酵。最常见的食品发酵类型主要是酒精发酵、乳酸发酵、醋酸发酵（表 7－6）。完全氧化就是将葡萄糖完全氧化成二氧化碳和水。能进行完全氧化的微生物主要是霉菌和细菌，而酵母是少数。糖分的部分氧化是最常见的发酵过程。酸就是糖分氧化时形成的。若继续发酵，酸也可以进一步被氧化成二氧化碳和水。

表 7－6　常见的食品发酵类型

发酵类型	发酵微生物	发酵反应	代表产品
酒精发酵	酵母	$C_6H_{12}O_6 \longrightarrow 2C_2H_5OH + 2CO_2 +$ 能量	葡萄酒、啤酒、白酒等
乳酸发酵	乳酸链球菌或保加利亚乳杆菌或乳杆菌	$C_6H_{12}O_6 \longrightarrow 2CH_3CH(OH)COOH +$ 能量	发酵玉米、泡菜、酸乳
醋酸发酵	酵母和醋酸杆菌	$C_6H_{12}O_6 \longrightarrow 2CH_3COOH + 2CO_2 +$ 能量	食醋

1. 酒精发酵　酒精发酵在食品工业中极其重要。葡萄酒、果酒、啤酒等都是利用酒精发酵制成的产品。葡萄酒酵母和啤酒酵母都是最重要的工业用酵母，它能使糖类最有效地转化成酒精，并达到能回收的程度。其他菌种也能产生酒精，同时还能形成醛类、酸类、酯类等组成的混合物，以至于难以回收。实际上，糖需要经过不少裂解阶段，形成各种中间产物后，最终才能形成酒精。蔬菜腌渍过程中也存在着酒精发酵，酒精产量可达 0.5%～0.7%，其量对乳酸发酵并无影响。

2. 乳酸发酵　乳酸发酵在食品工业中也占有极其重要的地位，常被作为保藏食品的重要措施。乳酸发酵微生物不仅广泛分布在自然界中，还存在于水果、蔬菜、乳、肉类食品中，能在不适宜于其他微生物生长的条件下生存。乳酸发酵在缺氧的条件下进行。乳酸发酵时，食品中的糖分几乎全部形成乳酸。一分子糖可以形成两分子乳酸。乳酸发酵常是蔬菜腌渍过程中的主要发酵过程。乳酸菌常常因酸度过高而死亡，乳酸发酵也因而自动停止。因此，乳酸发酵时常会有糖分残留下来。食品在腌渍过程中，乳酸累积量决定于糖分、盐液浓度、温度和菌种，一般可达0.79%～1.40%。乳酸菌生长迅速，食品日常所感染的乳酸菌只要环境条件适宜就能迅速生长，并突出地表现出来，如发酵乳制品，是原料经乳酸菌发酵而成的制品，它不但具有特殊的风味，而且乳酸菌的代谢作用使乳品成分已经适度地消化降解，成为易被消化吸收的营养食品。由于乳酸菌的世代更替，制品中含有源自乳酸菌体的乳糖分解酶，可以帮助乳糖的消化，并减缓乳糖不耐症的发生。

3. 醋酸发酵 醋酸发酵是指在空气存在的条件下醋酸菌将酒精氧化成醋酸。醋酸菌为需氧菌，因而醋酸发酵一般都是在液体表面上进行的。大肠杆菌类细菌也同样能产生醋酸。在腌菜制品中常含有醋酸、丙酸和甲酸等挥发酸，它们的含量可高达0.20%～0.40%（按醋酸计）。对含酒精食品来说，醋酸菌常成为促使酒精消失和酸化的变质菌。

4. 丁酸发酵 丁酸发酵是食品保藏中最不受欢迎的。乳酸和糖分在酪酸梭状芽孢杆菌的活动下被转化成为丁酸，同时还有 CO_2 和 H_2 产生。其他如乳酸、醋酸、丙酸、乙醇也是常见的副产物。丁酸菌只有在缺氧的条件下和低酸度情况下才能生长旺盛，35℃是它的适宜生长温度。梭状芽孢杆菌是导致人类疾病的病原菌。丁酸并无防腐作用，并会给腌渍食品带来不良风味。一般在腌渍初期或贮藏末期以及高温条件下极易产生丁酸发酵，温度是控制丁酸发酵的重要因素。

此外，还有一种产气发酵会产生 CO_2 和 H_2，CO_2 和 H_2 并无防腐作用。许多细菌都能进行产气发酵。除前所述外，一般的产气微生物常会导致食品腐败和变质。大肠杆菌和产气杆菌是蔬菜、肉类和乳品中常见的产气微生物。肠膜明串珠菌和短乳杆菌是蔬菜腌渍中常见的微生物，是产气发酵不正常的预兆，腌渍过程中应及时注意，并加以控制，控制时可以采取加盐的方法。

总之，微生物导致食品变化的类型很多，它们的反应也各不相同，这就需要根据对发酵食品的要求，有效地控制各种反应，即促进或抑制这些反应，以获得预期的效果。加盐是控制不良反应的一种常用途径。

三、食品发酵用微生物种类

1. 细菌 用于食品发酵保藏的细菌，主要有醋酸杆菌、非致病棒杆菌和乳酸菌3种。

(1) 醋酸杆菌。醋酸杆菌常见于腐烂的水果、蔬菜、酸果汁、醋和饮料酒中，属革兰氏阴性无芽孢杆菌，兼性好氧，但易出现退化型菌体。退化型菌体呈现枝状、丝状等弯曲状。培养物中的菌株革兰氏染色也常常出现变化。醋酸杆菌能氧化乙醇，使之成为乙酸，因而是制造食醋的主要菌种。

(2) 非致病棒杆菌。非致病棒杆菌经常从土壤、水、空气和被污染的细菌培养皿或血平板中分离得到。非致病棒杆菌中的谷氨酸棒杆菌、力士棒杆菌和解烃棒杆菌经常用于味精（L-谷氨酸盐）的生产。它们能将糖分解成有机酸，并将含氮物质分解成铵离子，再进一步合成谷氨酸并积累于发酵液中。

(3) 乳酸菌。乳酸菌能产生乳酸，是发酵乳制品制造过程中起主要作用的一类菌。按其对糖发酵特性可分为同型发酵菌和异型发酵菌。

同型发酵菌在发酵过程中，能使发酵液中80%～90%的乳糖转化成乳酸，仅有少量的其他副产物。常用的菌种有干酪乳杆菌、保加利亚乳杆菌、嗜酸乳杆菌、瑞士乳杆菌、乳酸乳杆菌、乳链球菌、嗜热链球菌及乳链球菌丁二酮乳新亚种。

异型发酵菌在发酵过程中，能使发酵液中50%的乳糖转化为乳酸，另外50%的糖转变为其他有机酸、醇、二氧化碳和氢等。在食品中使用的菌种有葡聚糖明串珠菌和乳脂明串珠菌。

2. 霉菌　食品发酵保藏中常用的霉菌有毛霉属、根霉属、曲霉属和地霉属4个属。

(1) 毛霉属。毛霉属菌丝体具有毛状的外形，无假根和匍匐枝，菌丝无横隔，孢子囊梗直接由菌丝体生出。其繁殖方式可以由子囊孢子直接萌发，也可由接合孢子进行繁殖。毛霉能产生蛋白酶，因而有分解大豆的能力。中国在制作豆腐乳、豆豉时即利用毛霉分解蛋白质产生鲜味。某些种毛霉还具有较强的糖化力，能糖化淀粉。中国酒药中的毛霉就属此类。毛霉还可用于酒精和有机酸工业原料的糖化和发酵过程。

(2) 根霉属。根霉属菌丝体产生匍匐枝，匍匐枝末端长有假根，这是根霉属与毛霉属区别的主要形态特征。根霉具有很强的糖化酶活力，能使淀粉分解为糖，是酿酒工业常用的糖化菌。

(3) 曲霉属。曲霉属菌丝体分枝并具有横隔，分生孢子从分化了的菌丝（具有厚壁的足细胞）上直立长出。分生孢子的形状、大小、颜色和纹饰都是鉴别曲霉种的重要依据。

曲霉具有分解有机物质的能力，在酿造等工业中得到广泛应用。它具有多种强活性的酶系。例如：应用于酿酒的糖化菌具有液化、糖化淀粉的淀粉酶，同时还有蔗糖转化酶、麦芽糖酶、乳糖酶等；有些菌能产生较强的酸性蛋白酶，可用来分解蛋白质或用作食品消化剂。黑曲霉所产生的果胶酶，常用于果汁澄清，柚苷酶和陈皮苷酶用于柑橘类罐头去苦味或防止产生白色沉淀，葡萄糖氧化酶则用于食品的脱糖和除氧。

曲霉能产生延胡索酸、乳酸、琥珀酸等多种有机酸，其中的草酰乙酸和乙酰辅酶A通过缩合成为柠檬酸。在食品工业中，应用较多曲霉属的菌有黄曲霉、米曲霉和黑曲霉等。这些曲霉在中国的传统食品如豆酱、酱油、白酒、黄酒中起着重要的作用。

(4) 地霉属。地霉属菌落类似于酵母，故为酵母状霉菌。但它有真菌丝，菌丝有横隔，成熟后菌丝断裂成裂生孢子。裂生孢子多为长筒形，也有方形或椭圆形，一般多呈白色。地霉常见于泡菜、腐烂的果蔬以及动物粪便中。白地霉的菌体蛋白质营养丰富，可供食用或作饲料用。

3. 酵母　食品发酵中常用的酵母主要有酿酒酵母、椭圆酵母和异常汉逊酵母。

(1) 酿酒酵母。大多呈椭圆形，长与宽之比为2∶1。对酒精有较大的耐力，能发酵葡萄糖、麦芽糖、半乳糖、蔗糖及1/3棉籽糖，不能发酵乳糖和蜜二糖。不能同化硝酸盐。常存在于酒曲、果皮、发酵的果汁以及果园的土壤中。酿酒酵母是酿酒工业中最常用的菌，也是啤酒酿造中典型的上面发酵酵母；可发酵制面包；它的转化酶可以转化糖，也可用于巧克力的制作。

(2) 椭圆酵母。细胞呈卵圆形，其他生化特性与酿酒酵母相似，除能耐较高浓度的乙醇外，还能耐较高的葡萄汁酸度和较低浓度的二氧化硫，因而常用于葡萄酒的酿造。

(3) 异常汉逊酵母。细胞呈圆形、椭圆形或腊肠形。在特定条件下能生成发达的假菌丝。能发酵葡萄糖、蔗糖、麦芽糖、半乳糖、棉籽糖；不能发酵蜜二糖和乳糖。能同化硝酸盐，分解杨梅苷。由于能产生乙酸乙酯，因而在改善食品风味中能起一定作用。比如白酒和无盐发酵酱油的增香都可采用此菌。

四、影响食品发酵的因素及其控制

如前所述，食品会遭受各种微生物污染，若不加以控制，极易导致食品腐败变质，变化的类型则随所处的环境条件而完全不同。某种条件虽然非常适宜于某类发酵，但是若将控制条件略加改变，发酵情况则发生明显的变化。以肉为例，若不加以控制，极易长霉和腐败变质，加盐腌渍后所生长的微生物则完全不同。

影响微生物生长和新陈代谢的因素很多，控制食品发酵的主要因素有酸度、酒精含量、菌种的使用、温度、供氧量和加盐量等。这些因素还决定着发酵食品后期贮藏中微生物生长的类型。

1. 酸度　不论是食品原有成分的酸度，还是外加的或发酵后形成的酸度，都有抑制微生物生长的作用。对于不像橘子或者柠檬那样含高酸的食品，需要在腐败前迅速加酸或促使发酵产酸，否则有害微生物将会大量繁殖。

含酸食品有一定的防腐能力，但是在有氧存在时，在食品表面上就会有霉菌生长，会将酸消耗掉，以致食品失去防腐能力，于是这类食品表面上就会逐渐发生脂解和朊解活动。食品中的酸度也会因中和而下降。某些食品能忍受较高的酸度，并将蛋白质裂解产生像氨那样的碱性物质，这就会将先前形成的酸中和，从而为脂解和朊解类型的细菌生长活动创造条件。

鲜乳自然发酵时，同样也存在这些变化。鲜乳中微生物类型非常广泛，刚挤出的鲜乳有一极短时间的无菌期，在此期间细菌无法生长，其后，乳酸链球菌的发酵明显突出并产生乳酸，最后这种菌的进一步生长受到了它自己所产生的酸的抑制，此时牛乳中常见的乳杆菌类细菌因其耐酸性比乳酸链球菌更强，就连续地进行发酵并产生更多的酸，直至新的酸度能进一步抑制住其生长为止。在高酸度的环境中，乳杆菌逐渐死亡，于是耐酸酵母和霉菌接着开始活动。霉菌将酸氧化，而酵母则在朊解下产生碱性最终产物，这样乳内酸度就逐渐下降，以致介质形成了符合朊解和脂解腐败细菌生长所需求的环境。这些菌种的进一步朊解使鲜乳的酸度进一步下降，以致达到了比原来鲜乳更小的酸度。乳酸链球菌和乳杆菌生长阶段，凝乳块变得更坚硬，同时还有气体聚集或产生微臭。接着酵母和霉菌的生长以及朊解和脂解细菌的生长就会将凝乳块消化掉，并产生气体和腐败臭味。

2. 酒精含量　与酸一样，酒精同样具有防腐作用，防腐作用主要取决于酒精的浓度。葡萄酒中酒精含量部分取决于葡萄的原始糖分、酵母种类、发酵温度和含氧量。酵母也同样不能忍受它自己产生的超过某种浓度时的酒精及其他发酵产物。按容积计，含量为12%～15%的发酵酒精就能抑制酵母生长。一般发酵饮料酒的酒精含量仅为9%～13%，缺少防腐能力，还需进行巴氏杀菌。如果饮料酒中加入酒精，使其含量达到20%（按容积计），就足以防止变质和腐败，不需要巴氏杀菌处理。

3. 菌种的使用　发酵开始时，如果有大量预期菌种存在，它们就能迅速繁殖并抑制住其他杂菌生长，促使发酵向着预定的方向发展。馒头发酵、酿酒以及乳酸发酵都应用了这种原理。例如，在葡萄汁中放入先前发酵时残存的酒液；鲜乳中放入酸乳；面团中加入酵母等。这些方法沿用至今，世界各地仍在使用。不过在科学技术发达的地区已改用纯粹培养的菌种，这种培养菌种称为酵种，它可以是纯菌种，也可以是混合菌种。例如，制造红腐乳用的菌种一般为单纯的霉菌；制造干酪用菌多为混合菌，视发酵制品而异。接入菌种前，用加热等各种方法对原料进行预处理，以便在发酵前预先控制混杂在原料中的有害杂菌。现在生产葡萄酒、啤酒、醋、腌渍品、面包、馒头及其他发酵制品时，常将专门培养的菌种制成酵种进行接种发酵，以便获得品质好的发酵食品。

4. 温度　不同菌种有各自适宜的生长温度，因此可以利用不同温度控制微生物生长。温度为0℃时，牛乳中很少有微生物能进行活动，其生长受到抑制，生长缓慢；4.4℃时，微生物稍有生长，易于变味；21.1℃时，乳酸链球菌生长比较突出；37.8℃时，保加利亚乳杆菌迅速生长；温度升至65.6℃时，嗜热乳杆菌生长，而其他微生物死亡。

如上所述，混合发酵中各种不同类型的微生物也可以通过发酵温度的控制，促使它们各自分别突出生长。各类发酵食品中，包心菜的腌渍对温度最为敏感。包心菜腌渍过程中，有3种主要菌种将包心菜汁液中的糖分转化成醋酸、乳酸和其他发酵制品，参与发酵的细菌有肠膜状明串珠菌、短乳杆菌。肠膜状明串珠菌产生醋酸，以及一些乳酸、酒精和二氧化碳。酒精和酸生成酯类，改善了腌渍品的风味。在包心菜腌渍时肠膜状明串珠菌的适宜生长和发酵温度比较低（21℃），乳杆菌则能忍受较高的温度。因此，发酵初期发酵温度超过21℃，乳杆菌极易生长，抑制了肠膜状明串珠菌的生长，而且所形成的较高酸度还进一步阻止了它的生长和发酵。在这样的情况下，就不可能形成由肠膜状明串珠菌种所产生的醋酸、酒精和其他预期的产物。也就是说，包心菜腌渍初期发酵的温度应该比较低，而在发酵后期温度可以增高一些。这就充分说明发酵过程中运用发酵温度以控制适宜菌种生长是十分重要的。

5. 供氧量　霉菌是完全需氧性的，在缺氧的条件下不能存活，因此，控制缺氧条件就可控制霉菌的生长。酵母是兼性厌氧菌，氧气充足条件下，酵母会大量繁殖，缺氧条件下，酵母则进行酒精发酵，将糖转化为酒精。细菌中需氧的、兼性厌氧的和专性厌氧的品种都有，视菌种而定。例如醋酸菌是需氧品种，乳酸菌为兼性厌氧品种，肉毒杆菌为专性厌氧品种。供氧和断氧可以促进或抑制某种菌的生长活动，同时可以引导发酵向预期的方向进行。

6. 加盐量　各种微生物的耐盐性并不完全相同，细菌鉴定中常利用它们的耐盐性作为选择和分类的一种手段。其他因素相同，加盐量不同就能控制微生物生长及它们在食品中的发酵活动。因此，食品发酵时可用食盐作为选择适宜的微生物进行生长活动的手段。一般蔬菜腌渍品中常见的乳酸菌能忍受10％～18％的食盐溶液，大多数朊解菌和脂解菌则不能忍受2.5％以上的盐液浓度。通过控制腌渍时食盐溶液的浓度可以达到防腐和发酵目的。

五、发酵对食品品质的影响

在食品发酵过程中由于蛋白质、糖类、脂类等被发酵微生物所利用，将复杂的有机物分解成简单物质，如纤维素被降解为低聚糖，蛋白质水解为多肽，这样更易吸收且有活性，提高了食品的可消化性。同时微生物的新陈代谢还能产生维生素和其他活性物质，从而提高食品的营养价值。

在发酵过程中常见的食品风味变化通常因糖转化成酸，而使食品甜度下降、酸度上升；有些食品由于发酵过程中添加食盐，使其口味变咸（如酱油、鱼肉等）。发酵食品的芳香气味来自一些挥发性物质（如胺类、脂肪酸、醛、酯和酮类）以及发酵和成熟过程中这些物质相互作用的产物。还有一些发酵食品的芳香物质是在发酵后加工中产生的（如面包在烘焙过程中产生了特殊香味）。

由于发酵保藏中温度条件比较温和，使许多发酵食品的颜色基本保持不变。发酵食品的颜色变化通常是由于加入发色剂（如肉制品中添加亚硝酸盐）、酶对色素物质结构的改变（如叶绿素的降解）、蛋白质水解导致褐变。微生物也会产生色素物质（如红曲霉素产生红曲色素）等。

典型工作任务

任务一　咸鸭蛋的盐腌保藏技术

【任务分析】

咸鸭蛋主要是用食盐腌渍而成的。新鲜鸭蛋腌渍时，蛋外的食盐料泥或食盐水溶液中的盐分通过蛋壳、壳膜、蛋黄膜渗入蛋内，蛋内水分也不断渗出。鸭蛋腌渍成熟时，蛋液内所含食盐成分浓度与料泥或食盐水溶液中的盐分浓度基本相近。高渗的盐分使细胞体的水分脱出，从而抑制了细菌的生命活动。同时，食盐可降低蛋内蛋白酶的活性和细菌产生蛋白酶的能力，从而减缓了蛋的腐败变质速度。食盐的渗入和水分的渗出，改变了蛋原来的性状和风味。

【任务准备】

1. 技术方案

（1）工艺流程。

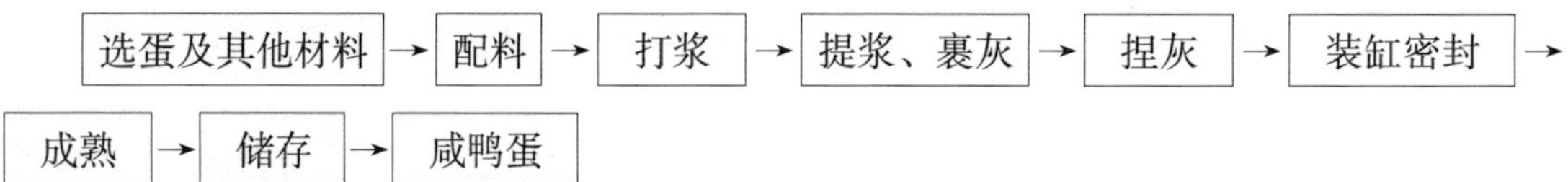

（2）关键技术参数。以蛋的质量计，用盐量为9%～12%。

2. 原辅料　新鲜鸭蛋、食用盐、黄泥、草灰和水等。

【任务实施】

1. 选蛋及其他材料

（1）原料蛋。咸蛋的加工原料主要为鸭蛋，有的地方也用鸡蛋或鹅蛋来加工，但以鸭蛋最好，主要是由于鸭蛋中的脂肪含量较高，蛋黄中的色素含量也较多，加工出的咸蛋蛋黄油润鲜艳，成品风味好。加工的原料蛋必须经过检验和挑选，剔除不符合加工要求的次劣蛋。

（2）食盐。食盐是咸蛋加工的主要辅料，加工用食盐应符合食用盐的卫生标准，要求白色、咸味、无可见的外来杂物；无苦味、涩味和臭味。

（3）黄泥和草灰。这两种辅料主要用来和食盐调成泥料或灰料，使其中的食盐能够长期且均匀地向蛋内渗透，同时可有效阻止微生物向蛋内侵入。黄泥应选用干燥、无杂质、无异味的。草灰应选择干燥、无霉变、无杂质、无异味、质地均匀细腻的产品。

（4）水。咸蛋加工使用的水，应是符合饮用标准的干净水，使用开水、冷开水，以保证产品质量。

2. 配料　配料标准要根据内外销区别、加工季节和南北方口味不同而进行适当调整。各地不同季节加工 100 枚咸蛋的料液配方见表 7－7。

表 7－7　各地不同季节加工 100 枚咸蛋的料液配方

地区	季节	辅助材料		
		草灰/kg	食盐/kg	水/kg
四川	11 月至翌年 4 月	25	8	12.5
	5 月至 10 月	22.5	7.5	13
湖北	11 月至翌年 4 月	15	4.25	12.5
	5 月至 10 月	19.5	3.75	12.5
北京	11 月至翌年 4 月	15	4.3～5	12.5
	5 月至 10 月	15	3.8～4.5	12.5
江苏	春季 / 秋季	20	6	18
浙江	春季 / 秋季	17～20	5～6	15～18

3. 打浆　打浆之前，先将食盐溶于水，再将草灰分批加入，用打浆机搅打成灰浆不流、不起水、不成块、不成团下坠，放入盆内不起泡的灰浆。制好灰浆后，次日即可使用。

4. 提浆和裹灰　将选好的蛋用手在灰浆中翻转一次，使蛋壳表面均匀黏上一层 2 mm 厚的灰浆，然后将蛋置于干稻草灰中裹草灰，裹灰的厚度为 2 mm 左右。裹灰太多，影响腌渍成熟的时间；裹灰太薄，易造成蛋间的粘连。裹灰后将灰料用手压实、捏紧，使表面平整、均匀一致。

5. 捏灰　裹灰后要捏灰，即用手将灰料压在蛋上。捏灰要松紧适宜，滚搓光滑，厚度要均匀一致。

6. 装缸密封　经裹灰、捏灰后的蛋应尽快装缸密封，在装缸时，必须轻拿轻放，防止操作不当使蛋外的灰料脱落或将蛋碰裂而影响产品的质量。

7. 成熟与储存　咸蛋腌渍成熟的速度与食盐的渗透速度有关，而食盐的渗透速度主要受环境温度的影响。当气温较高时，食盐在蛋内的渗透速度快，腌渍咸蛋的时间短。咸蛋的成熟期在夏季为 20～30d，在春秋季节为 40～50d。咸蛋成熟后，应在 25℃以下，相对湿度为 85%～95%的库房中储存，其储存期为 2～3 个月。

【任务小结】

咸蛋是蛋品保藏的主要方法之一。其方法简便，费用低廉；咸蛋经煮熟后，蛋质细嫩，蛋黄鲜红，油润松沙，清爽可口，咸度适中，深受消费者的欢迎。咸蛋制作方法除草灰法外，还有黄泥法和盐水法等，在国内各地都有应用，但腌渍时的用盐量因地区、习惯不同而异。采用高浓度的盐溶液腌渍，渗透压大，水分流失快，味过咸而口感差；而盐浓度太低，防腐保藏能力差，且腌渍成熟期推迟，营养价值降低。

任务二　泡菜的发酵保藏技术

【任务分析】

泡菜味道咸酸，口感脆生，色泽鲜亮，香味扑鼻，开胃提神，醒酒去腻，老少适宜，一年四季都可以制作，但制作时气候环境十分讲究，是居家生活中常备的小菜。四川泡菜更是家喻户晓的一种佐餐菜肴。其制作简单，易于储存，食用方便。泡菜的食盐用量较低，通常是加用香辛料。在腌渍过程中，主要利用乳酸菌发酵产生的乳酸、加入的食盐和香辛料等的防腐作用，来保藏蔬菜并增进其风味。其产品都具有较明显的酸味。

【任务准备】

1. 技术方案

（1）工艺流程。

原料选别→洗涤修整→卤水配制→准备泡菜坛→入坛泡制→发酵成熟→成品泡菜

（2）关键技术参数。卤水（盐水）5%～8%；发酵温度20～25℃。

2. 原材料　蔬菜、食盐、白酒、黄酒、甜醪糟、红糖、尖红辣椒、生姜、八角、花椒及其他香料等。

【任务实施】

1. 原料选别　凡是组织紧密、质地脆嫩、肉质肥厚且在腌渍过程中不易软化的新鲜蔬菜均可作为泡菜的原料，如大头菜、萝卜、甘蓝、嫩黄瓜等。也可以选用几种蔬菜混合泡制。

2. 洗涤修整　先将新鲜原料充分洗涤，再将不宜食用的部分剔除，根据原料的体积大小决定是否切分，块形大且质地致密的蔬菜，特别是大块的球茎类蔬菜应适当切分。将清洗、切分的原料沥干表面水分后即可入坛泡制。

3. 卤水配制　井水、泉水或硬度较大的自来水均可用于配制盐水，因为硬水有利于保持泡菜成品的脆性，所以用软水配制盐水时需加入原料重0.05%的钙盐。盐水的含盐量为6%～8%，还可加入2%的红糖、3%的红辣椒以及其他香辛料以增进泡菜的品质，香辛料应用纱布包盛装后置于盐水中。冷盐水中也可以加入2.5%的白酒与2.5%的黄酒。将水和各种配料一起放入锅内煮沸，冷却后备用。

4. 准备泡菜坛　泡菜坛在使用前必须清洗干净，如果其内部沾有油污，应用去污剂清洗干净，然后再用清水冲洗2～3次，倒置沥干坛内壁的水后备用。

5. 入坛泡制　将处理好的蔬菜装入泡菜坛内，装至半坛时将香辛料包放入，再装原料至坛口5～8cm处即可。用竹片将菜压住，以防止原料浮于盐水面上。随后注入配制好的冷盐水，要求盐水将原料淹没，有条件时，可在新配制的冷盐水中人工接入乳酸菌或加入品质优良的陈泡菜汤，以使发酵迅速并缩短成熟时间。盖上坛盖，注入清洁坛沿水，并将泡菜坛置于室内的阴凉处自然发酵。

6. 发酵成熟

（1）初期，异型乳酸发酵为主，伴有微弱的酒精发酵和醋酸发酵，产生乳酸、乙醇、醋酸及二氧化碳，逐渐形成嫌气状态。乳酸积累为0.3%～0.4%，pH 4.0～4.5。初期是泡菜的初熟阶段，时间2～5d。

（2）中期，正型乳酸发酵，乳酸菌活跃，形成嫌气状态。乳酸积累达0.6%～0.8%，pH 3.5～3.8，大肠杆菌等腐败菌死亡，酵母菌、霉菌受到抑制。中期是泡菜完熟阶段，时间5～9d。

（3）后期，正型乳酸发酵继续进行，乳酸积累可达1.0%以上，当乳酸含量达1.2%以上时，乳酸菌本身也会受到抑制，此时产品酸味浓。

7. 成品泡菜　成品泡菜应该洁净卫生，保持蔬菜原有色泽，香气浓郁，组织细腻，质地清脆，咸酸适度，略有甜味与鲜味，尚有蔬菜原有的特殊风味。

【任务小结】

泡菜主要利用了腌渍过程中乳酸菌发酵产生的乳酸，加之少量食盐和香辛料的保藏作用。一般泡菜在发酵中期的风味最佳，发酵初期咸而不酸，发酵末期则风味过酸。成熟的泡菜取食后，应及时添加新原料及调味料，同时也应按原料的5%～6%补充食盐。泡菜与酸菜虽同为蔬菜原料在卤水中湿态发酵腌渍，但泡菜通常是在较低浓度的水中发酵，而酸菜是在清水中发酵。可以用来腌渍泡菜的蔬菜有很多，如萝卜、白菜、莴笋、竹笋、黄瓜、茄子、甜椒及鲜姜等，且腌渍不受时间、季节限制。

任务三　苹果的糖渍保藏技术

【任务分析】

食糖本身对微生物并无毒害作用，它主要是通过降低介质的 A_W，减少微生物生长活动所能利用的自由水分，并借渗透压使细胞质壁分离，得以抑制微生物的生长活动。苹果糖渍保藏时，有直接加糖于其中的，也有先配成各种浓度的糖浆后再加入的。苹果加糖后仍可保持其品质，并可改进其风味。苹果糖渍保藏的主要形式可分为苹果果酱和苹果果脯，苹果果酱属于高糖高酸类食品，含糖量为40%～65%，含酸量约在1%以上；苹果果脯为高糖食品，大多数含糖量为50%～70%。二者都是利用高糖度糖液产生的高渗透压作用、抗氧化作用及果胶凝胶等保藏原理达到抑制微生物生长并长期保藏产品的目的。

【任务准备】

1. 技术方案

（1）工艺流程。

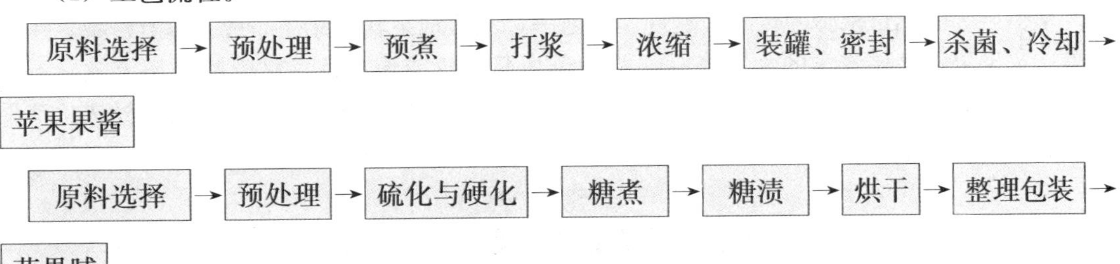

（2）关键技术参数。

苹果果酱可溶性固形物在65%以上，pH为2.5～3.0；苹果果脯含糖量为65%～70%。

2. 原材料及设备准备　苹果、食盐、抗坏血酸、白砂糖、柠檬酸、氯化钙、山梨酸钾、亚硫酸氢钠等；不锈钢刀具、台秤、夹层锅或不锈钢锅、温度计、手持糖量计、破碎机等。

【任务实施】

1. 苹果果酱

（1）原料选择。选择成熟度适宜、含果胶及果酸成分多、芳香味浓的苹果。

（2）预处理。用清水将果面洗净后去皮、去核，将苹果切成小块，并及时利用1%～

2%的食盐水或0.2%的抗坏血酸溶液进行护色。

（3）预煮。将小果块倒入不锈钢锅内，加果重10%～20%的水，煮沸15～20min，要求果肉煮透，使之软化兼防变色。

（4）打浆。用破碎机来破碎打浆。

（5）配料。按果肉100kg加糖70～80kg（其中砂糖的20%宜用淀粉糖浆代替，砂糖加入前需预先配成75%浓度的糖液）和适量的柠檬酸。

（6）浓缩。先将果浆放入锅内，分2～3次加入糖液，在可溶性固形物达到60%时加入柠檬酸调节果酱的pH为2.5～3.0，105～106℃加热浓缩，可溶性固形物达到65%以上。

（7）装罐、封口。出锅后立即趁热装罐，封罐时酱体温度不低于85℃。

（8）杀菌、冷却。封罐后立即投入沸水中煮沸5～15min，杀菌后分段冷却到38～40℃。

2. 苹果果脯

（1）原料选择。选用果形圆整、果核小、肉质疏松和成熟度适宜的原料，如红玉、国光、槟子及沙果等。

（2）硫化与硬化。将果块放入0.1%的氯化钙和0.2%～0.3%的亚硫酸氢钠混合液中浸泡4～8h，固液比为（1.2～1.3）：1。

（3）糖煮。40%的糖液25kg，加热煮沸，倒入果块30kg，旺火煮沸后添加上一批产品浸渍后剩余糖液5kg，第三次、第四次均加入糖液5.5kg，第五次加入6kg，第六次加入7kg，各煮20min。果块透明即可出锅。

（4）糖渍。趁热起锅，将果块连同糖液倒入缸中糖渍24～28h。

（5）烘干。于60～66℃下烘烤24h。

（6）整理包装。烘干后用手捏成扁圆形，剔除黑点、斑疤等再包装。

（7）成品规格。含水量为18%～20%，含糖量为65%～70%。

【任务小结】

以苹果为原料，利用食糖的高渗透压和降低水分活度作用，使苹果得以很好地保藏。其中，苹果果脯为北京果脯的传统代表性产品之一，其质地柔软、光亮晶透、耐贮易藏、味佳形美；苹果果酱是果酱类的大宗产品，其颜色为酱红色或琥珀色，黏胶状，不流散，不流汁，无糖结晶，无果皮、种子及果梗，具有果酱应有的良好风味，无焦煳和其他异味。苹果果脯和苹果果酱不仅国内闻名，而且在世界市场上也享有盛誉。

任务四　传统腊肉的烟熏保藏技术

【任务分析】

腊肉是将肉经较少的食盐、硝酸盐、亚硝酸盐、糖及调味香料等腌渍后，再经烟熏（烘烤）工艺加工而成的生肉类保藏制品，食用前需熟化。腊肉成品呈金黄色或红棕色，产品整齐美观，不带碎骨，具有腊香，味美可口。现以广东腊肉为例，介绍腊肉的烟熏保藏技术。

【任务准备】

1. 技术方案

（1）工艺流程。

（2）关键技术参数。

①腊肉坯 100kg，白砂糖 4kg，酱油 4kg，食盐 2kg，大曲酒（酒精体积分数 60%）2kg，硝酸钠 50g。

②腊肉坯 100kg，白糖 400g，食盐 2.5kg，红酱油 3kg，白酒（酒精体积分数 50%）2kg，小茴香 200g，桂皮 900g，花椒 200g，硝酸钠 50g。

2. 原材料及设备准备　新鲜猪肉、食盐、曲酒、白酒、硝酸钠、白砂糖、酱油、桂皮、小茴香、花椒、五香粉、红糖汁、烟熏设备、刀具等。

【任务实施】

1. 原料肉的选择与预处理　选取皮薄肉嫩、膘层不低于 1.5cm、切除奶脯的肋条肉为原料。切成宽 1.5～2.0cm，长 33～40cm 的肉坯。

2. 配料　广东腊肉腌渍用辅料的种类和配方比例不完全一致，按照技术方案配方进行配料。

3. 腌渍　将肉坯放入 50～60℃的温水中，泡软脂肪，洗去污垢、杂质，捞出沥干。将各种配料按比例混合于缸中，混匀，将肉坯放于腌料中，每 2h 上下翻动一次，腌渍 8～10h，便可出缸系绳。

4. 烟熏（烘烤）　肉坯完成腌渍出缸后，挂干送入熏（烘）房。竿距保持 2～3cm，室温保持 40～50℃，先高后低。正确掌握熏（烘）房温度是决定产品质量的关键，温度过高则滴油多，成品率低；温度过低则易发酸，色泽发暗，影响质量。广式腊肉约需烘烤 72h，若为 3 层熏（烘）房，每层约烧烤 24h 便可完成烘烤过程。

熏烤常用木炭、锯末屑、糠壳和板栗壳等作为烟熏燃料，在不完全燃烧的条件下进行烟熏，使肉制品具有独特的香味。

5. 贮存　吊挂于阴凉通风处，可保存 3 个月。缸底放 3.0cm 厚生石灰，上覆一层塑料薄膜和两层纸，装入腊肉后密封缸口，可保存 5 个月。将腊肉条装于塑料袋，扎紧袋口埋藏于草木灰中，可保存半年。

6. 广东腊肉的质量标准　广东腊肉的质量标准包括理化指标（表 7－8）和感官指标（表 7－9）。

表 7－8　广东腊肉理化指标

项目	指标	项目	指标
水分/%	≤25	酸价（脂肪以 KOH 计）/(mg/g)	≤4
食盐（以 NaCl 计）/%	≤10	亚硝酸盐（以 $NaNO_2$ 计）/(mg/g)	≤20

表 7－9　广东腊肉感官指标

项目	一级产品	二级产品
色泽	肉色鲜红或暗红，色泽光洁；脂肪透明，呈乳白色	肉色呈暗红色或咖啡色，色泽光洁度差；脂肪呈乳白色，表面有霉点但抹后无痕迹；风味稍逊

（续）

项目	一级产品	二级产品
组织形态	肉身干燥结实	肉身稍松软
气味	具有广式腊肉的特有风味	有轻度的脂肪酸败味

【任务小结】

以广东腊肉为南方代表性的熏腊肉食品，其保藏方法主要通过用燃烧产生的熏烟处理，使有机成分附着在肉品表面并渗透，从而抑制微生物的生长繁殖，达到延长保藏期的目的。同时，肉品经烟熏还会有一种诱人的烟熏味，起到改善原有风味的作用。其特点在于采用盐腌和烟熏相结合的保藏方法，这也是鱼、肉类食品保藏的重要手段之一。但是随着其他保藏技术的不断发展，烟熏防腐技术的保藏作用已显得不是很重要，烟熏防腐转而成为制备具有特殊烟熏风味制品的一种加工方法。

知识拓展

半干半湿食品保藏技术

思考与讨论

1. 腌渍过程中食盐和糖的作用有哪些？
2. 影响食品腌渍的因素有哪些？
3. 选择自己熟悉的一种果蔬为原料，设计蔬菜腌渍品的加工工艺。
4. 食品工业中发酵的概念是什么？发酵类型有哪些？
5. 食品发酵过程如何控制？
6. 简述烟熏的作用、影响因素及对食品品质的影响。
7. 简述食品烟熏的方法。
8. 试设计一项肉制品腌渍和烟熏保藏的技术方案。

综合训练

能力领域	食品腌渍与烟熏保藏技术
训练任务	香肠（腊肠）的腌渍
训练目标	1. 深入理解食品腌渍与烟熏保藏的方法及特点 2. 进一步掌握香肠（腊肠）的腌渍保藏技术 3. 提高学生语言表达能力、收集信息能力、策划能力和执行能力，并发扬团结协助和敬业精神

（续）

<table>
<tr><th>能力领域</th><th colspan="4">食品腌渍与烟熏保藏技术</th></tr>
<tr><td>任务描述</td><td colspan="4">广东某肉食品有限公司拟开发广式香肠产品，请以小组为单位完成以下任务：
1. 认真学习和查阅有关资料以及相关的社会调查
2. 制订广式香肠（腊肠）的腌渍技术方案，并提出保藏过程中应注意的问题
3. 每组派一名代表展示编制的技术方案
4. 在老师的指导下，小组内成员之间进行讨论，优化方案
5. 提交技术方案及所需相关材料清单
6. 现场实践操作及保藏效果评价</td></tr>
<tr><td>训练成果</td><td colspan="4">1. 广式香肠（腊肠）的腌渍技术方案
2. 广式香肠产品</td></tr>
<tr><td rowspan="2">成果评价</td><td colspan="4">评语：</td></tr>
<tr><td>成绩</td><td></td><td>教师签名</td><td></td></tr>
</table>

8

项目八

食品化学保藏技术

项目目标

【学习目标】

了解食品化学保藏的概念；理解各种化学保藏剂的性质、安全性、应用原理、对象、条件及局限性；掌握食品防腐剂、杀菌剂、抗氧化剂和脱氧剂使用的一般原则以及注意事项。

【核心知识】

化学保藏、防腐剂、杀菌剂、抗氧化剂、脱氧剂。

【职业能力】

1. 会配制各种食品化学保藏剂。
2. 能根据典型食品的不同特性设计其化学保藏方案。

食品化学保藏就是在食品生产和贮藏过程中使用化学试剂（食品添加剂），以提高食品的耐藏性，尽可能保持其原有品质的措施，其主要作用是防止食品腐败变质，保持或提高食品品质，延长保质期。食品化学保藏与其他食品保藏技术（如低温保藏、罐藏、干藏等）相比，具有操作简单而又经济的特点。

由于大多数食品化学保藏要求严格控制化学保藏剂的使用量，因此其仅能在短时间内抑制微生物的生长繁殖，延缓食品的化学变化，对食品原有品质状态的保持也是有限的，故属于一种暂时性的或辅助性的食品保藏方法。

通过正确添加一定量的化学保藏剂，很多食品的货架寿命得到显著提高。例如抗氧化剂的使用可使一些含油脂食品的货架期提高200%以上。通过复合使用一些防腐剂或其他功能的添加剂，能同时控制食品化学和生物学方面引起的腐败变质，从而进一步提高食品的货架寿命。但是对于一个特定的食品体系，正确选择合适的化学保藏剂并不容易。首先必须分析和确定食品变质的原因，然后通过模拟控制体系的研究，最后在实际应用中来评判其保藏效果。必须强调的是，食品化学保藏技术的应用并不能改善原本低质食品的品质，而且一旦食品已经开始发生腐败变质，即使添加一定的防腐剂或抗氧化剂等也不可能将已经变质的食品变成优质的食品。

当然，食品化学保藏的安全性是目前社会最为关注的问题之一。为此，在食品化学保藏的应用过程中，必须严格遵守《中华人民共和国食品安全法》《食品安全国家标准　食品添加剂使用标准》等国家法律法规，控制食品化学保藏剂的使用范围及其添加量，以保证保藏食品的质量与安全。

知识平台

食品的变质腐败不一定都与微生物有关，氧化和自溶酶的作用都常会引起食品的变质腐败。按照保藏剂的保藏机理，食品化学保藏剂包括防腐剂、杀菌剂、抗氧化剂和脱氧剂等。这些化学保藏剂可用于防止、阻碍或延迟食品的化学性变质或者生物性变质，例如通过防腐剂抑制微生物的生长繁殖，防止微生物导致的腐败变质；通过抗氧化剂的作用防止脂类、维生素类、色素和风味物质等氧化变质；通过抗褐变的脱氧剂防止酶或非酶褐变等。通过合理选择这些防腐剂、抗氧化剂和其他化学保藏剂，许多食品的货架寿命得到了有效延长。

知识一　食品化学防腐保藏

食品化学防腐保藏就是使用化学试剂抑制微生物生长繁殖的保藏，其所使用的化学试剂称为化学防腐剂。从广义上讲，凡是能够抑制微生物的生长活动、延缓食品腐败变质的化学制品都是化学防腐剂。

食品化学防腐剂是一类以保持食品原有性质和营养价值为目的的食品添加剂，必须符合食品添加剂的基本要求：

（1）本身应该经过充分且合理的毒理学鉴定程序，证明其在使用限量范围内对人体无害。

（2）对食品的营养成分不应有破坏作用，也不应影响食品的质量及风味。

（3）添加在食品中后能被分析鉴定出来。

此外，食品化学防腐剂应该具有显著的抑菌作用，并且这种作用应只对有害微生物起作用，而对人体肠道内有益微生物菌群的活动没有影响，也不妨碍胃肠道内酶类的作用。

目前，用于食品保藏的防腐剂主要包括化学合成防腐剂和天然防腐剂两大类，天然防腐剂作为食品生物保藏添加剂已在相关章节内陈述，它也是目前食品防腐剂重点发展的方向。

化学合成防腐剂是实际用量最多、使用范围最广的一类防腐剂。目前生产中常用的化学防腐剂主要为属于酸型防腐剂的山梨酸及其钠盐、苯甲酸及其钾盐和丙酸类等，这些防腐剂的抑菌效果主要取决于它们未解离的酸分子，pH 对其效果影响较大。一般酸性越大，其效果越好，而在碱性环境下几乎无效。

由表 8-1 可见，各种型化学防腐剂的适用 pH 条件为：苯甲酸适用的 pH<4；山梨酸和丙酸适用的 pH<5。

表 8-1　不同 pH 各化学防腐剂未解离的百分比

pH	山梨酸/%	苯甲酸/%	丙酸/%
3	98	94	99
4	86	60	88

（续）

pH	山梨酸/%	苯甲酸/%	丙酸/%
5	37	13	42
6	6	1.5	6.7
7	0.6	0.15	0.7

1. 苯甲酸及其钠盐 苯甲酸又称为安息香酸。苯甲酸在常温下难溶于水，在空气（特别是热空气）中微挥发，有吸湿性，但易溶于热水，也溶于乙醇、氯仿和非挥发性油。

苯甲酸钠在空气中稳定且易溶于水，故在大多数工厂都使用苯甲酸钠。苯甲酸和苯甲酸钠的性状和防腐性能都差不多。

苯甲酸钠的分子式为 $C_7H_5O_2Na$，相对分子质量为 144.11，结构式为：

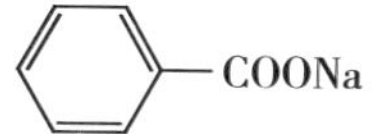

苯甲酸钠为白色颗粒或晶体粉末，无臭或微带安息香气味，味微甜，有收敛性；在空气中稳定；易溶于水，每 100mL 水中能溶解苯甲酸钠 53.0g（常温），其水溶液的 pH 为 8。苯甲酸钠的防腐最佳 pH 为 2.5～4.0，在碱性介质中无杀菌、抑菌作用。

苯甲酸和苯甲酸钠的抑菌机理：使微生物细胞的呼吸系统发生障碍，阻止乙酰辅酶 A 缩合反应，从而起到食品防腐的目的。

苯甲酸类防腐剂在我国可以用于面酱类、果酱类、酱菜类、罐头类和一些酒类等食品中，但国家明确规定苯甲酸类防腐剂不能用于果冻类食品中；苯甲酸类防腐剂毒性较大，国家限制了苯甲酸及其钠盐的使用范围，许多国家已用山梨酸钾取代。

2. 山梨酸及其钾盐 山梨酸不溶于水，使用时须先将其溶于乙醇或硫酸氢钾、碳酸氢钠溶液中，使用不方便，且有刺激性，一般不常用；山梨酸钙因联合国粮食及农业组织/世界卫生组织（FAO/WHO）规定，其使用范围小，也不常使用。山梨酸钾则没有上述缺点，它易溶于水，使用范围广，常用于饮料、果脯、罐头等食品中。

山梨酸钾属于不饱和六碳酸，分子式 $C_6H_7KO_2$，相对分子质量 150.22，结构式为：

$$CH_3—CH=CH—CH=CH—COOK$$

山梨酸钾为白色至浅黄色鳞片状结晶、晶体颗粒或晶体粉末，无臭味或微有臭味，易吸潮，易氧化而变褐色，对光、热稳定，熔点 270℃，其 1%溶液的 pH 为 7～8。

山梨酸钾的抑菌机理是通过抑制微生物体内的脱氢酶系统，并使分子中的共轭双键氧化，产生分解和重排。

山梨酸钾对霉菌、酵母菌及其他好气性微生物有明显的抑制作用，但对于能形成芽孢的厌气性微生物和嗜酸乳杆菌的抑制作用甚微；其抑菌效果随 pH 的升高而减弱，pH 达到 3 时的抑菌效果最好，pH 达到 6 时仍有抑菌能力。

在有少量霉菌存在的介质中，山梨酸和山梨酸钾表现出抑菌作用，甚至还会表现出杀菌效力。但在霉菌污染严重时，它们会被霉菌作为营养物摄取，不仅没有抑菌作用，相反会促进食品的腐败变质。

3. 丙酸类　常用的丙酸类防腐剂包括丙酸、丙酸钠和丙酸钙 3 种，它们的结构式分别为：

$$CH_3—CH_2—COOH、CH_3—CH_2—COONa、CH_3—CH_2—COOCa。$$

丙酸为无色液体，有与乙醇类似的刺激味，能与水、醇、醚等有机溶剂相混溶；丙酸钠为白色颗粒或粉末，无臭或微带特殊臭味，易溶于水，溶于乙醇；丙酸钙溶于水，不溶于乙醇，其他性质与丙酸钠相似。

丙酸及丙酸盐对霉菌、需氧芽孢杆菌或革兰氏阴性杆菌有较强的抑制作用，对引起食品发黏的菌类如枯草杆菌的抑菌效果好，对防止黄曲霉毒素的产生有特效，但是对酵母无效。

由于丙酸及其盐类对引起面包产生黏丝状物质的好气性芽孢杆菌有抑制效果，但对酵母几乎无效，因此，国内外将其广泛应用于面包及糕点类的防腐中。

日本规定丙酸钙在面包或糕点中的用量为 3.15g/kg（按丙酸计为 2.5g/kg），但不得用于面包和糕点外的食品；美国规定丙酸钙、丙酸钠在乳酪食品中的添加量为 0.3%以下，在白面包、麦饼及面粉中的添加量为 0.32%以下，在全麦粉中的添加量为 0.38%以下；加拿大未限制丙酸及其盐类的应用范围，但规定其添加量在 0.2%以下。

面包中一般使用丙酸钙，使用丙酸钠则会使面团 pH 升高，延迟生面的发酵。但糕点中一般使用丙酸钠，这是因为糕点生产过程中用了膨松剂，如果用丙酸钙，膨松剂会与其反应，生成碳酸钙，这样就会减少二氧化碳的生成量。我国食品添加剂使用卫生标准规定，丙酸钙可用于面包、醋、酱油、糕点中，最大使用量为 2.5g/kg；丙酸钠可用于糕点中，最大使用量为 2.5g/kg。

4. 对羟基苯甲酸酯类　对羟基苯甲酸酯类属于酯型防腐剂，又称尼泊金酯类，包括对羟基苯甲酸甲酯、对羟基苯甲酸乙酯、对羟基苯甲酸丙酯、对羟基苯甲酸异丙酯、对羟基苯甲酸丁酯、对羟基苯甲酸异丁酯等，它们的结构式如下：

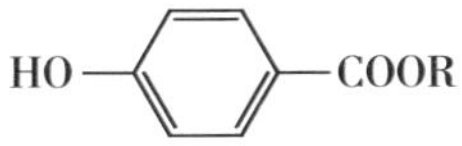

HO—⟨苯环⟩—COOR

式中，R 分别为：

$—CH_2CH_3$	乙基
$—CH_2CH_2CH_3$	丙基
$—CH(CH_3)CH_3$	异丙基
$—CH_2CH_2CH_2CH_3$	丁基
$—CH_2CH(CH_3)CH_3$	异丁基

对羟基苯甲酸酯类多呈白色晶体，稍有涩味，几乎无臭，无吸湿性，对光和热稳定，微溶于水，易溶于乙醇和丙二醇。在 pH 4～8 范围内均有较好的防腐效果，不像酸型防腐剂，抑菌效果随 pH 变化而变化，故可用来替代酸型防腐剂。

对羟基苯甲酸酯类能抑制微生物细胞的呼吸酶系与电子传递酶系的活性，破坏微生物的细胞膜结构。对霉菌、酵母有较强的抑制作用，但对细菌尤其是革兰氏阴性杆菌和乳酸菌作用较弱。

从表 8－2 可看出，几种对羟基苯甲酸酯型防腐剂的抗菌效果以对羟基苯甲酸丁酯最好。但我国只允许使用对羟基苯甲酸乙酯和对羟基苯甲酸丙酯，主要在医药品中使用，食品中使用很少。

表 8-2 对羟基苯甲酸酯类防腐剂的抑菌能力

序号	微生物	对羟基苯甲酸乙酯/%	对羟基苯甲酸丙酯/%	对羟基苯甲酸丁酯/%
1	黑曲霉	0.05	0.025	0.013
2	黑根霉	0.05	0.013	0.006
3	啤酒酵母	0.05	0.013	0.006
4	耐渗透压酵母	0.05	0.013	0.006
5	乳酸链球菌	0.1	0.025	0.013
6	凝结芽孢杆菌	0.1	0.025	0.013
7	金黄色葡萄球菌	0.05	0.025	0.013
8	普通变形杆菌	0.1	0.05	0.05
9	大肠杆菌	0.05	0.05	0.05
10	生芽孢梭状芽孢杆菌	0.1	0.1	0.025

注：表中数值为 pH=5.5 时完全抑制某些微生物生长的最小质量分数。

对羟基苯甲酸酯型防腐剂在人体内的代谢途径与苯甲酸基本相同，且毒性比苯甲酸低，毒性的大小与酯基链的长短有关。其最大的缺点是有特殊味道，水溶性差，酯基碳链长度与水溶性呈反相关。在使用时，通常是将它们先溶于氢氧化钠、乙醇或乙酸中，再分散到食品中。

5. 脱氢醋酸及其钠盐 脱氢醋酸，又称脱氢乙酸，简称 DHA，相对分子式为 $C_8H_8O_4$，相对分子质量为 168.15，是一种无色结晶或浅黄色粉末，难溶于水，溶于苯、乙醚、丙酮及热乙醇中。

脱氢醋酸钠是联合国粮农组织和世界卫生组织认可的一种安全型食品防霉、防腐剂，是继苯甲酸钠、尼泊金酯和山梨酸钾之后又一代新的食品防腐剂，对霉菌、酵母菌、细菌具有很好的抑制作用，广泛应用于饮料、食品、饲料的加工业，可延长存放期，避免霉变损失。其作用机理是有效渗透到细胞体内，抑制微生物的呼吸作用，从而达到防腐、防霉、保鲜、保湿等作用。

脱氢醋酸钠具有广谱的抗菌能力，对霉菌和酵母的抗菌能力尤强，脱氢醋酸钠对引起食品腐败的酵母菌、霉菌作用极强，抑制有效浓度为 0.05%～0.1%，一般用量为 0.03%～0.05%。主要用于腐乳、酱菜、果酱（最大用量 0.3g/kg）；汤料、糕点和干酪、奶油、人造奶油等（最大用量 0.5g/kg）；在盐渍蔬菜中最大用量为 0.3g/kg。

6. 双乙酸钠 双乙酸钠又称双乙酸氢钠、双醋酸钠，国外商品名为 YI-TA-CROP（维他可乐波），是一种性质稳定、价格低廉的新型食品防霉剂、酸味剂和改良剂，被美国食品和药品管理局定为安全物质，具有高效防霉、防腐、保鲜、提高适口性等功效。

双乙酸钠被称为固体醋酸。1877 年，美国的维希克斯（Vicicrs）和洛斯库尔（Loscour）分别独自合成出双乙酸钠。1979 年，美国食品药品监督管理局（FDA）曾对双乙酸钠做过严格的彻底检查，其结论是双乙酸钠是完全安全的，不是毒性物质，也不是致癌物质。1987 年，FAO 和 WHO 批准双乙酸钠在食品中作为防腐剂使用，并制定了双乙酸钠的质量标准。1988 年，德国禁用丙酸及其盐作面包及其他食品的防腐剂，推荐用双乙酸钠作防腐抑菌剂。1993 年，美国联邦政府法规发布了双乙酸钠在食品、医药及化妆品中的容许限量被撤除，表明双乙酸钠对人体健康不产生危害，可不必制订具体的 ADI 限制。1989 年，我国政府正式批准双乙酸钠作为食品防腐剂使用。

双乙酸钠是乙酸钠和乙酸的复合化合物，由短氢键缔合而成。双乙酸钠为白色吸湿性结晶状粉末，分子式为 $CH_3COONa \cdot CH_3COOH \cdot xH_2O$，熔点为 96～97℃，加热至 150℃以上分解，易吸湿，易溶于水和乙醇，具有乙酸的挥发性气味，水溶液 pH 为 4.5～5.0（10%水溶液）。

双乙酸钠对霉菌和细菌都具有很强的抑制作用，特别是对黑曲霉、黑根霉、黄曲霉等的抑制效果优于山梨酸钾，其防霉、防腐效果也优于苯甲酸盐类。同时，双乙酸钠与山梨酸钾、丙酸钙复配使用有一定的协同增效作用。目前，双乙酸钠被广泛用于谷物制品、调味品、豆制品、酱菜等加工食品的保藏中。我国对双乙酸钠的使用可参考《食品安全国家标准　食品添加剂使用标准》（GB 2760—2014）有关规定。

知识二　食品化学杀菌保藏

食品化学杀菌保藏就是采用化学杀菌剂对食品进行处理，达到杀死病菌、延长食品保存期的目的。从广义上讲，杀菌剂包括于上述防腐剂之中，但是杀菌剂不同于一般的防腐剂（抑菌剂），它具有抗微生物作用的物质，只有在其以足够的浓度与微生物细胞直接接触的情况下，杀菌剂才能产生作用。杀菌剂对微生物的作用主要表现为影响菌体的生长、孢子的萌发、各种子实体的形成、细胞膜的通透性、有丝分裂、呼吸作用、细胞膨胀、细胞原生质体的解体和细胞壁的损伤等，实质上与微生物细胞相关的生理、生化反应和代谢活动均受到了干扰和破坏，导致微生物的生长繁殖被抑制，最终死亡。

一、氧化型杀菌剂

氧化型杀菌剂包括过氧化物和氯制剂。在食品加工和保藏中常用的氧化型杀菌剂有过氧化氢、过氧乙酸、氯、次氯酸钠等。

1. 过氧化氢　过氧化氢（H_2O_2）又称为双氧水，是活泼氧化剂，易分解成水和新生态氧，新生态氧具有杀菌作用。3%浓度的过氧化氢只需几分钟就能杀死一般细菌；0.1%浓度的过氧化氢在 60min 内可以杀死大肠杆菌、伤寒杆菌、金黄色葡萄球菌；1%浓度的过氧化氢在数小时内可以杀死细菌芽孢。

过氧化氢属于低毒杀菌剂，主要用于部分食品和器皿的消毒。目前只许用于袋装豆腐干，最大用量 0.86g/L，残留量不得检出。

2. 过氧乙酸　过氧乙酸（CH_3COOOH）为无色液体，有强烈的刺鼻气味，易溶于水，性质极不稳定，低浓度溶液更易分解释放出氧，但在 2～6℃分解速度减慢。

过氧乙酸属于广谱、高效、速效的强力杀菌剂，其对细菌及其芽孢、真菌和病毒均有较高的杀灭效果，特别是在低温下仍能灭菌。0.2%浓度的过氧乙酸可杀死霉菌、酵母和细菌；0.3%浓度的过氧乙酸可在 3min 内杀死蜡状芽孢杆菌。

在安全性方面，过氧乙酸几乎无毒性，其分解产物为乙酸、过氧化氢、水和氧，使用后无残毒遗留。一般用于车间、工具和容器的消毒剂。喷雾消毒车间时，其使用浓度为

0.2g/m^3，消毒工具和容器时的使用浓度为0.2%。

3. 氯　氯溶于水后生成次氯酸，次氯酸具有强烈的氧化性，它作为一种强氧化剂进入细胞内部后，因氯原子的氧化作用而破坏细胞的某些酶系统，导致细菌等死亡。当水中有效氯含量保持在0.2～0.5mg/L时，可杀死肠道病原菌。病毒对氯的抵抗力比细菌强，要杀死病毒则要加大氯量，而有机质的存在会影响其杀菌效果。其适用范围：水中余氯量≥25mg/L；食品消毒用量<100mg/L。

4. 次氯酸钠　次氯酸钠又称次氯酸苏打。其溶液为浅黄色透明液体，具有与氯相似的刺激性臭味。次氯酸钠具有广谱杀菌特性，对细菌繁殖体、芽孢、病毒和原虫类均有杀灭作用。但有机物的存在可消耗有效氯，降低杀菌效果。次氯酸钠的杀菌效果还受温度和pH的影响，在5～50℃范围内，温度每升高10℃，杀菌效果提高一倍以上，而pH越低，其杀菌能力越强。目前，次氯酸钠作为水处理杀菌剂，主要用于生活用水、饮料、冷却水等的杀菌处理。若作为消毒剂，它还用于果蔬、餐具及设备的消毒。

二、还原型杀菌剂

1. 亚硫酸及其盐类　亚硫酸是强还原剂，除具有杀菌防腐作用外，还具有漂白和抗氧化作用。亚硫酸的杀菌作用机理在于消耗食品中的氧气，使好氧性微生物因缺氧而致死，并能抑制某些微生物生理活动中酶的活性。通常亚硫酸对细菌的杀菌作用强于酵母菌。亚硫酸盐易溶于水，溶于水后产生亚硫酸而起杀菌防腐作用。由于亚硫酸盐使用方便，在实际生产中应用较多，如亚硫酸氢钠、无水亚硫酸钠、焦亚硫酸钠等。此外，燃烧硫黄也可以生成亚硫酸，同样起到杀菌防腐作用。

亚硫酸属于酸性杀菌剂，以其未解离的分子起杀菌作用。其杀菌效果除与浓度、温度和微生物种类有关外，pH的影响尤为显著。介质的pH<3.5时，亚硫酸保持分子状态而不发生电离，杀菌效果最佳。亚硫酸的杀菌作用随pH增大而减弱，如当pH为7时，SO_2浓度为0.5%也不能抑制微生物的繁殖。

亚硫酸及其盐类主要用于葡萄酒和果酒的生产中，抑制细菌生长、防止酒的酸化，最大使用量以SO_2计为0.25g/kg，产品中SO_2的残留量不得超过0.05g/kg，SO_2的ADI值为0～0.7mg/kg。

2. 醇类　醇类包括乙醇、乙二醇、丙二醇等。乙醇的杀菌作用浓度在50%～75%时最强，50%以下的乙醇杀菌作用下降，但仍有抑菌作用。乙醇能使蛋白质凝固变性。微生物营养体对乙醇的杀菌作用比较敏感，对细菌芽孢不是很有效。乙醇浓度在20%以上时，对微生物有较强的抑制作用，但乙醇浓度低时，不足以抑制可利用乙醇的微生物。在我国，用酒保藏食品是常用的食品保存方法。

3. CO_2　CO_2对微生物生长有一定影响，当有较低浓度的CO_2存在时，往往会刺激微生物生长；而高浓度CO_2则能阻止微生物的生长，而且不同的微生物对CO_2的敏感性不同。CO_2的浓度、培养温度、菌龄、食品的A_W等都会影响CO_2的杀菌作用。

当CO_2浓度为100%时，肠杆菌、芽孢杆菌、黄杆菌、微球菌在室温下4d全部被杀死；而变形杆菌、产气荚膜梭菌、乳杆菌在室温下4d只受到轻微影响。当CO_2浓度为5%～10%时，可抑制大部分酵母菌、霉菌和细菌，但不能完全杀死或完全防止其生长。

大多数的腐败细菌、霉菌和酵母菌能被5%的CO_2所抑制，特别是对于生长在冷藏家禽肉、牛肉、猪肉、熏肉和果蔬等食品上的嗜冷菌具有较强的抑制效果。

知识三　食品抗氧化保藏

食品的变质除了由于微生物的生长繁殖外，食品氧化也是一个重要的原因。食品内部及其周围经常有氧存在，即使采用充氮包装或真空包装措施也难免仍有微量的氧存在，食品在氧的氧化作用下会发生变质。例如油脂或富含油脂的食品在贮藏、流通过程中由于氧化而发生酸败，切开的苹果、马铃薯表面产生褐变等，这些变化不仅降低食品的营养价值，使食品的风味和颜色发生变化，甚至还会产生有害物质，若长期食用可能引起食物中毒，危及人体健康。因此，在食品保藏中常添加一些化学物质，以延缓或阻止食品的氧化，以提高食品稳定性，这就是食品抗氧化保藏。这类化学保藏剂主要包括食品抗氧化剂和食品脱氧剂。

一、食品抗氧化剂

由于食品氧化的过程复杂多变，所以抗氧化剂的保藏原理也存在着多种可能性：①抗氧化剂本身极易氧化，当有食品氧化的因素存在时（如光照、氧气、加热等），抗氧化剂就先与空气中的氧反应，延缓或避免了食品成分的氧化。维生素 E、抗坏血酸及其衍生物、异抗坏血酸及其钠盐以及β-胡萝卜素等即属于此类抗氧化剂。②抗氧化剂可以放出氢离子，破坏并中止油脂在氧化过程中所产生的过氧化物，使油脂不能继续被分解成醛或酮类等低分子物质。常用的此类抗氧化剂有丁基羟基茴香醚（BHA）、二丁基羟基甲苯（BHT）、叔丁基对苯二酚（TBHQ）、没食子酸及其衍生物、天然生育酚、茶多酚、愈创树脂等。③对能催化和引起氧化反应的物质实行封闭。④可以阻止或减弱氧化酶类的活动，此类抗氧化剂如亚硫酸盐类、二氧化硫及各种含硫化合物等。

常用的食品抗氧化剂按其特性分为脂溶性抗氧化剂和水溶性抗氧化剂两种。

1. 脂溶性抗氧化剂　脂溶性抗氧化剂易溶于油脂，主要用于防止食品油脂的酸败及油烧，特别是氧化型酸败。食品酸败是指油脂、含油食品、肉类食品等，由于受到空气、光线、热、重金属离子、水分等作用而氧化或水解，产生异味的现象。

食品中油脂酸败可以分为氧化型酸败（油脂自动氧化）、酮型酸败（β-型氧化酸败）和水解型酸败 3 种类型。食品油脂中的不饱和脂肪酸一旦暴露在空气中，容易发生自动氧化，氧化产物进一步分解成低级脂肪酸、醛和酮，产生异味。而酮型酸败和水解型酸败大多数是由于污染的微生物（如灰绿青霉、曲霉等）在繁殖时产生的酶作用下引起的腐败变质。

脂溶性抗氧化剂的主要作用是截获游离基，切断游离基反应，阻止过氧化物的产生。

目前，常用的脂溶性抗氧化剂有 BHA、BHT、PG（没食子酸丙酯）及生育酚混合浓缩物等，还有抗坏血酸及其衍生物、异抗坏血酸等。常用脂溶性抗氧化剂的结构如图 8－1 所示。脂溶性抗氧化剂主要用于脂肪或多脂类食品。

由于金属离子会促进氧化，因而添加金属离子的螯合剂会起到抗氧化增效作用，如柠檬酸、磷酸、抗坏血酸等。

（1）丁基羟基茴香醚。丁基羟基茴香醚，又名叔丁基-4-羟基茴香醚、丁基大茴香醚，

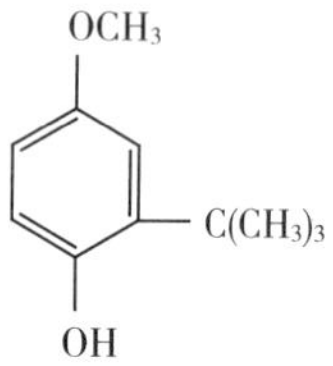

4-甲氧基-2-特丁基酚
（2-BHA）

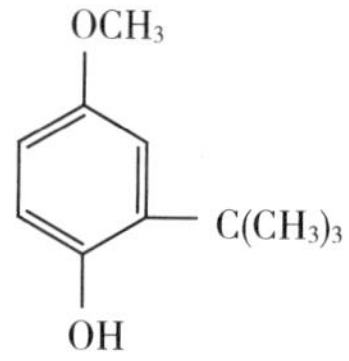

4-甲氧基-3-特丁基酚
（3-BHA）

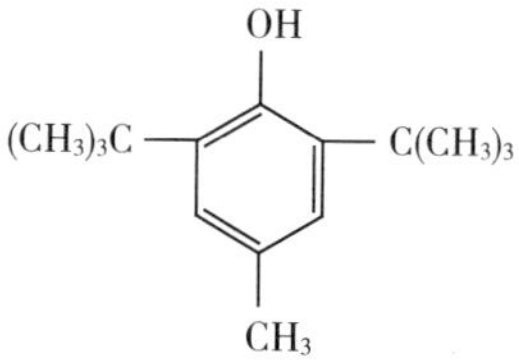

二丁基羟基甲苯
（BHA）

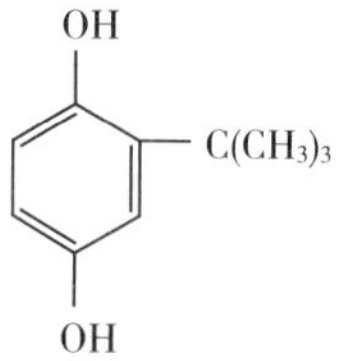

叔丁基对苯二酚
（TBHQ）

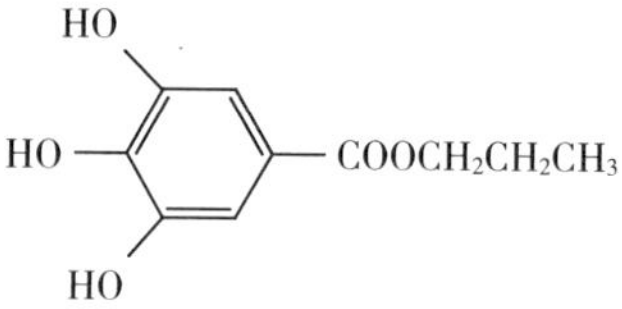

没食子酸丙酯
（PG）

图 8-1　常用脂溶性抗氧化剂的结构

简称 BHA，为两种成分（3-BHA 和 2-BHA）的混合物，是广泛使用的食品抗氧化剂之一，其抗氧化作用是由它放出氢原子阻断油脂自动氧化而实现的。

BHA 为白色或黄色蜡状粉末晶体，有酚类物质的气味，不溶于水，而溶于油脂及丙二醇、丙酮、乙醇等溶剂；热稳定性强，吸湿性弱，有较强的杀菌作用；与其他抗氧化剂配合使用，可增强抗氧化作用。BHA 对动物性脂肪的抗氧化作用较之对不饱和植物油更有效，尤其适用于使用动物脂肪的焙烤制品。BHA 因有与碱土金属离子作用而变色的特性，所以在使用时应避免使用铁、铜容器。将有螯合作用的柠檬酸或酒石酸等与本品混用，不仅起增效作用，而且可以防止由金属离子引起的呈色作用。BHA 具有一定的挥发性，并能被水蒸气蒸馏，故在高温制品中，尤其是在煮炸制品中易损失。BHA 比较安全，其 ADI 值为 0～0.5mg/kg；在油脂、油炸食品中最大使用量为 0.2g/kg。

（2）二丁基羟基甲苯。二丁基羟基甲苯又称为 2，6-二叔丁基对甲酚，简称 BHT。作为抗氧化剂，BHT 已被广泛使用，其许多性质与 BHA 类似。BHT 为无味的白色结晶；不溶于水和甘油，溶于苯、甲苯、乙醇、汽油及食物油中。因其抗氧化能力较强，耐热及稳定性好，无特异臭味，遇金属无呈色反应，对长期贮藏食品或油脂有良好的抗氧化效果，且价格低廉，所以在我国 BHT 为主要的脂溶性抗氧化剂。BHT 基本无毒性，其 ADI 值为 0～0.5 mg/kg，我国规定其可用于食用油脂、油炸食品、饼干中，最大使用量为 0.2g/kg。

（3）没食子酸丙酯。没食子酸丙酯，简称 PG。PG 为白色至浅黄褐色结晶性粉末或乳白色针状结晶，无臭，微有苦味，水溶液无味。易溶于乙醇、丙酮、乙醚等有机溶剂，而微溶于油脂和水。PG 对热比较稳定，抗氧化效果好，但易与铜、铁离子发生呈色反应，变为紫色或暗绿色，具有一定的吸湿性，对光不稳定，易分解。PG 对油脂的抗氧化能力很强，是使用最广泛的食品抗氧化剂之一，但一般不单独使用，与增效剂柠檬酸或与 BHA、BHT 复配使用的抗氧化能力更强。PG 在各种油脂中有比 BHA 和 BHT 更强的抗氧化作用能力，尤其是在奶油和禽脂等中，但是不如叔丁基对苯二酚。PG 摄入人体可随尿排出，比较安全，其 ADI 值为 0.0～1.4mg/kg，在食品中的最大使用量为 0.1g/kg。

(4) 叔丁基对苯二酚。叔丁基对苯二酚，又名叔丁基氢醌，简称 TBHQ。TBHQ 为白色至浅灰色结晶或结晶性粉末，有特殊气味。易溶于乙醇和乙醚，可溶于油脂，几乎不溶于水。对热稳定，遇铁、铜离子不形成有色物质，但在见光或碱性条件下可呈粉红色。

TBHQ 是一种酚类抗氧化剂。在许多情况下，对大多数油脂，尤其对植物油脂具有较其他抗氧化剂更有效的抗氧化稳定性。此外，TBHQ 对热稳定，遇铁、铜离子不形成有色物质，但在见光或碱性条件下可呈粉红色。

TBHQ 对油炸（煮）食品具有良好的、持久的抗氧化能力，但在焙烤食品中的持久力不强。TBHQ 对其他的抗氧化剂和螯合剂有增效作用，在其他酚类都不起作用的油脂中，它还是有效的。柠檬酸的加入可增强其抗氧化活性。

除了具有抗氧作用外，TBHQ 还有一定的抑菌作用。对霉菌的最低抑菌浓度范围为 0.005%～0.028%，对细菌、酵母的最低抑菌浓度范围为 0.005%～0.01%。NaCl 对其抗菌作用有增效作用。

(5) 生育酚混合浓缩物。生育酚即维生素 E。天然维生素 E 广泛存在于高等动植物组织中，它具有防止动植物组织内脂溶性成分氧化变质的功能。已知天然生育酚有 α、β、γ、δ、ε、ζ、η 7 种同分异构体。作为抗氧化剂使用的生育酚混合浓缩物是天然维生素 E 的 7 种异构体的混合物。

生育酚混合物为黄至褐色，是几乎无臭的透明黏稠液体，溶于乙醇，不溶于水，能与油脂完全混溶；热稳定性强，耐光、耐紫外线和耐辐射性也较强。

生育酚添加到食品中不仅具有抗氧化作用，而且还具有营养强化作用。许多国家对其使用量无限制。它适宜作为婴儿食品、疗效食品及乳制品的抗氧化剂和营养强化剂使用。国外还将生育酚用于油炸食品、全脂乳粉、奶油和人造奶油、粉末汤料等的抗氧化。一般情况下，生育酚的抗氧化效果不如 BHA、BHT，但对动物油脂的抗氧化效果比对植物油脂的效果好。这是由于动物油脂中天然存在的生育酚比植物油少。近年的一些研究结果表明，生育酚还有阻止咸肉制品中产生致癌物——亚硝胺的作用。

总体上看，脂溶性抗氧化剂对植物油的抗氧化能力的顺序为：TBHQ＞PG＞BHT＞BHA；对动物油脂的抗氧化能力顺序为：TBHQ＞PG＞BHA＞BHT；对于无水乳脂的抗氧化能力顺序为：PG＞TBHQ＞BHA＞生育酚；对于某些富脂加工食品，如油（棉籽油或大豆油）炸马铃薯片等的抗氧化能力顺序为：TBHQ＞PG＞BHT＞BHA。

2. 水溶性抗氧化剂 不少果蔬组织在切割、去皮和磨碎后极易出现褐变的现象。果蔬组织受损后的褐变主要是氧化酶类的酶促反应使酚类和单宁物质氧化变为褐色，氧化是褐变的原因之一。利用抗氧化剂，可以通过抑制酶的活性和消耗氧达到抑制褐变的目的。

防止食品褐变的抗氧化剂大多能够溶于水，常用的水溶性抗氧化剂有抗坏血酸类、异抗坏血酸及其盐、植酸、乙二胺四乙酸二钠、氨基酸类、茶多酚、香辛料和糖醇类等。

(1) 抗坏血酸及其钠盐。抗坏血酸及其钠盐呈白色或微黄色结晶、细粒或粉末，无臭，抗坏血酸略带酸味，其钠盐有咸味；干燥品性质稳定，但热稳定性差，抗坏血酸在空气中氧化变黄色。抗坏血酸及其钠盐易溶于水和乙醇，可作为啤酒、软饮料、果汁的抗氧化剂，阻止褐变和风味劣变现象。此外，还可作为 α-生育酚的增效剂，防止动物脂肪的氧化酸败。在肉品中起助色剂作用，可阻止亚硝酸胺的形成。抗坏血酸及其钠盐对人体无害，其 ADI

值为0～15mg/kg。

（2）植酸。植酸，亦称肌醇六磷酸。植酸为浅黄色或褐色黏稠状液体，广泛分布于高等植物体内。在国外，植酸已广泛用于水产品、酒类、果汁、油脂食品，作为抗氧化剂、稳定剂和保鲜剂。它可以延缓含油脂食品的酸败；可以防止水产品的变色、变黑；可以清除饮料中的铜、铁、钙、镁等离子；延长鱼、肉、速煮面、面包、蛋糕等的保藏期。

植酸在食品保藏中作为油脂的抗氧化剂，例如在植物油中添加0.01%植酸，即可以明显地防止植物油的酸败。其抗氧化效果因植物油的种类不同而异。

在大马哈鱼、鳟鱼、虾、金枪鱼等罐头中，常发现有玻璃状结晶的磷酸铵镁，添加0.1%～0.2%的植酸以后，可防止磷酸铵镁的生成，不再产生玻璃状结晶。贝类罐头加热杀菌可产生硫化氢等，与肉中的铁、铜以及金属罐表面溶出的铁、锡等结合产生硫化而变黑，添加0.1%～0.5%的植酸可以防止贝类罐头变黑。蟹血液中有一种含铜的血蓝蛋白，在加热杀菌时所产生的硫化氢与铜反应，容易发生蓝变现象，添加0.1%的植酸和1%的柠檬酸钠能防止蟹肉罐头出现蓝斑；添加0.01%～0.05%的植酸与0.3%亚硫酸钠能很有效地防止鲜虾变黑，并且可以避免二氧化硫的残留量过高。我国规定植酸可用于对虾保鲜。

（3）茶多酚。茶多酚是一类多酚化合物的总称，是从茶中提取的抗氧化剂，主要包括儿茶素、黄酮、花青素、酚酸4类化合物，其中儿茶素的含量最多，占茶多酚总量的60%～80%。

茶多酚为浅黄色或浅绿色的粉末，有茶叶味，易溶于水、乙醇、醋酸乙酯。在酸性和中性条件下稳定，最适宜pH 4.0～8.0。

茶多酚与柠檬酸、苹果酸、酒石酸、抗坏血酸、生育酚等均有良好的协同效应。

我国食品添加剂使用卫生标准规定，茶多酚用于油脂的最大用量为0.4g/kg；用于含油酱料的最大用量为0.1g/kg；用于糕点、油炸食品、方便面的最大用量为0.2g/kg；用于肉制品、鱼制品的最大用量为0.3g/kg。

3. 抗氧化增效剂的使用 抗氧化增效作用是指两种以上抗氧化剂结合使用时的效果大于单独一种使用。还有一些物质，其本身没有抗氧化作用，但若与抗氧化剂混合使用，却能增强抗氧化剂的抗氧化效果，如柠檬酸、卵磷脂等，这些物质统称为抗氧化增效剂。

各种金属离子的螯合剂是一类间接的抗氧化剂或抗氧化增效剂。

对各种酚类抗氧化剂来说，柠檬酸、磷酸、抗坏血酸及它们的酯类（如柠檬酸单甘油酯、抗坏血酸棕榈酸酯等）具有良好的抗氧化增效作用。所添加的酸一方面可为介质（油脂、含脂食品）创造一个酸性环境，以保证抗氧化剂和油脂的稳定性；另一方面，抗坏血酸本身易被氧化，从而使其具有消除氧的能力。

一般情况下，柠檬酸及其酯类往往与合成的抗氧化剂合用，而抗坏血酸及其酯类则与生育酚合用。当两种抗氧化剂合用时，会明显地提高其抗氧化效果，这是因为不同的抗氧化剂在不同的油脂氧化阶段，会分别中止某个油脂氧化的连锁反应。

二、食品脱氧剂

食品脱氧剂又称游离氧吸收剂（FOA）、游离氧去除剂（FOS）或脱酸素剂，它是一类能吸除游离氧的物质。当将脱氧剂随同食品一起密封在同一包装容器内时，能通过一定的化学反应或其他作用吸除容器内的游离氧及溶存于食品中的氧，并形成稳定的化合物，从而可以防止食品氧化、微生物生长和害虫对食品的危害，并有效地保持了食品的色、香、味，防止维生素等营养物质被氧化，延长食品保质期。

脱氧剂保藏的原理在于脱氧剂属于易氧化物质，在常温下与预包装容器内的溶解氧发生氧化反应，吸除容器内的氧气使食品处于无氧状态，由此抑制微生物的生长繁殖和防止虫害的发生，同时防止食品营养成分及风味香味等成分的氧化变质，防止食品褪色和果蔬过熟，从而达到保藏食品的目的。常见食品中脱氧剂的保藏作用见表 8－3。

表 8－3　常见食品中脱氧剂的保藏作用

类别	典型食品	保藏作用
糕点	蛋糕	防止脂肪氧化，保持风味，防止霉菌繁殖
水产加工品	精制水产品	防止霉菌繁殖
肉食加工品	火腿	防止脂肪氧化，防止色变，防止霉菌繁殖，保持风味
谷物	米、大豆	防止虫蛀现象，防止霉菌繁殖
茶叶	茶叶	防止褐变，防止霉菌繁殖

预包装食品应用脱氧剂保藏有以下特点：①脱氧剂能从根本上防止食品氧化；用化学物质吸氧，与物理方法除氧根本不同。用脱氧剂时几乎能除去包装内的所有游离氧，还能吸收从外界进入包装袋内的氧气，使容器内长期保持无氧状态。通常充填 N_2 或 CO_2 置换容器内的氧气，包装后的容器内残留 2%～5%的氧气，仍能使包装内的食品充分氧化，而霉菌在 0.4%的氧气状态下就有可能繁殖。物理除氧方法对外部进入包装容器内的氧气完全不起作用。②脱氧剂与抗氧化剂不同，它不直接加入食品中，而与食品同袋包装，对食品无直接污染不进入到人体内，故相对安全。特别对于组织结构柔软或松脆，外表有花纹的食品，还能防止食品的形态及外观遭受破坏；封入脱氧剂后，可不使用或减少食品中防霉剂和抗氧化剂的用量，间接提高食品安全性。③脱氧剂保藏食品无需经杀菌处理，能保持食品的原有风味、色泽，特别对低盐、低糖保藏的食品更有效。④脱氧剂比真空包装、惰性气体包装简单，使用方便，成本低。⑤脱氧剂使用能扩大商品流通量，各种食品可常年销售，容易调整生产和库存，减少食品变质损耗与流通损耗，延长食品保藏期，方便食品运输，增加商业利润，其在食品工业中的应用前景十分广阔。

常用的食品脱氧剂主要有铁系脱氧剂、亚硫酸盐系脱氧剂、碱性糖渍剂及偶合酶系统脱氧剂。

1. 铁系脱氧剂　铁系脱氧剂以还原态的铁（铁或亚铁盐）为主剂，与结晶碳酸钠、金属卤化物和填充剂混合组成。粉末粒径在 300μm 以下，比表面积为 $0.5m^2/g$，呈褐色。脱氧作用机理是特制铁粉先与水反应，再与氧结合，最终生成稳定的氧化铁，反应式如下：

$$Fe + 2H_2O \longrightarrow Fe(OH)_2 + H_2\uparrow$$

$$2Fe(OH)_2 + \frac{1}{2}O_2 + H_2O \longrightarrow 2Fe(OH)_3 \longrightarrow Fe_2O_3 \cdot 3H_2O$$

$$3Fe + 4H_2O \longrightarrow Fe_3O_4 + H_2\uparrow$$

铁系脱氧剂具有脱氧能力强、安全、制备简单等特点，是目前应用最广泛的脱氧剂。理论上，1g 铁可消耗 300mL 的氧气，即约 1 500mL 空气中的氧。但其脱氧速度较慢，且在使用时对其反应中产生的氢应该注意，可在铁粉的配制当中增添抑制氢的物质，或者将已产生的氢加以处理。同时，其脱氧效果与使用环境的湿度有关，如果用于所含水分高的食品，脱氧效果发挥得快；反之，在干燥食品中，则脱氧缓慢。

2. 亚硫酸盐系脱氧剂 常见的亚硫酸盐系脱氧剂由连二亚硫酸钠为主剂与氢氧化钙和植物性活性炭为辅料配合而成。连二亚硫酸钠遇水后并不会迅速反应，如果以活性炭作为催化剂，则可加速其脱氧化学反应，并产生热量和二氧化硫，形成的二氧化硫再与氢氧化钙反应，生成较为稳定的化合物。在水和活性炭与脱氧剂并存的条件下，脱氧速度快，一般在1～2h内可以除去密封容器中90%的氧，经过3h几乎达到无氧状态。其反应式如下：

$$Na_2S_2O_4+O_2\xrightarrow[\text{水}]{\text{活性炭}}Na_2SO_4+SO_2$$

$$Ca(OH)_2+SO_2\longrightarrow CaSO_3+H_2O$$

总反应式为：

$$Na_2S_2O_4+Ca(OH)_2+O_2\xrightarrow{\text{水、活性炭}}Na_2SO_4+CaSO_3+H_2O$$

连二亚硫酸钠在用于鲜活食品脱氧保藏时，能连同氧一起吸除二氧化碳，但需再配入碳酸氢钠作为辅料。

根据理论计算，1g连二亚硫酸钠能和0.184g氧发生反应，相当于正常状态下能和130mL氧气，即650mL空气中的氧发生反应。因化学反应的温度、水分、压力及催化物质等因素的不同，连二亚硫酸钠的脱氧反应所需要的时间也各不相同。温度、水分、相对湿度、脱氧剂剂量都能影响其脱氧效果。

3. 碱性糖渍脱氧剂 碱性糖渍脱氧剂是以糖为原料生成的碱性衍生物，其脱氧作用机理是利用还原糖的还原性，进而与氢氧化钠作用，形成儿茶酚等多种化合物，其详细机理尚未清楚，简略的反应式如下：

$$(CH_2O)_n+nNaOH+nH_2O+nO_2\longrightarrow\text{儿茶酚（邻苯二酚）}+\text{甲基儿茶酚}+\text{甲基对位苯醌}$$

这类脱氧剂的脱氧速度差异较大，有的在12h内可除去密封容器中的氧，有的则需要24h或48h。此外，该脱氧剂只能在常温下显示其活性，当处在－5℃时，其除氧能力减弱，再回到常温下也不能恢复其脱氧活性，当温度降至－15℃时，则完全丧失其脱氧能力。

4. 偶合酶系统脱氧剂 将氧化酶以固定化技术结合在包装系统上，利用其催化底物氧化的原理，亦可作为脱氧剂。例如葡萄糖氧化酶脱氧剂，在葡萄糖氧化酶的催化作用下，葡萄糖和包装中的氧气发生反应生成葡萄糖酸，达到脱氧的目的。适宜的温度条件为30～50℃，pH为4.8～6.2。偶合酶系统脱氧剂的制备较为不易，仅适用于液态食品等某些特定产品的包装。

5. 脱氧剂使用方法及注意事项

（1）脱氧剂的使用方法。脱氧剂一般有粉末状、颗粒状或片状，使用前通常是分装在小袋中（小袋由透气性好的材料包装，有利于里面的脱氧剂透过该材料吸收包装容器中的氧气）。小袋脱氧剂在使用前应密封在气密性好的包装容器中，使用时随启随用。如自水反应型脱氧剂开封后5h内务必使用，防止其失效，或脱氧效果达不到预定要求。

（2）脱氧剂封存包装的材料及容器。脱氧剂保藏的食品包装材料要求具有很高的气密性，对氧气具有高阻隔性，具体要求对氧气的透过率小于20mL/(m^2·24h·0.1MPa)(25℃条件下)，一般都采用如PET/PVDC/PE、PET/Al/PE等高阻隔性复合薄膜，还可使用金属罐和玻璃罐等容器。

包装材料或容器最好有一定的强度，因为脱氧后，容器内会产生一定的负压，常会引起收缩，外形不美观，如果结合适当的充气包装可克服该缺点。

（3）脱氧剂的选择及用量。根据食品的 A_W 选择适合的脱氧剂；根据食品对氧的敏感程度选择脱氧速度适宜的脱氧剂。通常速效型与缓效型脱氧剂配合使用，既可实现快速脱氧，又能长期维持无氧状态。脱氧剂的使用量要足够，一般应多加 15%～20%的安全量。

（4）脱氧剂使用的环境条件。脱氧剂的脱氧效果与环境温度密切相关，脱氧活性随温度升高而加大。温度对铁系脱氧剂吸氧速度的影响如图 8－2 所示。食品在封入脱氧剂后，贮藏的温度不宜过低，否则会降低脱氧效果，并可能导致脱氧剂失效。一般以 20～40℃为宜。

包装容器内的湿度对脱氧剂吸氧速度也有明显影响。湿度对铁系脱氧剂吸氧速度的影响如图 8－3 所示。例如铁系脱氧剂，其脱氧能力随相对湿度升高而大幅度增强，但内装食品含水量过高，相对湿度过大，不仅不能保持其物理特性和质量，也不利于食品保藏。一般包装食品的 A_W 以 0.80 为宜。

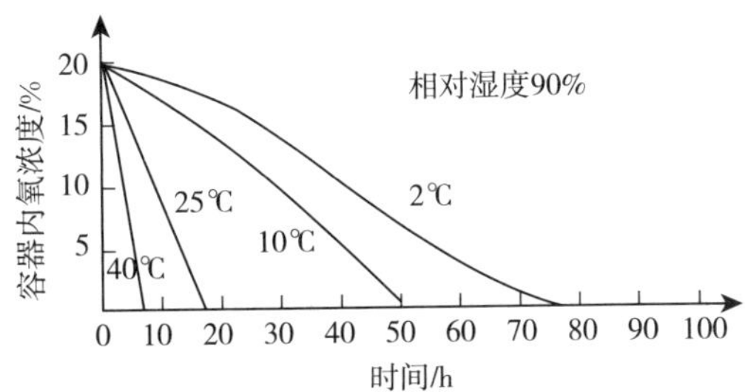

图 8－2　温度对铁系脱氧剂吸氧速度的影响

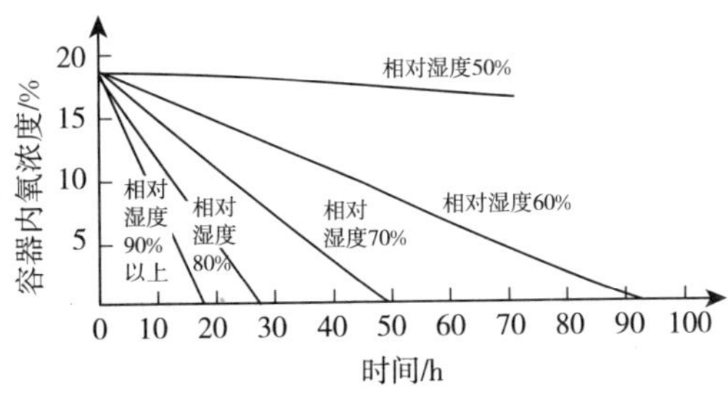

图 8－3　湿度对铁系脱氧剂吸氧速度的影响

6. 典型食品的脱氧保藏　目前使用的脱氧剂大部分都基于铁粉氧化反应。这种铁系脱氧剂可做成袋状，放入包装内，使氧的浓度降到 0.01%。一般要求 1g 铁粉能和 300mL 的氧反应，使用时可根据包装后残存的含氧量和包装膜的透氧性选择合适的用量。由于脱氧剂能使食品持续无氧状态，除氧效率高，食品保藏效果好，使用简便，因而广泛应用于各类食品保藏中，起防霉、防脂质氧化、防色素变色、褪色、防止虫害等作用。

（1）油脂类食品的脱氧保藏。油脂类食品氧化后生成过氧化物，其毒性很大，风味变差，商品价值下降。脱氧剂可防止食品的脂肪氧化。脱氧剂广泛应用于油炸方便面、奶油花生、巧克力、油炸豆子、乳粉等高油脂食品的防氧化保藏，保持食品中的维生素、氨基酸等营养成分，还能使鱼油中的多价不饱和脂肪酸长期稳定贮存。

（2）易霉食品的脱氧保藏。脱氧剂可保持食品香气、风味，防止食品腐败变质，将新大米、茶叶、高级糕点、香菇、紫菜、鱼干等放在脱氧剂包装的容器中，久放后仍能保持新鲜风味和香味。

谷豆类食品中的成虫、虫卵对食品质量有严重危害，脱氧剂能使虫类缺氧窒息死亡，还能预防大米、花生霉变，使大米、小麦、绿豆、大豆等食品久藏。

此外，脱氧剂能保持食品特有的黑紫色和红褐色，保持含叶绿素或类胡萝卜素食品的颜色，还能使保存在吸氧剂包装中的鱼肉、蟹、海带等的色泽特别新鲜；能防止苹果、梨、葡萄、桃、香蕉等果实切片后褐变。

（3）半干半湿食品的脱氧保藏。脱氧剂能抑制嗜氧微生物生长繁殖，尤其是抑制霉菌等好气微生物生长。半干半湿食品，不加水即可食用、A_W 为 0.7～0.9、水分含量为 20%～50%的食品，如半干的桃、杏、果汁糕点、果子酱、果冻、蛋糕等，易生长细菌、霉菌及产生非酶褐变。利用脱氧剂就可防止这些食品发生霉变，保持食品的原有风味，且有良好效果。

（4）新鲜果蔬的脱氧保藏。脱氧剂能推迟果蔬的后熟，延长果蔬的贮藏期，例如蒜、洋葱、苹果等果蔬采用脱氧剂结合低温保藏，可大大延长果蔬的贮藏期，苹果甚至可保藏 6 个月以上不变质。

典型工作任务

任务一　广式月饼化学保藏技术

【任务分析】

广式月饼是深受百姓喜爱的传统节日特色美食，是在中秋节这一天的必食之品。同时它又是一种重糖、重油的食品，一般由皮部和馅部构成，不管工艺配方如何，刚烘出来的月饼水分都不高，为 6%～8%。随着时间的推移，馅的水分会逐步转移到饼皮中，使饼皮和馅的含水量达到平衡。通常情况下，饼皮的含水量较高，极易引起微生物的污染，同时如果馅料的含水量也大，就会造成烘烤时馅与饼皮有间隙，或者包馅包不好，这样很容易长霉，不利于月饼的保藏。因此，在月饼生产时，需要在饼皮中添加适量的防腐保鲜剂，或独立包装时使用外控指示双吸剂（干燥剂+脱氧剂），以防止微生物二次污染而出现月饼发霉等变质现象。

【任务准备】

1. 技术方案

（1）工艺流程。

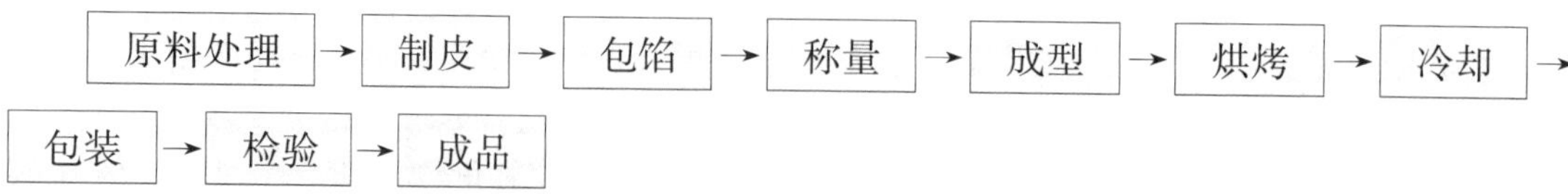

（2）关键技术参数。第一次烘烤：上火 230～250℃，下火 150～170℃，喷水进炉烘烤 7～8min；二次烘烤：上火 210～230℃，下火 150～170℃，烤 15～20min；保鲜剂用量为 0.3%（以面粉计），抗氧化剂 0.06%～0.08%（以油脂计），指示双吸剂（干燥剂+脱氧剂）。

2. 原材料及设备准备　低筋粉、高筋粉、白砂糖、花生油、枧水粉、柠檬酸；蓉沙馅（或果仁馅、蛋黄馅等）、化学保藏剂（保鲜剂、抗氧化剂、脱氧剂）、自动包馅机、自动成型机、烤箱及烤盘等。

【任务实施】

1. 原料处理

（1）配方。面粉（高筋粉与低筋粉比例为 2∶8）500g；转化糖浆 400g；花生油 150～175g；枧水粉 1.5～2g；抗氧化剂 0.15g；改良剂 10g；糕点保鲜剂 3g。

（2）预处理。

①面粉。将低筋粉和高筋粉分别过筛，待用。

②枧水。按水与枧水粉比例为 4∶1 配制，总添加量为 0.2%（按配方面粉的量计）。

③转化糖浆。将白砂糖、柠檬酸、水三者混合后加热配制，糖度 80%，呈棕红色。

2. 制皮　先将糖浆和枧水搅拌均匀（以面粉计，添加 0.3%保鲜剂和 1.5%～3%饼皮改良剂）；将花生油分次加入（以油脂计；添加 0.06%～0.08%的抗氧化剂），每次加入都要搅拌均匀，但不要过多搅拌，防止拌入空气造成过多的气泡。先加入过筛的 1/3 面粉（高筋粉与低筋粉比例为 2∶8）混合均匀，再将剩余面粉用手叠压均匀，不能过多搓，防止饼皮泻油；松弛 2h 待用。

3. 包馅　将皮、蓉沙馅（或果仁馅、蛋黄馅等）分别放入自动包馅机，控制皮与馅比例为 1∶9。

4. 称量　抽查质量是否达到要求。

5. 成型　将包好的饼，放在自动成型机输送带上自动成型，装盘。

6. 烘烤　第一次烘烤：上火 230～250℃，下火 150～170℃，喷水进炉烘烤 7～8 min，至饼面呈浅黄色，出炉冷却 5～6min。刷蛋液：按配方调好蛋液（3 个蛋黄、1 个全蛋和少许盐，混合打散过滤，静置 20min 待用），用羊毛刷沾蛋液，横竖各一次刷于饼面上。二次烘烤：上火 210～230℃，下火 150～170℃，烤 15～20min，烤至饼面呈金黄色。

7. 冷却　月饼处于独立冷却间紫外线灯下冷却 5～6min，即月饼表面温度为 40～50℃时，即可包装。

8. 包装　包装员工需戴一次性手套，将饼放入饼托，然后一起装入饼袋，在饼托下面按规格放入指示双吸剂防霉，最后用封口机在 150～160℃热封，并按不同要求装饼盒。

9. 检验

（1）感官检验。外形饱满，腰部微凸，轮廓分明，品名花纹清晰，没有明显的凹缩、爆裂、塌斜和漏馅现象。饼面棕黄色或棕红色，色泽均匀，腰部呈乳黄色或黄色，底部棕黄色，不焦，不沾染杂色。

（2）理化检验。按 GB/T 19855—2015《月饼》要求进行理化检验。

【任务小结】

广式月饼除了烘烤不透而导致内部变质外，通常其变质都由表面开始，其防霉保藏技术主要采用在饼皮中放入适量防腐剂，并与微波杀菌、紫外线杀菌、真空包装、充氮包装和使用挥发型保鲜剂及脱氧保鲜剂等外控保鲜手段相结合，能有效预防因微生物二次污染所造成的发霉变质。其他月饼（如日式、台式皮、京式皮、酥皮月饼）的保鲜与广式月饼相同，但蛋糕皮月饼由于糖轻油轻，更应注意馅的水分以及防腐剂、外控保鲜手段的应用。对于苏式、潮式、滇式月饼，除了防止微生物污染外，更应特别注意油脂抗氧化剂的使用。

任务二　蚝油化学防腐保藏技术

【任务分析】

蚝油是天然风味的高级调味品，为粤菜传统鲜味调料，在我国广东、福建、香港、澳门、台湾极为畅销，在国际上也享有一定声誉，深受顾客青睐。传统的蚝油加工方法是利用煮蚝汤汁浓缩或者将牡蛎肉打成浆再煮熟取汁浓缩，加辅料调配而成。但此法存在产量低、重金属含量高、色泽差、腥味大、能耗高和价格高等缺点。目前采用的蚝油加工新工艺是利用蛋白酶将蚝肉中的全部蛋白质水解为氨基酸，再经精心调配。蚝油虽不是油，但其富含蛋白质，在常温条件下极易发生发酵、分解、变质（变稀、发霉）现象。一般采用巴氏杀菌与添加化学防腐剂的方法进行综合防腐，以延长蚝油的保质期。

【任务准备】

1. 技术方案

（1）工艺流程。

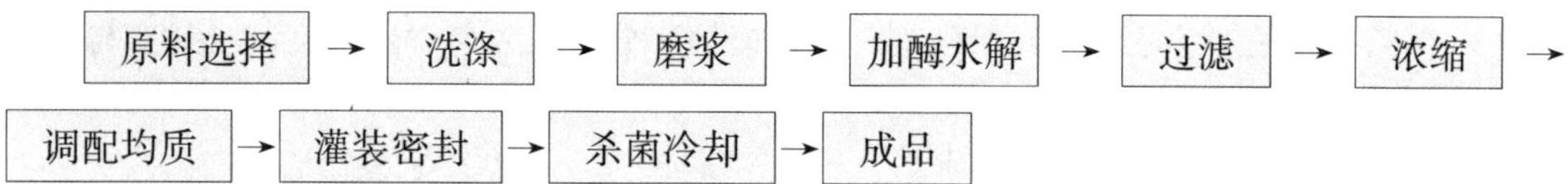

（2）关键技术参数。基本配方：新鲜牡蛎肉 50g，食盐 72g，酵母膏 4g，核苷酸二钠（I+G）0.25g，酱油 12.8g，羧甲基纤维素钠 1.5g，黄原胶 1g，变性淀粉 3.5g，白砂糖 40g，甜蜜素 0.72g，柠檬酸 0.24g，山梨酸钾/苯甲酸钠 0.27g，加水至 800mL。

高压均质温度 90℃，压力 130～180kg/cm^2；巴氏杀菌 100℃，15min。

2. 原材料及设备准备　新鲜蚝蛎、食盐、白砂糖、变性淀粉、酵母膏、增鲜剂、增稠剂、甜味剂、酸化剂、防腐剂；磨浆机、蒸汽夹层锅（带搅拌）、杀菌锅、筛网、配料容器等。

【任务实施】

1. 洗涤　将采收的新鲜带壳牡蛎用水冲洗干净，用尖刀撬开蚝壳，去除内脏后放入容器中，加入少量食盐并轻轻搅动，洗除附着在蚝内身上的泥沙及黏液，拣去碎壳等杂质，再用清水洗涤，捞出沥干。

2. 磨碎　将洗涤干净后的牡蛎肉连同蚝汁一起放进磨浆机中磨碎，加水 50mL 一起稀释磨浆；磨得越细越好，即呈糊状，以增加酶与蛎肉的接触面积，有利于加速酶解。

3. 加酶水解　将调整好 pH 的蛎肉糊放入不锈钢锅中，加入蛎肉重 0.2%～1%的中性蛋白酶，搅拌均匀。加热升温至 50℃，恒温箱保温水解 1.5～2h。

4. 过滤　将经过酶水解的蚝浆用 200 目筛网过滤备用。

5. 浓缩　把过滤后的蚝浆放进带有搅拌叶的蒸汽夹层锅里，加热浓缩至 50g。

6. 调配　按设定的配方将食盐、淀粉、味精、白糖、防腐剂、增稠剂、鲜味剂等加入锅中，常温搅拌，使锅内的配料充分溶解并分散均匀，然后再加热搅拌，一边开动搅拌器，一边打开蒸汽阀门通蒸汽加热，以使锅内的蚝油升温至 100℃，使淀粉充分糊化。

7. 均质　把糊化好的蚝油在 90℃温度下，采用压力为 130～180kg/cm^2 高压均质机进行均质。

8. 灌装　把均质好的蚝油泵到保温容器内，趁热装瓶封口，蚝油不要装满瓶，要留有一定的顶隙，以免杀菌脱盖。

9. 杀菌冷却　封口后的蚝油，应尽快杀菌。一般100℃温度下杀菌15min，将杀菌后的蚝油冷却并擦干瓶盖水分即为成品。

【任务小结】

蚝油是将牡蛎肉打成浆，再利用蛋白酶水解取汁浓缩，加辅料调配而成的。合格的蚝油产品具有浓郁的牡蛎天然香味，气味芬芳，滋味鲜美，营养丰富，色泽红亮鲜艳。蚝油在常温状态下极易发酵、发霉、变稀，故通常保质期只有2～3个月，未用完的蚝油必须放进冰箱冷藏。目前市场上蚝油产品的保质期一般为两年，大多数采用巴氏杀菌和添加山梨酸钾或苯甲酸钠等防腐剂等措施，以抑制微生物生长，防止蚝油食品的腐败变质，确保蚝油在保质期内保持黏稠状、不变质、不产生分层与沉淀现象。

任务三　休闲鱼粒的抗氧化保藏技术

【任务分析】

休闲鱼粒是以低脂鱼类为原料，以白糖、食盐、味精、胡椒粉等为辅料，采用传统技术与现代高新技术相结合的方法，经去腥、蒸煮、烘烤等工序而制成的。休闲鱼粒具有高蛋白、低脂肪，营养丰富且食用方便，是深受大众特别是儿童喜爱的高附加值、高科技含量的休闲食品。但是鱼粒所含油脂在一般贮藏条件下，极易被氧化而产生酸败现象，影响口感，破坏营养价值，产生对人体有害成分。因此，鱼粒保藏的关键就是抗氧化，添加TBHQ抗氧化剂的鱼粒产品抗氧化效果非常好，具有良好的抗细菌、霉菌和酵母菌的作用，可增强食品的防腐保鲜效果。

【任务准备】

1. 技术方案

（1）工艺流程。

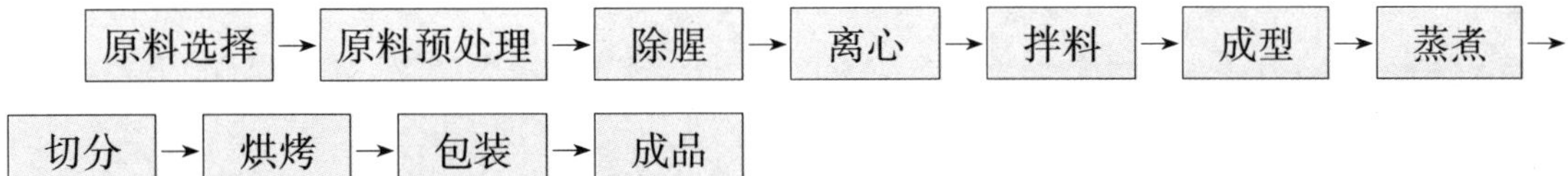

（2）关键技术参数。基本配方：鱼肉1 000g，去腥剂5 000g（0.1% HCl+0.1% $CaCl_2$），多聚磷酸盐1.0g，食盐12g，白糖100g，味精20g，抗氧化剂（TBHQ）1.0g，I+G 1.0g，胡椒粉1.0g。

离心转速3 000r/min，2min；烘制55～60℃，2～3h；烘烤150℃，8min。

2. 原材料及设备准备　马鲛鱼、食盐、味精、白糖、多聚磷酸盐、胡椒粉、TBHQ、I+G、解冻槽、离心机、蒸煮锅、烘箱、烤箱等。

【任务实施】

1. 原料预处理　原料鱼经解冻后，首先清洗鱼体，进行表面除腥，再将鱼开腹，去头、去内脏、去黑膜，然后采肉、去鱼皮。较大的鱼肉应切成0.5cm×0.5cm大小的鱼块，然后置于温度10℃以下的清水中，充分清洗并沥干。

2. 除腥 将沥干后的鱼肉置于0.1% HCl+0.1% $CaCl_2$ 的去腥剂中浸泡3h。去腥剂与鱼肉的用量比例为5∶1。

3. 离心 将去腥后的鱼肉置于离心机中，充分去除鱼肉中的水分及腥味物质。

4. 拌料 将0.1%的多聚磷酸盐和1.2%的食盐加入离心后的鱼肉中，使盐溶性蛋白充分溶出，起到黏结鱼肉的作用。然后分别添加10%的白糖、2%的味精、0.1%的I+G、0.1%的胡椒粉和0.1%的TBHQ，并充分拌匀。

5. 成型、蒸煮、切分 将成型后的鱼块经蒸煮定型，时间为10min。蒸熟取出冷却后，切分成1cm×1cm×1cm大小的鱼粒。

6. 烘烤、包装 先将切分后的鱼粒置于烘箱中烘干，在温度55～60℃条件下，烘制2～3h。同时为了使鱼粒的色泽、口感和风味达到最佳并延长保质期，再在温度150℃下烘烤8min，即可糖果化包装。

【任务小结】

休闲鱼粒产品应该表面水分分布基本均匀，有光泽，水分含量在21%左右。但其所含油脂极易被氧化而产生酸败现象，使产品外观变为橙色或者赤褐色，且影响产品口感，破坏营养价值。休闲鱼粒品质控制的关键在于控制制作过程中水分含量变化及烘烤条件对成品品质的影响，以及通过添加抗氧化剂TBHQ或外控脱氧剂一起密封包装，这样才能生产出质量上乘的鱼粒产品。

知识拓展

食品酸化剂

乙烯脱除剂

思考与讨论

1. 简述食品防腐剂、杀菌剂、抗氧化剂、脱氧剂的概念。
2. 列举重要的食品防腐剂、抗氧化剂，并说明其使用原则和注意事项。
3. 试根据所学知识，判断某一典型食品配料表中的化学保藏剂分别属于哪类保藏剂。
4. 说明食品防腐剂、抗氧化剂、脱氧剂在可能的情况下互相配合的增效作用。
5. 对某一典型食品在分析产品特性基础上，设计其化学保藏技术方案。

综合训练

能力领域	食品化学保藏技术
训练任务	凤梨酥的保藏技术

（续）

能力领域	食品化学保藏技术		
训练目标	1. 深入理解食品化学保藏方法及特点 2. 进一步掌握凤梨酥的化学保藏技术 3. 提高学生的语言表达能力、收集信息能力、策划能力和执行能力，并发扬团结协助和敬业精神		
任务描述	某一糕点食品公司拟生产凤梨酥、桃酥等台湾风味的烘焙食品，为确保产品保质期为12个月，请以小组为单位完成以下任务： 1. 认真学习和查阅有关资料以及相关的社会调查 2. 制订凤梨酥制作的技术方案（保质期12个月），并提出保藏过程中应注意的问题 3. 每组派一名代表展示编制的技术方案 4. 在老师的指导下小组内成员之间进行讨论，优化方案 5. 提交技术方案及所需相关材料清单 6. 现场实践操作及保藏效果评价		
训练成果	1. 台湾风味的凤梨酥的制作技术方案 2. 凤梨酥产品		
成果评价	评语：		
	成绩		教师签名

参 考 文 献

鲍琳，2016. 食品冷冻冷藏技术［M］. 北京：中国轻工业出版社.

曾名湧，2014. 食品保藏原理与技术［M］. 北京：化学工业出版社.

曾庆孝，2014. 食品加工与保藏原理［M］. 北京：化学工业出版社.

陈楚英，陈明，陈金印，等，2012. 壳聚糖涂膜对新余蜜橘常温贮藏保鲜效果的影响［J］. 江西农业大学学报，34（6）：1112－1117.

董全，黄艾祥，2007. 食品干燥加工技术［M］. 北京：化学工业出版社.

董士远，2014. 食品保藏与加工工艺实验指导［M］. 北京：中国轻工业出版社.

关楠，马海乐，2006. 栅栏技术在食品保藏中的应用［J］. 食品研究与开发，27（8）：160－163.

关志强，李敏，2010. 食品冷冻冷藏原理与技术［M］. 北京：化学工业出版社.

郭祀远，蔡妙颜，李琳，1994. 抗氧化剂 TBHQ 在食用油脂中应用的研究［J］. 中国食品添加剂，2：42－45.

胡国华，2005. 食品添加剂在粮油制品中的应用［M］. 北京：化学工业出版社.

黄大昕，殷传麟，汤祥云，1990. 糕点防腐实验报告［J］. 食品科学，11（3）：41－45.

黄飞，2014. 浅谈韩国泡菜及泡菜文化［J］. 科技视界（5）：241.

贾士儒，2009. 生物防腐剂［M］. 北京：中国轻工业出版社.

李海林，刘静，2011. 果蔬贮藏加工技术［M］. 北京：中国计量出版社.

李建江，杨具田，2017. 乳肉制品保藏加工［M］. 北京：科学出版社.

李晓红，2012. 乳制品加工与检测技术［M］. 北京：化学工业出版社.

李玉环，2014. 水产品加工技术［M］. 北京：中国轻工业出版社.

刘宝林，2010. 食品冷冻冷藏学［M］. 北京：中国农业出版社.

刘建学，纵伟，2006. 食品保藏原理［M］. 南京：东南大学出版社.

刘士伟，王林山，2008. 食品包装技术［M］. 北京：化学工业出版社.

吕金虎，2011. 食品冷冻冷藏技术与设备［M］. 广州：华南理工大学出版社.

马长伟，曾名勇，2002. 食品工艺学导论［M］. 北京：中国农业大学出版社.

南相云，李璐，路新国，2010. 韩国泡菜的制作工艺及营养价值［J］. 扬州大学烹饪学报，27（2）：46－48.

尚丽娟，2013. 肉制品加工技术［M］. 北京：中国轻工业出版社.

宋洪波，2013. 食品加工新技术［M］. 北京：科学出版社.

苏秀榕，徐静，向怡卉，等，2008. 水发刺参的冷冻干燥技术研究［J］. 食品科学，29（10）：277－279.

王娜，2012. 食品加工及保藏技术［M］. 北京：中国轻工业出版社.

王平，2009. 气调包装技术在冷鲜肉中保鲜的应用［J］. 肉类工业（11）：12－14.

夏文水，2013. 食品工艺学［M］. 北京：中国轻工业出版社.

肖凯军，蔡妙颜，梁华鹏，2004. 广式月饼的防霉技术［J］. 食品科技（2）：24－26.

谢晶，2011. 食品冷藏链技术与装置［M］. 北京：机械工业出版社.

徐文达，李雅飞，欧杰，1997. 水产食品、烘烤食品和方便食品气调包装的研究［J］. 包装与食品机械（2）：177－179.

于海杰，2013. 食品贮藏保鲜技术［M］. 武汉：武汉理工大学出版社.
袁文鹏，刘昌衡，王小军，2010. 仿刺参真空冷冻干燥工艺的研究［J］. 山东科学（2）：67-69.
张慜，2009. 生鲜食品保质干燥新技术理论与实践［M］. 北京：化学工业出版社.
赵征，张民，2014. 食品技术原理［M］. 北京：中国轻工业出版社.
朱天辉，2001. 生物制剂对脐橙的保鲜机理及技术的研究［C］//中国园艺学会第九届学术年会论文集. 56-60.